海水观赏鱼
一本就够

武寅　武鹏程　编著

海洋出版社

北京

图书在版编目（CIP）数据

海水观赏鱼一本就够 / 武寅，武鹏程编著. -- 北京：
海洋出版社，2025. 4. -- ISBN 978-7-5210-1268-2

Ⅰ. S965.8

中国国家版本馆CIP数据核字第2024QU0112号

海水观赏鱼
一本就够

HAISHUI GUANSHANGYU
YIBEN JIUGOU

总 策 划：刘　斌	发 行 部：(010) 62100090
责任编辑：刘　斌	总 编 室：(010) 62100034
责任印制：安　淼	网　　址：www.oceanpress.com.cn
排　　版：海洋计算机图书输出中心 晓阳	承　印：侨友印刷（河北）有限公司
出版发行：海洋出版社	版　次：2025 年 4 月第 1 版
	2025 年 4 月第 1 次印刷
地　　址：北京市海淀区大慧寺路 8 号	开　本：787mm×1092mm 1/16
100081	印　张：18.75
经　　销：新华书店	字　数：300 千字
技术支持：(010) 62100055	定　价：98.00 元

本书如有印、装质量问题可与发行部调换

前　言

　　海水观赏鱼大多生活在热带珊瑚礁海域，它们有惊艳的外表和独特的魅力，能使人赏心悦目、放松身心、消除疲劳、缓解压力。

　　在海水观赏鱼中，有的体形优美、色彩艳丽，如蓝魔雀鲷、非洲草莓鱼、可爱粉嫩的环眼草莓鱼、形如蝴蝶飞舞的蝴蝶鱼、雍容华贵的神仙鱼、红得惊艳的副唇鱼、形如火焰的湿鹦鲷、活跃在海洋中的海金鱼等。

　　有的长相怪异、形态奇特，如好似京剧中的丑角的小丑鱼、长着长长鼻子的独角倒吊、长有斑马纹的斑马倒吊、被称为"鱼中朋克族"的金毛倒吊、像玻璃一样透明的裸天竺鲷、鱼类中的"玛丽莲·梦露"斑胡椒鲷、长相搞笑滑稽的似革鲀等。

　　有的憨憨傻傻、行动笨拙，如超萌的圆鳍鱼、虾虎鱼、娇小可爱的五彩青蛙等。

　　有的脾气温和，如红长身草莓鱼、生性害羞的海猪鱼、对鱼类比较温和的蛇鳝等。

　　有的行为另类，如海洋鱼医生的代表裂唇鱼、白沙滩制造者鹦嘴鱼、会发光的管竺鲷、海底舞者花园鳗等。

　　有的会变色、拟态，如常拟态成有毒鱼类的巨牙天竺鲷、伪装高于豆丁海马、草海龙与叶海龙，丑成一坨的伪装大师蟾鱼等。

　　还有的生性凶残、好勇斗狠，如生性凶暴的豹纹海鳝、形如京剧中武生的狮子鱼、海洋霸主鲨鱼等。

　　本书精选 135 种海水观赏鱼，对它们的产地、习性以及喂食、生活环境和养殖方法等进行全面的介绍，使读者轻松了解各种海水观赏鱼的形态特征、习性，以及掌握识别和饲养方法，拥有一个美丽、独特的海缸。

目 录 ▮

雀鲷

小丑鱼 —— 好似京剧中的丑角 ／3

宅泥鱼 —— 黑白相间的雀鲷 ／7

光鳃鱼 —— 中小型的雀鲷 ／10

豆娘鱼 —— 生存能力极强的雀鲷 ／12

蓝魔雀鲷 —— 有梦幻般蓝色光彩的鱼 ／16

燕雀鲷 —— 悲情的观赏鱼 ／20

其他的雀鲷 —— 令人惊艳的雀鲷家族 ／22

草莓鱼（拟雀鲷）

红长身草莓鱼 —— 罕见的拟雀鲷 ／28

红海草莓鱼 —— 高贵鲜艳的紫色 ／29

非洲草莓鱼 —— 如同霓虹闪烁 ／30

环眼草莓鱼 —— 可爱的粉嫩的观赏鱼 ／31

澳洲草莓鱼 —— 像彩虹般颜色多变 ／32

紫背草莓鱼 —— 可爱与好斗共存 ／33

双色草莓鱼 —— 草莓鱼中最知名的品种 ／34

日出龙鱼 —— 名字中不带"草莓"的草莓鱼 ／35

黄草莓鱼 —— 流行的草莓鱼品种之一 ／36

稚鲈科和油纹鲈科观赏鱼 —— 与草莓鱼相似的品种 ／37

倒吊鱼

粉蓝倒吊 —— 倒吊鱼类的代表 /41

鸡心倒吊 —— 尾柄有橙红色鸡心状斑块 /42

斑马倒吊 —— 身上长有斑马纹 /43

蓝纹倒吊 —— 身上拥有迷宫般的花纹 /44

一字倒吊 —— 眼睛后方有醒目"一字横纹" /46

金圈倒吊 —— 眼上有金色斑纹 /47

蓝倒吊 —— 会"装死"的观赏鱼 /48

点纹多板盾尾鱼 —— 分布广泛的刺尾鱼 /49

黄金倒吊 —— 通体黄灿灿的 /50

大帆倒吊 —— 鳍撑起时像船帆 /51

独角倒吊 —— 长着长鼻子的刺尾鱼 /52

金毛倒吊 —— 鱼中的朋克族 /53

蝴蝶鱼

月光蝶 —— 身体上有宛如明月的斑纹 /56

网蝶 —— 身上布满网格纹状图案 /57

黑镜蝶 —— 独特的典雅之美 /59

黄风车蝶 —— 非常华丽的橘黄色斜纹 /60

人字蝶 —— 身上有人字纹 /61

四斑蝴蝶鱼 —— 长有巨大的"伪眼" /63

印第安蝶 —— 形如印第安人的羽冠 /65

三间火箭 —— 长着细长如钻的嘴 /67

镊口鱼 —— 嘴细长如镊子 /69

霞蝶鱼 —— 最容易饲养的蝴蝶鱼 /72

关刀鱼 —— 背鳍如同关刀 /74

前颌蝴蝶鱼 —— 十分罕见的蝴蝶鱼品种 /77

神仙鱼

蓝嘴黄新娘 —— 带有喜感的神仙鱼 /83

老虎仙 —— 非常稀少的神仙鱼品种 /85

可可仙 —— 胆子非常小的神仙鱼 /86

火焰仙 —— 最受欢迎的小型神仙鱼 /89

金背仙 —— 唯一濒临灭绝的神仙鱼 /90

新娘鱼 —— 惹人爱怜的小型神仙鱼 /92

熊猫仙 —— 神仙鱼中的"熊猫" /96

蓝带荷包鱼 —— 遍布带黑边的蓝色水平线 /97

黄尾仙 —— 像水彩画一样雅致 /99

燕尾神仙 —— 长有燕子尾巴 /100

蓝仙 —— 高贵、蓝色的神仙鱼 /104

国王神仙 —— 头顶王冠的神仙鱼 /106

皇后神仙 —— 体色多变且绚丽多彩 /108

蓝环神仙 —— 最大的神仙鱼品种之一 /110

北斗神仙 —— 一生拥有3个名字的神仙鱼 /112

法国神仙 —— 比较耐寒的神仙鱼 /114

薄荷神仙 —— 堪称神仙鱼中的王者 /117

隆头鱼

拿破仑鱼 —— 名字来自英国人的戏称 / 121
丝隆头鱼 —— 主色调为红色 / 123
副唇鱼 —— 大多颜色都红得惊艳 / 128
普提鱼 —— 幼鱼时是"鱼医生" / 131
大咽齿鱼 —— 身上遍布豹纹般的斑纹 / 135
猪齿鱼 —— 会使用工具的鱼类 / 137
紫胸鱼 —— 漂亮却不易饲养 / 140
裂唇鱼 —— 混成"清洁工"的"鱼医生" / 141
湿鹦鲷 —— 形如一团燃烧的火焰 / 145
阿南鱼 —— 繁殖期雄鱼会改变体色 / 146
海猪鱼 —— 绚丽多姿，生性害羞 / 150
鹦嘴鱼 —— 白沙滩的制造者 / 155
隆头鱼中的其他种类 / 157

天竺鲷

天竺鱼族 —— 比较容易饲养的观赏鱼 / 164
天竺鲷族 —— 半透明至透明的品种 / 169
长鳍天竺鲷族 —— 极具观赏价值的品种 / 172
裸天竺鲷族 —— 像玻璃一样透明 / 174
管竺鲷族 —— 拥有银黑色管状发光腺体 / 177
圆竺鲷族 —— 显得花枝招展 / 179
狸天竺鲷族 —— 透明有银色光泽 / 183
多鳞天竺鲷族 —— 如同绽放的玫瑰 / 184
鹦竺鲷族 —— 品种繁杂，形态、色泽各异 / 185
巨牙天竺鲷族 —— 拟态有毒的鱼类 / 187

笛鲷

海鳗和海鳝

彩带鳗 —— 像飞舞的彩带 / 195
花园鳗 —— 海底的舞者 / 197
蛇鳝 —— 对鱼类比较温和 / 199
豹纹海鳝 —— 鳗鲡目中的"二哈" / 200

海马和海龙

海马 —— 酷似骏马的海洋鱼类 / 203
海龙 —— 比海马外观更加飘逸 / 207
剃刀鱼 —— 惊艳的海底拟态鱼 / 211

躄鱼

迷幻躄鱼 —— 外星人之脸 / 215
条纹躄鱼 —— 毛茸茸的伪装大师 / 216
玩具五脚虎 —— 行走的"哭丧着脸"的
表情包 / 217
海草鱼 —— 海藻丛中的职业杀手 / 218
红唇蝙蝠鱼 —— 妖艳辣眼的长相 / 220

鲀鱼

炮弹鱼 —— 最有吸引力的大型观赏鱼类 / 224

革鲀 —— 噘着搞笑滑稽的嘴 / 227

河豚 —— 腹部会膨胀成圆球的怪鱼 / 229

箱鲀 —— 长得像盒子的鲀鱼 / 232

翻车鱼 —— 形状最奇特的鲀鱼 / 235

鲨鱼

猫鲨 —— 长有猫眼睛的鲨鱼 / 238

角鲨 —— 尖尖的脑袋如锐角 / 240

天竺鲨 —— 常与猫鲨混淆的小型观赏鲨 / 241

虎鲨 —— 性情温和的猎杀者 / 244

铠鲨 —— 小到能打破人们对鲨鱼的认知 / 246

盲鲨 —— 它们的眼睛并不瞎 / 248

其他的海水观赏鱼

鳐、魟和鲼 —— 被统一称为魔鬼鱼的软骨鱼 / 249

镰鱼 —— 经久不衰的观赏鱼品种 / 253

圆鳍鱼 —— 超萌的观赏鱼 / 256

蓝子鱼 —— 有毒且备受喜爱的观赏鱼 / 257

金鳞鱼 —— 遍体红色的廉价观赏鱼 / 262

鹰鱼 —— 像老鹰一样捕食的鱼 / 264

虾虎鱼 —— 可爱呆萌的精灵 / 267

鲷鱼 —— 最没存在感的一类观赏鱼 / 274

五彩青蛙 —— 从各个角度看都很迷人 / 277

狮子鱼 —— 水族箱中的舞者 / 279

燕鱼 —— 很像蝙蝠或燕子翅膀的鱼 / 283

胡椒鲷 —— 鱼类中的"玛丽莲·梦露" / 287

海金鱼 —— 活跃在海洋中的金鱼 / 289

羊鱼 —— 长着山羊胡子的鱼 / 292

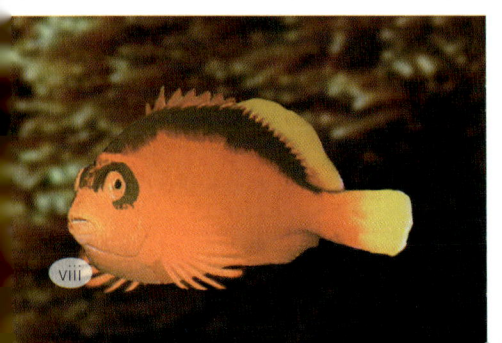

雀鲷

雀鲷十分美丽，体形像鲷，但却不属于鲷科，它们的身躯很小，如麻雀般大，所以被称作雀鲷。

雀鲷是硬骨鱼纲、鲈形目海产小型鱼类的统称，约有250种，主要分布于大西洋和印度洋—太平洋海域。

颜色艳丽

雀鲷颜色艳丽，是极具观赏价值的小型珊瑚礁鱼类。白天，它们常成群地在珊瑚礁上生活，并依靠珊瑚躲避天敌，晚上便钻入珊瑚或岩石缝隙过夜。

雀鲷的体型大部分很小，身体略扁平。它们有一项特殊的技能，那就是胸鳍可以来回地摇摆，像船橹一样控制身体前进的方向，甚至能靠摇摆胸鳍使身体倒退，这种能力是它

雀鲷中个体最大的是加州宝石雀鲷，它们可以在水族箱中长到35厘米。

❖ 加州宝石雀鲷

❖ 鲷鱼

鲷鱼属于高级的食用鱼类，全身红色，十分艳丽，其肉质细嫩而味道鲜美，居海鱼之冠。

鲷鱼广义上是指鲷科鱼类的统称，狭义上仅指真鲷。其体长一般为 50 厘米，而雀鲷却很小，大部分都在 10 厘米以下，最大的品种加州宝石雀鲷也才能长到 35 厘米。

雀鲷在水族箱的食谱很简单，几乎任何饲料，包括淡水鱼饲料，都能满足它们的食欲，而且在大型海缸中，甚至都不需要刻意喂食，它们也不会饿死。

饲养雀鲷时，最好单独饲养一条，或同时饲养 5 条以上，但是不能仅养两条，那样它们会天天打斗。

雀鲷常以附着在珊瑚礁上的小型甲壳类和浮游动物为食。

雀鲷能根据自己身体的大小选择巢穴大小，有些雀鲷终生会在珊瑚礁上繁衍生息。

们世代在珊瑚丛中生活而演化出来的。

同类之间争斗严重

雀鲷因艳丽的色彩而成为水族箱的宠儿，它们行动敏捷，一般情况下，其他的鱼类即便再凶猛，只要无法将它们吞下，都可以和它们饲养在一起。

雀鲷大部分时间不会攻击珊瑚，并且能和其他鱼类和平共处。但是，如果饲养空间过小，它们就会变得暴躁，从而攻击其他鱼类。雀鲷的领地意识很强，它们与同类之间的争斗更加疯狂，常会以命相搏。

对生存环境要求不高

大部分雀鲷对生存环境要求不高，一般可以生活在比重 1.010~1.028、温度 18~32℃、酸碱度 7.8~8.6、硬度 7~14°dH 的水中。即使硝酸盐含量达到 500 ppm、氨氮含量达到 0.5 ppm，它们仍然能顽强地生存。但是，如果长期在恶劣的环境中生活，雀鲷的颜色会变得不那么鲜艳，甚至会变丑。因此，雀鲷再美、再好养，也需要有耐心才能养好。

❖《海底总动员》剧照

动画片《海底总动员》中，小丑鱼尼莫与父亲马林共同生活在一只海葵中，马林多次奋不顾身地营救儿子，场面异常惊心动魄。

小丑鱼

好 似 京 剧 中 的 丑 角

　　小丑鱼因为脸上有一条或两条白色条纹、好似京剧中的丑角而得名。它虽然名叫"小丑鱼"，但是却一点儿也不丑，而且非常招人喜爱，是一种有趣的生物。

是男是女随心所欲

　　小丑鱼不仅长相非常可爱，而且它们的性别还会随环境改变而改变。

　　小丑鱼极具领地观念，通常一对雌雄鱼会占据一只海葵，阻止其他同类进入。小丑鱼内部有严格的等级制度，体格最强壮的雌鱼有绝对的权威，它

❖ 小丑鱼

和它的配偶雄鱼在群体中占主导地位，其他的家庭成员会被雌鱼驱赶，只能在海葵周边不重要的角落活动。

如果当家的雌鱼不见了，那它的配偶雄鱼便会接管这个鱼群，然后会在几个星期内转变为雌鱼，再花更长的时间来改变外部特征，如体形和颜色，最后完全转变为雌鱼，而其他的雄鱼中又会产生一尾最强壮的成为它的配偶。

又名海葵鱼

小丑鱼的体型娇小，体长一般为 10 厘米，最大的体长也只有 15 厘米。它们分布在太平洋、印度洋，如红海、日本南部、澳大利亚等较温暖的海域，常生活在珊瑚礁、岩礁附近，与海葵和海胆等生物共生。

小丑鱼的身体表面拥有特殊的黏液，可保护它们不被海葵蜇伤，并利用海葵的触手丛安心地筑巢、产卵，免受大鱼的攻

❖ 小丑鱼

小丑鱼是雌雄同体的。孵化后的小丑鱼是无性别的，既不是雄性也不是雌性。简单地说，它们是从无性别状态转变到雄性，再转变到雌性。这是一个不可逆的过程。有些小丑鱼也可能一生都是无性别状态。

小丑鱼产卵在海葵触手中，孵化后，幼鱼体色较成鱼浅，幼鱼在水层中生活一段时间后才开始选择适合它们生长的海葵，经过适应后，才能与海葵共同生活。

小丑鱼并不能生活在所有的海葵中，只可在特定的对象中生活；小丑鱼在没有海葵的环境下依然可以生存，只不过缺少保护罢了。

❖ 小丑鱼和海葵

击。海葵吃剩下的食物还是小丑鱼的食物，小丑鱼还会利用海葵的触手除去身体上的寄生虫或霉菌等。对海葵而言，小丑鱼不仅能吸引其他的鱼类靠近，增加它们捕食的机会，还可以帮助它们除去坏死的组织及寄生虫。小丑鱼的游动还可减少各种残屑沉淀至海葵丛中。

品种较多

　　小丑鱼的外形并不丑陋，其红色、白色和黑色相间的外表非常可爱，所以，现在越来越多的小丑鱼被饲养在鱼缸内，其外表的颜色会随着鱼缸的环境不同而有不同的变化。

　　据目前统计，小丑鱼共有28种，人们最常见的小丑鱼品种都是和《海底总动员》中的尼莫长得非常相像的小丑鱼，如三带小丑鱼、公子小丑鱼、黑豹小丑鱼和透红小丑鱼等。其实，除了和尼莫长得很像的小丑鱼之外，还有很多其他品种的小丑鱼，如伯爵小丑鱼、黑单带小丑鱼、黑白公子小丑鱼、印度红小丑鱼、双带小丑鱼和玫瑰小丑鱼等，它们的形象和尼莫相去甚远。

❖ 三带小丑鱼

三带小丑鱼主要分布在马绍尔群岛，其鱼体颜色由橘色变成了黑色，身体上还有3道白纹，所以叫作三带小丑鱼。它们喜欢与奶嘴海葵、沙海葵、紫点海葵或地毯海葵共生。

根据品种不同，小丑鱼所喜好的海葵也不同，如果附近没有海葵，它们便会选择真叶类珊瑚或一些软珊瑚作为共生伙伴。

小丑鱼能容忍亚硝酸盐稍高的劣质水体，因此这种鱼非常适合水族箱新玩家饲养。

黑单带小丑鱼的身体为棕黑色，嘴部为浅白色，头部后面有一道白色条纹，但两边不会相连，因像电影里的金刚，所以又得名"金刚小丑鱼"，它们主要分布于南太平洋。

❖ 黑单带小丑鱼

伯爵小丑鱼主要分布在菲律宾附近海域，它的身体是橘红色的，头部后面有一道白色斑纹，背部有一条白线延伸到尾部。其体型要比其他的小丑鱼小很多，仅仅可以长到6厘米长。

❖ 伯爵小丑鱼

❖ 双带小丑鱼

双带小丑鱼也叫作骑士小丑鱼，主要分布于印度洋，体色由深褐色和黑色组成，头部、身躯、尾部有两道白色条纹，与蓝纹小丑鱼非常像。喜欢的共生海葵是地毯海葵。

❖ 黑白公子小丑鱼

黑白公子小丑鱼分布于印度洋，它与其他小丑鱼的最大区别是鱼体颜色是黑白相间的，而与其共生的海葵是公主海葵与地毯海葵等。

❖ 玫瑰小丑鱼

玫瑰小丑鱼主要分布于马尔代夫，身体的颜色为浅橘色，头部后端带有一道白色条纹，十分漂亮，深受养鱼爱好者的喜爱。

❖ 咖啡小丑鱼

咖啡小丑鱼也叫作粉红小丑鱼，身体为粉红色，头部后面有一道白色的斑纹，背部也有一道白色斑纹从嘴部延伸到尾部。

　　小丑鱼是容易被人工喂养的鱼种之一，它们适合生活在水温26℃、海水比重1.022、水量150升以上的水族箱中，如能和海葵一起共养就更加完美了。

银背小丑鱼的体色为浅橘色，有一道白色条纹从头部贯穿整个背部。

❖ 银背小丑鱼

蓝纹小丑鱼的身体是红褐色的，眼睛后面以及身体的中部有两道淡蓝色的条纹，尾巴为淡蓝色。

❖ 蓝纹小丑鱼

宅泥鱼

黑 白 相 间 的 雀 鲷

宅泥鱼全身的体色黑白相间，黑与白相互浸润，黑是一切，白则是空灵，让欣赏它的人仿佛看到了一个实中有虚、虚中有实、有无相生的大千世界，从视觉上体会到愉悦和美感。

宅泥鱼又被称为厚壳仔，是热带海水鱼的一类，包括两间雀、三间雀、四间雀和三点白等，主要分布于印度洋—太平洋海域。

宅泥鱼各有不同

宅泥鱼的身体小巧，在水族箱中一般体长不会超过10厘米，体呈圆形而侧扁，吻短而钝圆，有12~13条软背鳍，尾鳍后缘凹入，不同的宅泥鱼体色和斑纹不同，以下是具体区分。

两间雀：又名网纹宅泥鱼，体色为浅浅的银白色，两道黑色条纹环

❖ 两间雀

宅泥鱼主要分布于红海、印度洋非洲东岸至太平洋中部，北至日本以及我国南海域。

❖ 珊瑚丛中的宅泥鱼

❖ 三间雀

绕身体，一道在头部后面，一道在尾巴前面，看上去活泼灵巧，十分漂亮。

三间雀：鱼体基色亮白，体侧有3道黑色粗纵纹错落有致地排布，界线分明，好似身体被分成了几段，黑白颜色对比十分鲜明、强烈。

四间雀：又称黑尾宅泥鱼，与三间雀的形态及体色非常相似，鱼体基色亮白，体侧从头部开始，有4道黑色纵纹互相间隔垂直排列，十分整齐，与三间雀的区别是其尾鳍末端出现了第4道黑色纵纹。它的观赏价值在宅泥鱼中名列前茅。

三点白：别名三斑宅泥鱼，通体黑色，最明显的标志是体侧有3个白色圆斑，好斗且凶猛，是名副其实的"缸霸"，色彩比

❖ 四间雀

较单一，属于色彩并不艳丽、观赏性一般的海鱼品种。

除了两间雀、三间雀、四间雀和三点白之外，宅泥鱼家族中还有灰边宅泥鱼等其他品种。除了三点白可与海葵共生外，其他品种皆因畏惧海葵的触须而不敢接近海葵，因此，三点白和小丑鱼一样也可成为海葵鱼。

❖ 三点白

饲养宅泥鱼需要 150 升以上的水族箱，饲养时可投放各种动物性饵料、植物性饵料及人工饵料。

生性凶猛

宅泥鱼通常会成群活动在浅滩珊瑚礁上方，具有强烈的领地意识。在繁殖期，雄宅泥鱼会用嘴在珊瑚上叼出一个平台作为巢穴，然后邀请雌鱼进入巢穴产卵，并共同保护卵成功孵化。这期间宅泥鱼会变得非常具有攻击性，任何其他鱼类经过或者进入它们的领地，都会遭到驱赶。宅泥鱼卵孵化一般仅需 3~5 天，孵化后幼鱼便开始漂浮在海洋中，以浮游生物为食，自生自灭。

宅泥鱼生性警觉，身体灵活，行动敏捷，多栖息于珊瑚礁区，喜欢躲藏在洞穴、石缝中，是以食用藻类、底栖动物、浮游生物为主的杂食性鱼类。它们可爱、灵活，而且对水质适应能力较强，容易存活，因此成为水族箱的一员。不过，由于此类鱼的成鱼具有攻击性，它们会在遇到威胁时变得暴躁凶猛，所以，建议饲养时与凶猛的鱼类或体型较大的鱼类混养。

❖ 灰边宅泥鱼

光鳃鱼

中　小　型　的　雀　鲷

光鳃鱼为中小型雀鲷，可食用，不过很少被作为食用鱼，反而因为许多品种具有较高的观赏价值而被作为观赏鱼。

❖ 侏儒光鳃鱼

侏儒光鳃鱼的体长不超过4厘米，身体蓝灰色，带一些黄色，尾鳍带拉丝，不管荤的素的都能吃，只要水中有漂浮物，就能引起它们的猎食兴趣。

光鳃鱼喜欢成小群在海岸边、外海的浅海珊瑚礁或岩礁区生活，平时在沙质或石质海底、枝状珊瑚岩的上方盘旋，遇到危险时迅速躲入岩石缝或珊瑚间隙中。

光鳃鱼的身体呈椭圆形，侧扁，头部短而高，眼中等大，上侧位，吻短，前端钝尖，齿细小，圆锥状。背缘在眼间隔处略凸，背鳍鳍棘部中央的鳍条较长，呈矢状。尾鳍深分叉且上下叶末端尖，上叶较长。

光鳃鱼以浮游生物为食，大部分光鳃鱼是由雄鱼孵卵，而且这个时期的光鳃鱼不允许其他鱼类靠近巢穴。

在水族箱饲养光鳃鱼时，应视水族箱大小来决定饲养条数，否则它们可能会因为水族箱空间狭小而发生无休止的争斗。

❖ 夏威夷光鳃鱼

夏威夷光鳃鱼也叫巧克力雀鲷、夏威夷双色魔。其身体为巧克力色，尾巴为白色带拉丝。它们是夏威夷和中途岛环礁的特有物种，生性胆小，活动范围不会离开岩石裂缝巢穴超过1米。

光鳃鱼的种类繁多，包括侏儒光鳃鱼、夏威夷光鳃鱼、东海光鳃鱼、凡氏光鳃鱼、闪烁光鳃鱼等，大部分光鳃鱼的体色会因成长而有所改变，不同品种、不同部位的体色和形态也不同。

❖ 东海光鳃鱼

东海光鳃鱼又称日本魔，生活水深可达208米，可能是生活得最深的雀鲷，其最大体长不超过11厘米，白色的身体上有一条黑色的纵带，配上大大的眼睛，显得非常可爱。

❖ 凡氏光鳃鱼

凡氏光鳃鱼的最大体长不超过10厘米，身体上有许多排列整齐的黑点，看上去特别漂亮，其主要产地是汤加。

光鳃鱼作为雀鲷的一个大属，品种繁多，外观形态大同小异，体色远不如其他几属那么丰富多彩，在观赏鱼领域中没有特别有名的品种，但却是海缸中最常能见到的一大品类。

❖ 闪烁光鳃鱼

闪烁光鳃鱼又称画眉魔，主要生活在澳大利亚大堡礁等海域，常活跃于水深25米以内的海域，其体长一般为6厘米，背部淡黄色，形如一道眉毛。

豆娘鱼是雀鲷科中的一种暖水性鱼类，主要分布于红海、印度洋非洲东岸至太平洋中部，北至日本、我国台湾岛以及西沙群岛、南沙群岛、海南岛、广东沿海等。

❖ 五带豆娘鱼

纵纹如同豆荚

豆娘鱼因身体上的纵纹如同豆荚而得名。豆娘鱼的体形与光鳃鱼的很像，呈卵圆形，侧扁。根据品种不同，其身体

豆娘鱼

生 存 能 力 极 强 的 雀 鲷

豆娘鱼如同我国的鲫鱼，是一种生存能力极强的鱼，因身体上的斑纹呈条状分布，所以当作观赏鱼，被养在水族箱中。

❖ 珊瑚丛中的豆娘鱼

大小一般为 6~23 厘米。它们头背部的鳞片向前延伸至左右鼻孔之间，吻短而略尖。眼中等大，上侧位。口小，上颌骨末端不及眼前缘，鳃盖骨光滑无锯齿。尾鳍叉形，末端呈尖形，上、下叶外侧鳍条不延长，呈丝状。豆娘鱼的外貌并不十分出彩，只是因其廉价而成为水族箱中最常见的一种鱼类。

品种很多

豆娘鱼的品种很多，水族箱中常见的有十几种，包括五带豆娘鱼、七纹豆娘鱼、孟加拉豆娘鱼、黄尾豆娘鱼等。

五带豆娘鱼又称条纹豆娘鱼，体长为 20 厘米左右，身体呈暗灰色，腹面白色，体侧有 5 条暗色纵带。

七纹豆娘鱼的体长一般为 12~14 厘米，最长可达 25 厘米，体侧有 7 条深色纵带。

孟加拉豆娘鱼与七纹豆娘鱼相似，体侧有 6~7 条深色纵带，体长可达 15 厘米。

黄尾豆娘鱼的体长一般为 8 厘米，最长可达 17 厘米。

❖ 黄尾豆娘鱼

❖ **金凹牙豆娘鱼**
金凹牙豆娘鱼没有纵纹，身体为亮黄色，非常漂亮。

其体色为灰褐色、灰色等，体侧有白色或黄色纵纹，最醒目的是黄色的尾巴。

豆娘鱼家族中并不是所有的鱼都有条状纹路，如金凹牙豆娘鱼就没有纹路，它们也称为金豆娘、柠檬雀，整体呈亮黄色（有时下面较浅），眼睛周围有一个明亮的蓝色环，头部和胸部有明亮的蓝色斑点和线条。

机警好斗

豆娘鱼喜欢成群一起隐藏在有岩礁或珊瑚礁的浅海区，以浮游动物、藻类和小型无脊椎动物为食。在豆娘鱼鱼群中，一般由一条强壮的鱼作为首领，带领着一群小鱼，但是它们同类之间并不友好，时常会为了争夺小群中的领导地位而相互争斗。

❖ **劳氏豆娘鱼**

豆娘鱼和宅泥鱼一样，在繁殖期会变得非常凶猛，雌鱼会把卵产在柳珊瑚和海鞭珊瑚的枝芽上，而雄鱼则会守护在卵旁边直到孵化，期间哪怕是大型鱼入侵，它们也会毫不退缩。由于豆娘鱼灵活机警，游速极快，所以大型鱼拿它们毫无办法。

水族箱的破坏者

豆娘鱼易饲养，但却是水族箱的破坏者，它们在自然环境中虽然不会攻击珊瑚和其他无脊椎动物，但是在水族箱中，豆娘鱼却会因投食不足而使水族箱鸡犬不宁，它们会肆意攻击同养的其他鱼类，甚至还会啃咬水族箱中的造景、沙子、珊瑚等。

水族馆的"监视器"

豆娘鱼不仅是水族箱的破坏者，还是整个水族箱甚至水族馆的"监视器"，因为在水族箱环境不好的时候，如水质变坏、食物问题等，都会使豆娘鱼的情绪变坏，而它们情绪不好的时候，体色就会加深，有时甚至变成黑色。所以，一旦发现它们开始变色，就需要注意维护或保养水族箱了，否则整个水族箱的水族都可能会濒临死亡。

❖ 浮潜并与豆娘鱼邂逅

豆娘鱼属于可食用鱼类，而且味道鲜美。不过，其大部分品种被作为观赏鱼饲养在水族箱中。

蓝魔雀鲷

蓝魔雀鲷的体色非常鲜明，耀眼的蓝色配以黄色或黑色，散发出梦幻般的光彩，它是当下最流行、最受欢迎的小型海水观赏鱼之一。

❖ 黄尾蓝魔雀鲷

蓝魔雀鲷是雀鲷家族中体型最小的品种之一，是蓝魔雀鲷、黄尾蓝魔雀鲷、深水蓝魔雀鲷、蓝宝石魔等的统称。它们的体色是醒目的蓝色和黄色、橙色或黑色配合，特别美观，这也使它们成为水族箱中的宠儿。

黄尾蓝魔雀鲷

黄尾蓝魔雀鲷的体长为 6 厘米，别名黄尾雀鲷、副金翅雀鲷，原产于马来西亚、印度尼西亚东部珊瑚礁附近海域。黄尾蓝魔雀鲷除了尾巴是黄色的，其余部分均为亮丽的蓝色。在繁殖期，黄尾蓝魔雀鲷会成双成对地进入洞穴产卵，而且它们会将肚子朝上，然后将卵产在洞壁上。

蓝魔雀鲷

蓝魔雀鲷非常适合饲养在小海缸中，即使是在玻璃茶杯内放养一条，只要勤换水，也能正常生长。

蓝魔雀鲷的体长为 6 厘米，原产于印度洋以东、太平洋，如澳大利亚西部至新几内亚岛、新不列颠岛、所罗门群岛、

❖ 蓝魔雀鲷（雌性）

❖ 蓝魔雀鲷（雄性）

❖ 深水蓝魔雀鲷 　　　　　　　　　　❖ 蓝宝石魔

马里亚纳群岛等海域。雌蓝魔雀鲷身体全蓝，雄鱼有一条橘色的尾巴，因而也被叫作橙尾蓝魔雀鲷。在繁殖期，它们会将卵产在洞穴周围的石头上。

深水蓝魔雀鲷

　　深水蓝魔雀鲷的性情活泼、好动，别名深海魔鱼、黄背蓝天使等，它们原产于琉球群岛至我国台湾岛海域，南至澳大利亚东南的新喀里多尼亚的广大区域，多活动于珊瑚礁附近，觅食礁石区的细小猎物。深水蓝魔雀鲷的体长为7.5厘米，背鳍、胸鳍及尾鳍为亮黄色，其他部位均为艳蓝色，是蓝魔雀鲷系列中最美的品种之一。

蓝宝石魔

　　蓝宝石魔别名斯氏金翅雀鲷，产于太平洋以南的所罗门群岛附近海域。蓝宝石魔的体长为8厘米，身体颜色蓝黑相间，鳍带上有黑色外边，在遇到危险时，会迅速变成黑色。在水族箱中喜欢骚扰游动缓慢的鱼类。

黄肚蓝魔雀鲷

　　黄肚蓝魔雀鲷别名半蓝魔金翅雀鲷、天蓝魔金翅雀鲷、黄肚蓝魔雀鲷、半蓝金翅雀鲷等。原产于印度洋、太平洋西部的印度尼西亚至澳大利亚北部珊瑚礁海域。黄肚蓝魔雀鲷

从外形上看，黄肚蓝魔雀鲷与黄尾蓝魔雀鲷非常相似，但个体稍大，除了尾巴外，黄肚蓝魔雀鲷的腹部也是黄色的，其价格比黄尾蓝魔雀鲷稍高。

❖ 黄肚蓝魔雀鲷

❖ **蓝魔雀鲷在攻击黄尾蓝魔雀鲷**

如果黄尾蓝魔雀鲷和蓝魔雀鲷混养在一起，它们可能会有危险，因为蓝魔雀鲷非常喜欢攻击它们。

在人工环境中喂养饲料长大的斐济蓝魔雀鲷很少能达到性成熟。

❖ **斐济蓝魔雀鲷**

的体长为 8 厘米，身体上半部分呈耀眼的天蓝色，下半部分、胸鳍、臀鳍及尾鳍呈明亮的橘黄色。其繁殖方式与黄尾蓝魔雀鲷一样，会将卵产在洞壁上。

斐济蓝魔雀鲷

斐济蓝魔雀鲷别名美国蓝魔鬼雀鲷、陶波金翅雀鲷，原产于太平洋以南的大堡礁、斐济附近海域。斐济蓝魔雀鲷身体中间是漂亮的蓝色，腹部及背部均为鲜艳的黄色，外表十分迷人。成体一般长 7.5 厘米，在自然环境中长到 7 厘米左右就成年并可以繁殖了，但是在人工饲养环境下，即便是长到 7 厘米也很难繁殖成功。

有领地意识

　　蓝魔雀鲷非常机警、有领地意识，而且行动灵活，喜欢隐藏在石头缝隙或洞穴周围，以藻类、大洋性的被囊类及桡足类动物为食。

　　如果水族箱的空间太小，就不适合养太多蓝魔雀鲷，否则它们会争斗；如果空间足够，它们比较容易和其他鱼类和平相处。不过，它们会欺负新加入水族箱的成员。

喜欢"自由恋爱"

　　蓝魔雀鲷喜欢"自由恋爱"，因此，如果水族箱的空间足够大，可以多养几条让它们自由选择配对。蓝魔雀鲷一旦配对成功后便会出双入对，形影不离，而且十分忠贞，不会因为生存环境或饲养环境改变而"分手"。

　　蓝魔雀鲷每次产卵 800~1000 枚，卵非常小，呈橘黄色，需要 10 天左右孵化，小鱼孵化后，便可以靠自己捕食微生物或藻类成长。

❖ 受到惊吓后体色变暗

蓝魔雀鲷受到惊吓后，体色会变暗，并躲在岩石缝隙或洞里，当危险过去后，体色会迅速变回亮蓝色。

饲养雀鲷时，应在水族箱中多提供一些洞穴，可以降低它们的领地意识及攻击性。

蓝魔雀鲷对水质要求不高，但是会因水质硬度不够或硝酸盐太高而使身上的亮丽颜色逐渐淡去，变为灰蓝色。

❖ 幼小的红燕雀鲷

燕雀鲷是一类非常悲情的观赏鱼，小时颇受宠爱，长大后却被厌弃。它们因体形酷似燕子而得名，主要有红燕雀鲷和金燕雀鲷等品种。

红燕雀鲷

红燕雀鲷别名火燕子雀鲷、红燕子雀鲷等，它们幼年时的体色为火红色，有一条亮蓝线横穿身体，看起来非常漂亮，因此价格很昂贵。

当红燕雀鲷长到6厘米后，体色就开始逐渐变黑，看上去非常丑陋。更让饲养者无法忍受的是，随着长大，红燕雀鲷的脾气会变得非常暴躁，常会在水族箱中追逐其他雀鲷或其他鱼类，并凶残地撕咬，因此，它们一般都会在成年后被剔除出水族箱。

❖ 燕子

燕子的羽衣颜色单一，身形飘逸，是最灵活的雀形类之一，主要以蚊、蝇等昆虫为主食，是众所周知的益鸟。

燕雀鲷

悲 情 的 观 赏 鱼

燕雀鲷并非科、属类的分类，但是它们有共同的特点：幼鱼时体色鲜艳、迷人，成年后就变得不那么好看，甚至会被饲养者丢弃。

❖ 逐渐变黑的红燕雀鲷

金燕雀鲷

　　金燕雀鲷又名金燕子雀鲷，在自然环境中体长可达 13 厘米，幼鱼时全身金黄色，有两道黑色横纹穿过整个身体，外表非常美丽，行动敏捷，而且性情温和。不过长大之后，体色会逐渐由黄色变成褐色，而且脾气会变得暴躁、好斗。因此，幼鱼时可以和任何弱小的鱼类一起混养，一旦成年后就需要慎重混养了，一般要选择大型凶猛的鱼类才能克制住性格暴躁的它们。

　　燕雀鲷和其他大部分的雀鲷一样，通常喜爱独居，以藻类、甲壳动物与大洋性被囊类为食。不过，它们不如其他雀鲷那么容易饲养，在人工饲养时如果照顾不好很容易生病。

金燕雀鲷喜欢生活在酸碱度为 8.2、硬度为 8 左右的水中，这样的环境有助于它们的新陈代谢。

❖ 金燕雀鲷

橙线雀鲷属于很好饲养的海水鱼之一，它们对水族箱内的环境要求不高（一般水族箱不小于 150 升为宜），有极强的适应能力。如果水质和环境都良好，它们可以活8~15 年。

雀鲷的品类繁多，可以按体形、花色和种类等划分，除了小丑鱼（双锯鱼）、宅泥鱼、豆娘鱼、蓝魔雀鲷等之外，还有很多品种，如橙线雀鲷、蓝丝绒雀鲷、黑线雀鲷、黑白魔雀鲷、美国红雀鲷、粉红魔雀鲷等，它们的体形和体色都很美。

橙线雀鲷

橙线雀鲷主要产于印度洋，在印度洋的岩礁地区成群生活。橙线雀鲷的体长为 8 厘米左右，其最突出的特征是身体上有一道断断续续的橙色条纹，从鳃盖处延伸到尾部。幼鱼时期身体是蓝色的，成鱼之后体色会变成黑褐色，一般喜欢成群地在岩礁及珊瑚间活动。

橙线雀鲷的性情温和，对其他鱼类没有很强的攻击性，因此适合与弱小鱼类一同饲养，或者同类小群饲养在水族箱内。

其他的雀鲷

令 人 惊 艳 的 雀 鲷 家 族

雀鲷的种类繁多，身形各异、色彩多变，它们中的大部分都很令人惊艳，是值得饲养的观赏鱼。

体侧有明显的断断续续的橙色横纹。

❖ 橙线雀鲷（幼年）

❖ 橙线雀鲷（成鱼）

❖ 幼年的蓝丝绒雀鲷

❖ 幼年的蓝丝绒雀鲷（变身期）

蓝丝绒雀鲷

蓝丝绒雀鲷别名蓝线雀鲷、丝绒雀鲷、花面雀鲷等，原产于我国台湾和南海，以及菲律宾等的珊瑚礁水域。

蓝丝绒雀鲷幼年时全身蓝黑色，身体中央有一条黄白色的纵环带，眼睛上、下有天蓝色花纹，非常漂亮。成鱼后，一些条纹会逐渐消失，鱼体也会变成褐色或黑色，逐渐变得不再好看，因此，蓝丝绒雀鲷的命运和红燕雀鲷的差不多，成年后会被剔除出水族箱。

黑线雀鲷

黑线雀鲷又叫西施雀鲷，体型娇小，仅仅 6 厘米左右，体色一般为茶色或黄色，在鱼尾与身体交界处有一道黑色纵纹。

黑线雀鲷也被称为黑带光鳃雀鲷，与其他的光鳃鱼不同，它们的性情很温和，天生胆小，大部分时间都会躲在岩礁或

❖ 黑线雀鲷（黄色）

❖ 黑线雀鲷（茶色）

❖ 黑白魔雀鲷

❖ 美国红雀鲷（幼鱼）

❖ 美国红雀鲷（成鱼）

者珊瑚边觅食，一旦风吹草动就会迅速躲起来。

黑线雀鲷不喜欢独居，能和其他观赏鱼和谐共处，因此能和比较弱小的鱼类一起饲养。

黑白魔雀鲷

黑白魔雀鲷别名半身魔雀鲷，原产于印度洋的印度沿海及红海海域。黑白魔雀鲷的体长为7.5厘米，身体前半部分为黑褐色，后半部分为白色，这个特征使它的名气很大，由于捕获量很少，所以价格较高。

黑白魔雀鲷的性情非常温和，天生胆小，不能与凶猛好斗的鱼类饲养在一起，否则它们会紧张、害怕。

美国红雀鲷

美国红雀鲷又名加州宝石雀鲷，体色橘红，幼鱼更加迷人，其身上分布着不均匀的蓝色荧光斑点，成鱼后斑点逐渐消失，红得更加纯粹。

美国红雀鲷属于大型雀鲷品种，其成体最长可达35厘米，而且非常凶猛、好斗，不仅会伤害其他鱼类，也会对同类毫不留情，一般水族箱中建议只饲养一条。

粉红魔雀鲷

粉红魔雀鲷又名水红魔雀鲷、塔氏金翅雀鲷，是最常见的雀鲷之一，体长为7.5厘米左右。它们的颜色在雀鲷中非常独特、少有，其头部淡黄，身体呈嫩嫩的蓝粉色，而且颜色间的界线并不明显。

粉红魔雀鲷在幼鱼时性格温和且活跃，可成小群饲养，但是成鱼之后，它们会建立自己的领地，一旦有其他鱼类靠近，它们就会变得凶猛、好斗。

❖ 粉红魔雀鲷

草莓鱼（拟雀鲷）

从外形上看，草莓鱼极像雀鲷家族的成员，不过它们和雀鲷不同，它们有各种各样的家族成员，性格多样变化，有的温顺、有的暴躁，它们也没有雀鲷那么活泼。

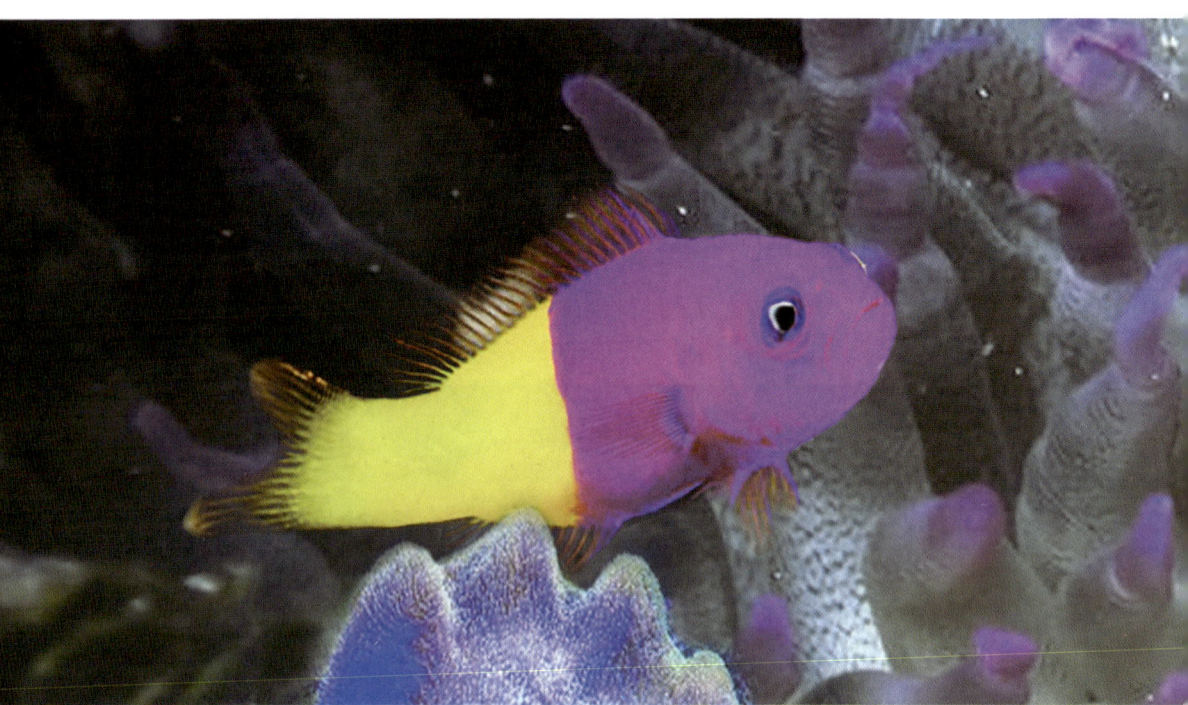

❖ 草莓鱼（双色草莓鱼）

草莓鱼因为大部分品种的体色犹如草莓的红色而得名。

草莓鱼比较正式的名称是拟雀鲷，其因为多彩的外形而成为水族箱的一员。

品种繁多

草莓鱼和雀鲷一样，根据产地、色泽和习性，可分为众多品种，它们的体色中大多有如同草莓的红色，因此而得名，最常见的品种有红长身草莓鱼、红海草莓鱼、非洲草莓鱼、环眼草莓鱼、澳洲草莓鱼、紫背草莓鱼、双色草莓鱼等。此外，还有体色中没有红色的日出龙鱼、蓝线草莓鱼，颜色稍逊的双带草莓鱼等品种。

❖ 双带草莓鱼

双带草莓鱼体色比同类品种稍逊一筹，但也很特别，非常灵动活泼。

机警、害羞

草莓鱼的身材娇小，眼睛紧靠身体前端，大部分种类与雀鲷一样天生机警、害羞。在自然环境中，大部分种类的草莓鱼喜欢躲藏在礁岩或珊瑚下的洞穴中，有一些种类喜欢在空旷的海底到处探索觅食，如红长身草莓鱼等。

领地意识强

草莓鱼大多是双性、雌雄同体，通常先雌后雄。它们的领地意识很强，尤其是雄鱼配对后，它们保护领地的欲望会更强，也更有攻击性，会主动攻击任何靠近它们领地的鱼类，哪怕体型比它们大好几倍也不畏惧。

在水族箱中，草莓鱼对同类很排斥，因此，一个水族箱推荐只养一条，否则它们每天都会为了保护领地而互相斗殴。

据美国《当代生物学》杂志介绍，在大堡礁蜥蜴岛的珊瑚礁中生活着黄色和棕色的拟雀鲷，分别将黄色拟雀鲷放入棕色雀鲷幼鱼群；将棕色拟雀鲷放入黄色雀鲷幼鱼群，两个星期后，拟雀鲷都变成了和雀鲷幼鱼同色系。该杂志中还介绍，拟雀鲷的颜色改变与环境颜色无关，只与同一个环境中雀鲷幼鱼的颜色有关。

"披着羊皮的狼"

草莓鱼与雀鲷一样是肉食性鱼类，主要以浮游动物及小型的甲壳生物等为食。然而，有些草莓鱼的捕食方式却非常可恶，它们不仅会"模拟"雀鲷的外形，而且会控制并调整体色，伪装成雀鲷幼鱼，混入雀鲷幼鱼群中，像混进羊圈的"披着羊皮的狼"，悄悄地吞食雀鲷幼鱼和那些未来得及孵化的鱼卵。

蓝线草莓鱼的体色稍逊，通体呈偏黑的深蓝色，体侧分布许多小黑斑，头部有两道水平的亮蓝色条纹，各鳍外边也镶嵌着亮蓝色的条纹。

❖ 蓝线草莓鱼

红长身草莓鱼

罕 见 的 拟 雀 鲷

红长身草莓鱼因迷你的体型和温和的脾气而成为小型水族箱中最受欢迎的观赏鱼品种之一。

❖ **红长身草莓鱼**

新放入水族箱中的红长身草莓鱼喜欢躲藏在造景洞穴中，只是偶尔出现在人们的视线中，不过，等它们熟悉了水族箱环境后，就会不断地在水族箱中探索，能给人们带来许多乐趣和惊喜。

红长身草莓鱼原产于印度尼西亚的苏拉威西岛和摩鹿加群岛海域，最大体长仅6厘米，鱼体颜色由头部向尾部逐渐从红色渐变成橘色，整体看呈灰褐色。它们很耐寒，而且行动迅速，常藏于较深的水域，因此很难被发现。

红长身草莓鱼虽然也有领地意识，但性情比其他草莓鱼温和许多，也慵懒许多，因此被作为一种观赏鱼饲养在水族箱中。它们进入水族箱一段时间后，便逐渐开始适应被圈养的生活，然后会悄悄地在水族箱中探索。水族箱的大小不会对它们的生活产生影响，只需给它们准备一个藏身的洞穴即可，它们是极少数不伤害水族箱中的观赏虾的草莓鱼。

❖ **红长身草莓鱼**

红海草莓鱼又称美国草莓鱼，原产于东非沿海的印度洋和红海海域，其体形瘦弱细长，成鱼最大体长为 7.5 厘米。红海草莓鱼不喜欢没有遮蔽的环境，因此，在水族箱中，它们大部分时间会躲藏在岩石的缝隙里，只有在投喂食物的时候才会小心地探出头或者游出来。即便是在自然环境中，红海草莓鱼也是如此，大部分时间会躲在洞穴内，活得小心翼翼。

红海草莓鱼和红长身草莓鱼一样，在观赏鱼市场需求量大，因此价格昂贵。

红海草莓鱼由于体型小，性情温和，很容易被其他品种的观赏鱼欺负，不可与大型雀鲷、其他草莓鱼、鬼王等类似品种共同饲养，同品种也只能同时饲养一条；如果想多养几条，应同时入缸。建议用 150 升有躲藏地点的生态缸饲养。

红海草莓鱼

高 贵 鲜 艳 的 紫 色

红海草莓鱼全身体色为高贵鲜艳的紫色，口眼之间有一道黑色横纹，显得特别有个性。

❖ 红海草莓鱼

❖ 非洲草莓鱼

非洲草莓鱼又名霓虹草莓鱼、阿拉伯草莓鱼、阿尔达布拉草莓鱼等，原产于印度洋的红海海域，包括波斯湾、亚喀巴湾、阿曼湾、巴基斯坦和阿尔达布拉岛等地的海域。

非洲草莓鱼和其他草莓鱼一样有领地意识，但是个体之间的性格差异很大，有些性格温和的非洲草莓鱼可以共享一个较小的水族箱，而那些性格暴躁的只能混养在大型水族箱中。

非洲草莓鱼成年后体长为8厘米左右，雌雄同体，通常先雌后雄，然而，它们在水族箱环境下虽然有性别转换记录，但事实上却很少能性别转换。

非洲草莓鱼是草莓鱼中比较容易饲养的品种，不仅对食物的要求不高，而且还能清洁鱼缸，甚至会吃钢毛虫等，因此，它是水族贸易中最受欢迎的草莓鱼品种之一。

非洲草莓鱼平时性情温顺，配对后会变得有攻击性。雌鱼产卵前腹部肿胀，并且变得更加"腼腆"，卵通常4~5天后孵化，第二天早上就可以喂食，幼鱼适宜用22~25℃的水饲养。

非洲草莓鱼

如 同 霓 虹 闪 烁

非洲草莓鱼全身颜色橘红，鱼背、鱼鳍与口眼之间是蓝色和浅蓝色，如同霓虹闪烁，非常漂亮。

环眼草莓鱼

可　爱　的　粉　嫩　的　观　赏　鱼

环眼草莓鱼的体色为可爱的粉嫩红色，鱼鳍宽大，呈半透明状，这是一种能捕获少女芳心的观赏鱼。

环眼草莓鱼既是拟雀鲷，也是拟鲛，原产于太平洋的印度尼西亚附近海域。雄性环眼草莓鱼的体色要比雌性环眼草莓鱼更红一点，它们天生胆小，大部分时间躲在洞穴或者岩石缝隙中，平时以浮游动物及小型的甲壳类生物为主要食物。即便是饲养在水族箱中，被驯化后也很胆小，仅在投喂的时候才会迅速叼住食物，然后躲回巢中。因此，它们在水族箱中的存在感很低，若不仔细寻找，很容易被忽略。

❖ 环眼草莓鱼（雄鱼）
雄鱼的体色变深，红中带粉，可爱中带有一点成熟的味道。

雌鱼的体色为浅粉色，更加可爱。
❖ 环眼草莓鱼（雌鱼）

如果水族箱够大，可以多放一些环眼草莓鱼，可以饲喂各种动物性饵料，如果营养丰富，它们的体色会非常漂亮。

澳洲草莓鱼

像 彩 虹 般 颜 色 多 变

澳洲草莓鱼的体色非常丰富，身上黄色、红色、蓝色、绿色和橙色等相互搭配，通常为红绿色的身体，各鳍带有蓝色边，非常具有观赏性。

❖ 澳洲草莓鱼（雌鱼）

❖ 澳洲草莓鱼（雄鱼）

澳洲草莓鱼又名澳大利亚拟雀鲷，原产于太平洋西部的大堡礁附近海域。

澳洲草莓鱼的体色多变，雄鱼头部的红色特别显著，背部是黑色或灰色；雌鱼的体色更加丰富，像一道彩虹，颜色多变。

澳洲草莓鱼非常具有攻击性，在繁殖期更加凶猛，它们会杀死水族箱中的小型鱼类，如虾虎鱼、小型神仙鱼等，甚至能杀死水族箱中的青蛙鱼，因此，澳洲草莓鱼不能和弱小的鱼类混养，而且它们天生胆小，需要在水族箱中准备洞穴，供它们躲藏。

❖ 追捕性感虾的紫背草莓鱼

紫背草莓鱼在水族箱中会捕捉观赏虾,如美人虾、性感虾、骆驼虾、清洁虾等。

紫背草莓鱼

可 爱 与 好 斗 共 存

紫背草莓鱼全身是醒目的亮黄色,一道紫红色的条纹从吻部一直延伸到背鳍末端,各鳍透明,它和环眼草莓鱼一样粉嫩可爱。

紫背草莓鱼又名马来亚拟雀鲷、紫背拟雀鲷,原产于印度洋。它们的体色粉嫩可爱,但是行为却和它们的长相格格不入。它们的领地意识比大部分草莓鱼都强,而且非常好斗,会无所畏惧地和讲入领地的或看不顺眼的鱼类争斗,将它们驱赶出去。

紫背草莓鱼的适应能力较强,比其他草莓鱼更易饲养,在混养时要选择比它们还凶狠的鱼,这样,它们才不敢去争斗。

❖ 紫背草莓鱼

双色草莓鱼

双色草莓鱼的体色由两种十分鲜艳的颜色组成，前半部分呈紫色，后半部分呈亮黄色，非常抢眼，是草莓鱼家族中最知名的观赏鱼品种。

❖ 偷袭性感虾的双色草莓鱼

双色草莓鱼属较易养的品种，但会伤害小观赏虾。

双色草莓鱼的眼睛呈蓝色，靠近身体前端。

双色草莓鱼最常见的品种是黄、紫双拼色，不过也有些品种是粉色或者红色和黄色的双拼色，同样非常美丽醒目。

❖ 双色草莓鱼

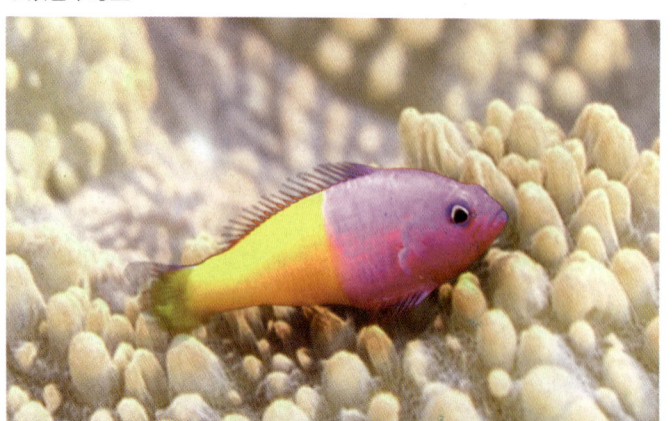

双色草莓鱼又名假紫天堂鱼、黄紫拟雀鲷，原产于太平洋西部至印度洋东部的珊瑚礁海域，包括我国南海、菲律宾等地的附近海域。

双色草莓鱼的体长仅7厘米，它是草莓鱼家族中最知名的品种，常见品种的身体为黄、紫双拼色，饲养在水族箱中优美亮丽，非常醒目。

双色草莓鱼还是草莓鱼中最勇敢的品种之一，它们胆大、勇敢，和紫背草莓鱼一样，为保卫自己的领地，敢和任何品种的鱼打架。

双色草莓鱼和大多草莓鱼一样，会消灭鱼缸中有害的钢毛虫。

双色草莓鱼具有极强的视觉冲击力，是水族箱中点缀单调环境的最佳调色剂，但是不建议养太多，否则容易"喧宾夺主"，使水族箱失去自然之味。

日出龙鱼又名黄顶拟雀鲷，是草莓鱼家族的品种，原产于印度洋的红海海域。它们的体色主要为蓝色，背部及尾鳍为黄色。或许是因为体色不是红色草莓的颜色，日出龙鱼不像其他的草莓鱼的名字中带有"草莓"二字。从起名的角度来看，它就是个另类。

日出龙鱼的体长为 7 厘米左右，生活习性和大多数的草莓鱼一样，需要足够的躲藏地点，以海虾及冰冻的海鲜为食。它们能够帮助清理对珊瑚缸有害的小枪虾及钢毛虫，非常适合放在珊瑚缸里饲养，饲养难度不高，很适合新手饲养。

饲养日出龙鱼需要 150 升以上的水族箱，水族箱中应有足够的躲藏地点；如果想多养几条，应同时入缸。

日出龙鱼

名 字 中 不 带 " 草 莓 " 的 草 莓 鱼

日出龙鱼的体色为明亮的浅蓝色，背部由吻部至尾柄有一道对比鲜明的亮黄色岗纹，酷似日出时的一抹朝霞，颜色艳丽。

黄草莓鱼的性情较凶猛，不适合和弱小或害羞的鱼混养，会对同科鱼和体型、形状类似的鱼进行攻击，但与别的品种相处融洽，并且不容易被其他攻击性鱼类骚扰。应饲喂富含胡萝卜素和维生素 A 的动物性饵料，可保证其身体上亮丽的黄色不会改变，如磷虾、切碎的鲜虾、海藻等。

黄草莓鱼又称为褐准雀鲷、棕（金色、黄）拟雀鲷，原产于印度洋、太平洋西部的热带及亚热带海域。

黄草莓鱼与日出龙鱼一样，其体色中没有红色，但是它的名字中却带有"草莓"二字。它与大多数草莓鱼的生活习性几乎一样。

黄草莓鱼在水族饲养圈内的普及度非常高，这或许是因为它的颜色在同类中足够独特。

黄草莓鱼的体长为 10 厘米左右，身体上亮丽的黄色不会因为鱼龄增长而变暗。在水族箱中，如果食物质量高、水质好，它们的体色会变得非常鲜艳，反之，它们的体色就会变得黯淡无光。

黄草莓鱼

流 行 的 草 莓 鱼 品 种 之 一

黄草莓鱼颜色艳丽，呈亮黄色到亮褐色，是水族箱中流行的草莓鱼品种之一。

❖ 黄草莓鱼

稚鲈科和油纹鲈科观赏鱼

与草莓鱼相似的品种

稚鲈科和油纹鲈科的一些观赏鱼品种的体色搭配与草莓鱼如出一辙，非常清新舒适，同样是水族圈的宠物。

稚鲈科和油纹鲈科的鱼与草莓鱼并非同族鱼类，但是它们的一些观赏鱼品种几乎和草莓鱼家族的成员一样，非常具有观赏价值，如名称中带有"鬼王"或"草莓"的一些品种，它们的体色和花纹几乎与草莓鱼的一模一样。此外，它们也和草莓鱼一样，是非常容易饲养的鱼类。

稚鲈科和油纹鲈科的鱼不仅像草莓鱼一样具有领地意识，而且它们比草莓鱼更凶猛，连面相也显得凶恶，因此，它们中的很多品种的名字都带有"鬼王"二字。

❖ 凶狠的"鬼王"

稚鲈科和油纹鲈科的观赏鱼与草莓鱼的一些品种相似，但是却更加凶狠好斗。

稚鲈科和油纹鲈科的观赏鱼需要足够大的水体，如果水族箱太小或者没有躲藏的洞穴，它们会因紧张而死。

美国鬼王又名美国草莓、鬼王，属于稚鲈科的品种之一，体长为7厘米左右，非常凶猛，领地意识很强，常会追逐、驱赶同类。其雌、雄鱼体色相近，雄鱼体色更深。水族圈内常有人将稚鲈科的巴西鬼王误认为是美国鬼王，两者体色区别不大，但是美国鬼王的体色更加鲜艳。

❖ 美国鬼王

深水双色鬼王又名克氏油纹鲈，属于油纹鲈科的品种之一，外形很像双色草莓鱼、美国鬼王、巴西鬼王等，不过体型更小，仅4厘米左右，在自然环境中栖息于45~145米深的水域，因此，在水族箱中饲养时对光照要求不高。

❖ 深水双色鬼王

倒吊鱼

鲷类中的大部分种类是人类餐桌上的美味，但是其中一些种类却具有极高的观赏价值，它们在自然环境中喜欢头朝下、尾部朝上，因而得名倒吊鱼。

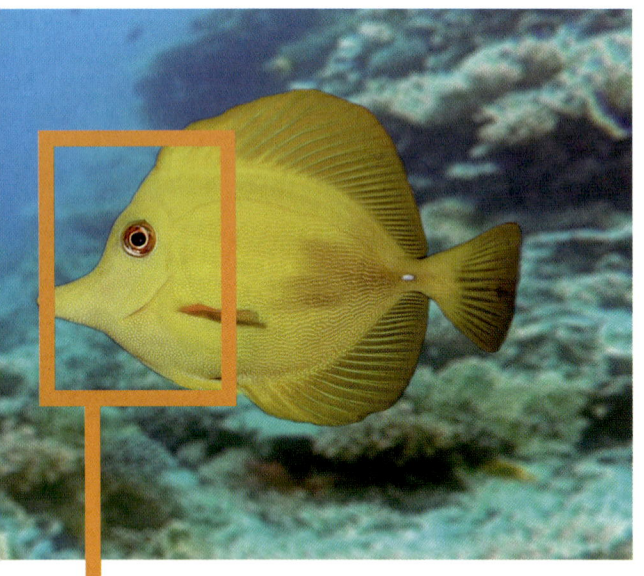

❖ **刺尾鲷科的鱼的嘴都很小**
刺尾鲷科的鱼的嘴大部分都很小，便于它们啃食珊瑚上的水藻。

　　倒吊鱼也叫刺尾鱼，属于刺尾鲷科中具有观赏价值的鱼类，主要分布于热带及亚热带三大洋的珊瑚礁区，以印度洋、太平洋的种类最多。

素食主义者

　　刺尾鲷科的鱼的体形呈橄榄形，延长且侧扁，一般体长为10~30厘米，但有些可达70厘米。它们身体上覆盖的鳞片细而密，摸上去有粗糙感，像木工用的砂纸，因此，刺尾鲷科的鱼也被称为"粗皮鲷"。

　　刺尾鲷科的鱼的口很小，有的牙齿长得像钢毛刷，很适合刮食附着在珊瑚礁上的藻类，仅极个别种类会以水层中的浮游动物和一些碎屑为主食。它们中的大部分种类都是素食主义者，常年成群结队地在潮池、潮间带到深数十米的岩礁及珊瑚礁海域觅食，有些种类的活动区域可达50~60米深的水下。

腰间别着匕首

　　倒吊鱼的尾柄瘦而有力，在尾柄和身体交界的位置长

如果在同一个水族箱中放入多条倒吊鱼，那么应尽量做到同时入缸，且尺寸要有差别，以减少它们相互攻击。因为同样大小的倒吊鱼实力相当，它们会相互攻击。

有硬棘，如同在"腰间"别着"匕首"，其锋利如外科手术刀。一旦遇到危险，倒吊鱼就会顶着长角，挥动尾巴，到处乱窜，使捕猎者不敢靠近，因为只要被它的硬棘刺中便会受伤，因此获名"刺尾"，国外则直接将这类鱼叫作"外科医生鱼"。

饲养时选择大型水族箱

倒吊鱼喜欢在珊瑚礁上觅食藻类，它们不会攻击珊瑚，也不会攻击虾或小鱼，而且它们的体型大，可以完全无视那些脾气暴躁的雀鲷以及草莓鱼的骚扰，因此，倒吊鱼非常适合与其他鱼类一起混养在珊瑚缸中。

在水族箱饲养倒吊鱼时，无须像对待雀鲷等小型观赏鱼那样准备藏身的洞穴，但应该尽量给它们选择大型水族箱，以保证它们有足够的游泳空间，以免它们被同类尾部的"匕首"误伤。

花纹特殊的观赏鱼

刺尾鲷科有6属70多个品种，其中有许多品种体色鲜艳、花纹特殊，例如，刺尾鱼属的粉蓝倒吊、鸡心倒吊、斑马倒吊、蓝纹倒吊等；高鳍刺尾鱼属的黄金倒吊、大帆倒吊等；鼻鱼属的金毛倒吊、独角倒吊等；栉齿刺尾鱼属的火箭倒吊、金眼倒吊等；多板盾尾鱼属的点纹多板盾尾鱼等；副刺尾鱼属的蓝倒吊（此属仅此一种属于观赏鱼）等，都是很有名的观赏鱼。

> 部分倒吊鱼的尾棘有毒腺，能引起人剧痛，因此，捕捉或者移动它们的时候需要注意安全。

> 各品种的倒吊鱼之间有杂交的习惯，而且因为父母个体特性，繁殖出的杂交品种也非常具有观赏价值，如三角吊与黄金吊的杂交品种就具有两种倒吊的特点。

❖ 倒吊鱼的"匕首"
此类鱼最大的特点就是尾柄处都有硬棘，如同匕首一样锋利。

倒吊鱼在自然环境中大部分是素食者，在水族箱中饲养时可投喂蔬菜叶，如生菜、大白菜、菠菜，甚至可以喂食水果，如香蕉、西瓜、梨等，螺旋藻或海草等是它们最喜欢的食物。此外，在饲养过程中，还可以逐渐用肉饵尝试投喂，习惯后，水族箱中的倒吊鱼一般都是杂食性的，甚至更喜欢吃虾肉等。

倒吊鱼家族的各个品种被众多水族饲养者喜爱，在他们的精心培育下又出现了许多杂交品种，如今比较常见的倒吊鱼家族的杂交品种有三角倒吊与珍珠倒吊的杂交品种、三角倒吊与丝绒倒吊的杂交品种、三角倒吊与黄金倒吊的杂交品种、五彩倒

❖ 五彩倒吊与粉蓝倒吊的杂交品种

吊与鸡心倒吊的杂交品种、五彩倒吊与粉蓝倒吊的杂交品种、蓝纹倒吊与红海骑士的杂交品种、斑马倒吊与多带刺尾鱼的杂交品种等，有些杂交品种具有更丰富的色彩，有些杂交品种却失去了父母的特色，变得平凡。

变异的倒吊鱼虽然失去了原有的艳丽色彩，但是很多却别有一番风味，而且市场价格昂贵。

除此之外，还有很多倒吊鱼家族的成员在成长过程中变异成各种颜色奇怪的品种，为观赏鱼大家庭增色不少。

❖ 变异的倒吊鱼

粉蓝倒吊

倒 吊 鱼 类 的 代 表

　　粉蓝倒吊的身体呈蓝色并略微发粉，有明黄色的背鳍、白色的面颊，眼睛靠近三角形头部，好像顶着黑色的大"头盔"，它是倒吊鱼的代表，备受人们的喜爱。

　　粉蓝倒吊也叫粉蓝吊，主要分布在印度洋和太平洋，包括从东非至安达曼海、印度尼西亚东南部及圣诞岛等近海的珊瑚礁海域。

　　粉蓝倒吊的体长一般为18~20厘米，最长为54厘米，体形椭圆而侧扁，尾鳍叉形，体色对比鲜明，时深时浅，其身价在倒吊鱼家族中名列前茅。粉蓝倒吊对其他倒吊鱼类非常具有攻击性，特别是对体型和颜色接近的，最好一个缸只放一条粉蓝倒吊。在饲养时，粉蓝倒吊要保证足够的游动空间，最好是在450升或更大的水族箱中饲养。

❀ 粉蓝倒吊

粉蓝倒吊虽然在珊瑚礁附近活动，但是从严格意义上来说，它们不算珊瑚礁鱼类，因为它们的活动区域更广。

由于粉蓝倒吊的幼鱼体色不鲜艳，所以市场上很少见到太小的粉蓝倒吊。

刺尾鱼可以通过它们尾柄侧面上的特征性脊柱或刺来识别。每一侧都有一根尖锐的铰接脊柱，或一个或两个不动的龙骨状、锋利的尾刺，它们因此而被称为"深海剑客"。

汤臣倒吊与粉蓝倒吊的体型和长相相似，粉蓝倒吊的体色更艳丽，汤臣倒吊的体色略显单一。

❖ 汤臣倒吊

粉蓝倒吊索饵积极，多食植物性饵料可保持体色艳丽、减少攻击行为，如海草、海藻，也可投喂动物性饵料，建议每天喂3次。

鸡心倒吊

尾 柄 有 橙 红 色 鸡 心 状 斑 块

鸡心倒吊的身体为黑色，尾柄处有橙红色鸡心状斑块，非常醒目，观赏价值极高。

❖ 鸡心倒吊

鸡心倒吊有时会与五彩倒吊杂交，生出的新倒吊鱼像被擦去鸡心状斑块的鸡心倒吊。

鸡心倒吊属于比较常见的倒吊鱼品种，虽然没有粉蓝倒吊昂贵，但也属于中等价位的观赏鱼类。

鸡心倒吊又被称为鸡心吊，主要分布于水深0~10米的太平洋珊瑚礁海域。

鸡心倒吊的成体最长24厘米，其最醒目的特点是尾柄的橙红色鸡心状斑块，斑块末端是弯月形的尾鳍，尾鳍为橙红色，尾鳍末端的颜色是黑色弧线及白缘。鳃部有一道亮白色斑纹。

鸡心倒吊幼鱼的尾柄没有橙红色鸡心状斑块，需要长到体长6~7厘米时才会长出来，随后越长大体色越美丽。

在自然环境中，鸡心倒吊通常成群生活，主要以丝藻和小型肉质藻为食。在水族箱中，因为空间限制，鸡心倒吊同种之间会因争夺领地而出现激烈打斗的现象，很难成群生活。建议用450升以上的水族箱饲养，不建议混养。可喂藻类等植物性饵料和人工饲料。

❖ 鸡心倒吊与五彩倒吊杂交后的品种

❖ 戴眼罩的忍者神龟

❖ 斑马倒吊

斑马倒吊

身　上　长　有　斑　马　纹

斑马倒吊的全身为奶油黄色至白色，有6条黑褐色纵纹间隔身体，如同斑马的纹路，其中的一条纵纹贯穿眼睛，如同电影中戴眼罩的忍者神龟，它由于独特的外形而深受广大鱼友的喜爱。

斑马倒吊俗称五间吊，主要分布在塔希提岛等珊瑚礁海域。

斑马倒吊的最大体长为26厘米，性情较为温和，比较适合在裸缸及珊瑚缸饲养。它们很容易和其他鱼类和平相处，但是也常被其他倒吊欺负，因此，不建议在同一个水族箱中和其他类别的倒吊混养。由于体型较大，需提供足够大的活动空间，它们以植食为主，吃海藻或丝藻，人工饲养时也可投喂动物性饵料。

斑马倒吊的雌鱼和雄鱼没有什么明显的区别，其卵的孵化时间长达数月，因此很难在人工饲养的环境中孵化成功。

❖ 多带倒吊

多带倒吊的最大体长为11厘米左右，小于斑马倒吊，但是它和斑马倒吊一样长有斑马纹，只是它有9条黑褐色纵纹，其中一条斜穿过眼睛。脸部还有一些不规则的短条褐色花纹。

❖ 蓝纹倒吊

　　蓝纹倒吊又称金线吊、纵带刺尾鱼、线纹刺尾鲷，主要生活于斐济、马尔代夫、印度尼西亚附近0~15米深海域的珊瑚礁或岩礁的浪拂区。

　　蓝纹倒吊的体型较大，最大成体可长到38厘米，它们具有较强的领地意识，在自然环境中，一般是一条较为强壮的首领雄鱼带着一群雌鱼在自己的领地范围内进食。首领雄鱼会随时监控领地，并不停地在边界线周围巡视，只要有其他鱼类靠近边界线，首领雄鱼便会发起警告或者驱赶。

由于蓝纹倒吊的体型较大，建议在700升以上的水族箱中饲养，水温控制在23~27℃。其饲养难度较大，不推荐新手饲养。

　　蓝纹倒吊和大部分倒吊鱼一样，对同类非常不友好，只要相遇就会争斗。由于蓝纹倒吊的体型较大，因此，在饲养时需要给它们更大的活动空间。

蓝纹倒吊

身 上 拥 有 迷 宫 般 的 花 纹

　　蓝纹倒吊的颜色丰富，身体上部3/4（包括头部）为交替的黑色、蓝色、黄色或橘红色等平行线、带，身体下部1/4为灰白色并被色带环绕，整条鱼身上的花纹如同迷宫一般。

蓝纹倒吊虽然美，但却不如红海骑士贵

　　蓝纹倒吊和红海骑士长得非常相似，只是身上的纹路颜色有所区别，红海骑士的体色和纹路以蓝色为主，而蓝纹倒吊除了蓝色之外，还多了许多金黄色，除此之外，包括生活习性方面，两者几乎没有差别。

　　如果仅从观赏角度来讲，蓝纹倒吊远比红海骑士更有价值，但是因为产量和饲养难度等，使蓝纹倒吊的价值远不如红海骑士。

　　蓝纹倒吊和红海骑士都胆子小、脾气暴躁，如果将两者进行比较，蓝纹倒吊的脾气更暴躁，而且越是成体脾气越暴躁，它们常会因为被放进水族箱而不进食，成天乱窜乱撞，甚至撞得头破血流，直至死亡。因此，市场上很少见到成体蓝纹倒吊，大部分都是幼体，因为幼体相对会容易饲养一点，但是幼体蓝纹倒吊也有脾气，稍有不如意就会绝食。而红海骑士则没那么暴躁，比蓝纹倒吊容易饲养，市场上售卖的多为成体，这也是红海骑士比蓝纹倒吊价格贵的原因之一。

倒吊鱼家族中除了红海骑士与蓝纹倒吊之外，满身都是平行纹路的还有金眼倒吊、白尾倒吊等。

❖ 红海骑士

一字倒吊

眼 睛 后 方 有 醒 目 " 一 字 横 纹 "

一字倒吊的眼睛后面有一道"一"字形的粗横纹，横纹内一般是橙色或黄色，整道横纹被蓝色边缘包裹。

一字倒吊也称为一字吊，主要分布在太平洋海域，栖息于临海9~46米深的礁石间。它们体长通常不超过35厘米，以眼睛后方有一道橙色或黄色的"一字横纹"而著称。

一字倒吊的幼鱼体色为黄色，"一字横纹"为橙色。随着成长，它们的体色越来越深并逐渐转变，身体前2/3变为较浅的灰黑色，后1/3变为较深的灰黑色，眼睛后方的"一字横纹"会逐渐由橙色变成黄色，非常醒目。

❖ 一字倒吊（成体）

成体一字倒吊的体色会逐渐加深，最后变成灰黑色，"一字横纹"转变为黄色。

幼体时，一字倒吊的体色为浅黄色，"一字横纹"为橙色。

❖ 一字倒吊（幼体）

一字倒吊脾气温和，建议在600升以上的水族箱中饲养，一条幼鱼搭配一条成鱼，食物以附着藻类、硅藻或丝藻为主。

金圈倒吊

眼　　上　　有　　金　　色　　斑　　纹

金圈倒吊的眼膜为蓝色，眼圈正上方的黄色斑纹在游动时时隐时现，如同孙悟空的火眼金睛，非常有魅力。

金圈倒吊又名金圈吊、印度金圈吊等，主要分布于马尔代夫、科科斯群岛和圣诞岛一带的海域中。

金圈倒吊的幼鱼体色一般为鲜黄色，随着成长，体色逐渐转为橘黄色，体侧会逐渐出现白色至黄色斑点，成鱼的体色变为红褐色，眼睛大，眼上方的黄色斑纹特别醒目，胸部为蓝灰色，体侧布满黄色圆形的淡淡斑点。

金圈倒吊的最大体长不超过 15 厘米，多喜欢单独或小群在较浅的潟湖和临海珊瑚礁区 1~21 米深的水域活动。人们常把它与金眼倒吊混淆，因为它们成鱼的颜色很相似，都带有黄色的眼圈和背鳍，不过，金圈倒吊的身体被淡蓝色的小斑点覆盖，而金眼倒吊的头部有小斑点，其余的则带有淡蓝色的水平条纹。在水族箱中饲养金圈倒吊时，要给它们足够的活动空间，通常海缸应为 280 升以上，它们不会骚扰无脊椎动物，可以和其他性格温和的珊瑚礁鱼一起饲养。最好不要和攻击性强的倒吊鱼混养，因为它们常会成为受害者，而且会因为压力而生病。

❖ 金圈倒吊幼鱼
金圈倒吊幼鱼的体色和黄金倒吊成鱼的体色非常相近，极具魅力。

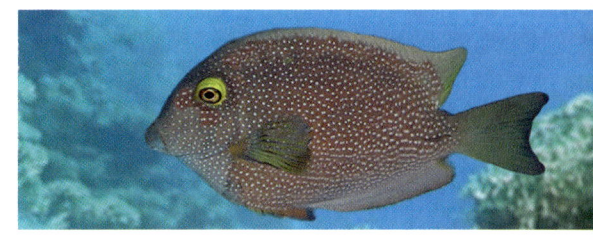

❖ 金圈倒吊成鱼

金眼倒吊

金圈倒吊和金眼倒吊的眼睛上方都有一块金黄色斑纹，也因此而得名"金圈"和"金眼"。幼鱼时，它们的体色也都是黄色的。

它们之间的不同点：金圈倒吊身上布满了圆形的、淡淡的斑点，而金眼倒吊的体纹则和蓝纹倒吊更相似，满身布满了平行纹路，此外，金眼倒吊比金圈倒吊更大，成鱼最大可达 25 厘米，金圈倒吊一般最大体长不会超过 15 厘米。

❖ 金眼倒吊

蓝倒吊

会 " 装 死 " 的 观 赏 鱼

在动画电影《海底总动员》中，那条话特别多、几乎只有5秒钟记忆的蓝色小鱼多莉让人印象深刻，它就是蓝倒吊，其身体主色调为蓝色，上面有特殊的黑色花纹。随着《海底总动员》的热播，蓝倒吊也成为最受欢迎的刺尾鱼之一。

❖《海底总动员》中的多莉和小丑鱼

动画电影《海底总动员》中的小鱼多莉，其原型就是蓝倒吊。

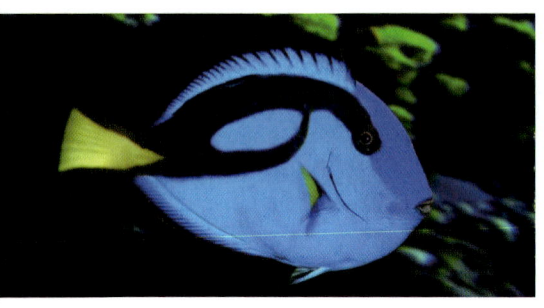

❖ 蓝倒吊

蓝倒吊很漂亮，2005年《海底总动员》热映后，它成为水族爱好者极力追捧的海洋鱼类，因此身价比较昂贵。

蓝倒吊刚孵化出的幼鱼几乎透明，能看到其体内的骨骼，随着成长，逐渐变得不透明，身体被蓝色覆盖。

❖ 蓝倒吊幼鱼

蓝倒吊又称黄尾副刺尾鱼、拟刺尾鲷，通常活动在有潮流经过的清澈礁坪海域，成鱼会聚集在离海底1~2米高的水层，而幼鱼则成群聚集在鹿角珊瑚附近，一旦有危险便迅速躲入珊瑚的枝杈间。

蓝倒吊有领地意识，它们成群活动，但是每条蓝倒吊在鱼群中的地位会不同，尤其是雄鱼，它们互相之间会炫耀尾棘，稍有不服便会爆发冲突，而且在冲突升级的过程中，它们身体的蓝色部分会发生改变，并将尾部靠近对方，然后用尾棘教训对方。因此，如果在水族箱中养多条雄性蓝倒吊，它们一定会发生争斗。

蓝倒吊同类之间常靠尾棘决定地位，在遇到比它们凶悍的猎食者时，一些蓝倒吊，特别是幼鱼，会躲在活石后或珊瑚的枝杈间，受惊吓的蓝倒吊会将尾棘伸向珊瑚丛并用珊瑚岬稳定姿态，防止入侵者把它们拖出藏身之处。一旦被猎食者发现，它们会倒在一边"装死"，一动不动，常被猎食者误以为死亡而弃之不顾。在水族箱中饲养中，它们的这种"装死"现象常让新手们忧心不已。

蓝倒吊可以人工繁殖，一般幼鱼仅硬币大小，它们比较贪吃，在倒吊鱼家族中属于比较容易饲养的鱼类，而且人工培育的幼鱼，如果从小就给它们喂食鱼粮，那么它们对藻类就不再感兴趣了。

❖ 点纹多板盾尾鱼

点纹多板盾尾鱼的幼鱼与成鱼区别不大，不过体色会随着成长而加深。

点纹多板盾尾鱼

分 布 广 泛 的 刺 尾 鱼

点纹多板盾尾鱼身体的主色调为灰色，并布满小黑点，尾鳍为黄色，非常美观。

点纹多板盾尾鱼属于多板盾尾鱼属，大部分体长为20~30厘米，但是有些个体能长到70厘米。它们大多为素食者，以底藻类为食，但也有以浮游动物为食或滤食碎屑的品种。

多板盾尾鱼属的稚鱼过漂浮生活，而且时间非常长，它们会随着长期的海上漂浮到达更远的海域，因此该属鱼类的地理分布极为广泛。

点纹多板盾尾鱼的尾柄上的硬棘及骨板会在挣扎或受威胁时，对入侵者造成既深且疼痛的伤口。

点纹多板盾尾鱼属于大型海水观赏鱼，建议用900升以上的水族箱饲养，并加盖防止其跳出。它们除了对倒吊鱼不友好外，对其他品种的鱼态度很温和。

黄金倒吊

通 体 黄 灿 灿 的

黄金倒吊整体呈鲜黄色，身体中部隐约有一道横向的白色粗条纹，它深受海水观赏鱼爱好者喜欢，也是最容易饲养的倒吊鱼之一。

❖ 黄金倒吊

黄金倒吊不能忍受甲醛的刺激，因此，在治疗寄生虫类疾病时不要使用甲醛或其稀释产品福尔马林。

黄金倒吊幼鱼的身体呈半透明状，体色微微发黄，在其长大的过程中身体会逐渐不再透明，变得越来越黄。

❖ 黄金倒吊幼鱼

黄金倒吊又称为黄金吊、黄高鳍刺尾鱼等，是很常见的观赏鱼品种，而且产量很大，它们主要分布于西太平洋的夏威夷海域。

在海水观赏鱼中，除了小丑鱼之外，单一品种数量最大的就要数黄金倒吊了，其成体体长为20厘米左右，体卵圆而侧扁，幼鱼及成鱼身体、头部及各鳍皆呈鲜黄色。它们还有手术刀一样锋利的尾柄刺，是极具杀伤力的武器。

黄金倒吊主要栖息在水深1~40米的岩礁和珊瑚礁区，是杂食性物种，对食物和居住环境不怎么挑剔，在水族箱中饲养时几乎吃所有的人工饲料，尤其喜欢吃饲养在水族箱中的各种藻类，特别是火焰藻，而且还会啃咬珊瑚的伤口，造成更大的创伤，甚至毁灭整株珊瑚。在水族箱中饲养时，应尽量避免同时饲养两条黄金倒吊，如果要同时饲养，最好同一时间引入，因为后来者很容易被先来的消灭。如果要在已经饲养有一条或一群黄金倒吊的水族箱中再次引进一批，必须保证新引进的数量要大于原有数量，并确认后来者不比原有的小。

大帆倒吊

鳍　撑　起　时　像　船　帆

大帆倒吊的体色呈褐色与黄色相间，身体上有数条鲜明的纵纹和黄色线条，当鳍部张开时，整个身体几乎扩大了一倍，好像帆船撑起的帆一样，因此得名。

大帆倒吊又称为大帆吊、太平洋帆吊等，主要分布于太平洋的热带海域，生活在水深 5~10 米的浅海珊瑚礁中。

大帆倒吊的幼鱼和成鱼区别不大，身体上除了纵纹之外，还布满了小斑点，面部则布满了黄色小点。其幼鱼体色发黄，成鱼的身体为褐色与黄色相间。大帆倒吊需要在 600升以上的水族箱中饲养，它们和其他鱼能和平相处，但在一段时间内会攻击其他倒吊鱼，可以通过同时入缸减少它们的攻击行为。它们主要吃海草和海藻等植物性饵料，也吃虾、蟹、珊瑚虫等。

❖ 大帆倒吊

❖ 大帆倒吊幼鱼

❖ 珍珠大帆倒吊

珍珠大帆倒吊与大帆倒吊长得很像，身体上也布满了圆形斑点和条纹，它们在水族箱中的最大体长可达 40 厘米，其体色比大帆倒吊的更漂亮。

❖ 独角倒吊

❖ 长着长鼻子的匹诺曹

独角倒吊又名长吻鼻鱼、粗棘鼻鱼，俗名剥皮仔、打铁婆、独角吊、独角兽、长鼻天狗等，主要分布于非洲东部、印度洋—太平洋海域北部及夏威夷等地的珊瑚礁区。

独角倒吊因头顶长长的角状突起而得名"单角、独角、长鼻"等，其体色为蓝灰色，腹侧则为黄褐色，体长达到30厘米左右时，头顶会长出角状突起，随着体长的增加，头顶的角状突起会不断增加，直到体长达到70厘米左右后（水族箱中体长一般最大为50厘米），头顶的角状突起便不再生长，其长度不同，种类也不同，看上去有点像童话故事《木偶奇遇记》中长着长鼻子的匹诺曹，有点古怪且搞笑。

独角倒吊脾气温和，对其他品种的鱼类很友好，但有时会攻击同类，在水族箱中饲养时，需要足够的游动空间和藏身地点，因此一般饲养在800升以上的水族箱中。

独角倒吊

长 着 长 鼻 子 的 刺 尾 鱼

独角倒吊的形象如同意大利童话故事《市偶奇遇记》中长着长鼻子的匹诺曹一样，带有几分荒诞，又有几分搞笑。

独角倒吊的体色会随着生活海域的颜色而改变。

❖ 独角倒吊

金毛倒吊

鱼　中　的　朋　克　族

　　金毛倒吊有颜色非常鲜艳的背鳍，撑起时如同古罗马战士的头盔，威武霸气，又如同朋克一族的鸡冠头一样斗艳争奇。

　　金毛倒吊又被称为金毛吊、印度天狗吊、夏威夷天狗吊、美丽鼻鱼等，属于鼻鱼属，主要分布于太平洋以及印度洋等海域，其中产自夏威夷的金毛倒吊通常比其他地方的更艳丽。

　　金毛倒吊幼鱼身体的主色调为灰黑色，背鳍和臀鳍为黄色，随着鱼龄增加，体色会逐渐变深，成熟后身体会变成深蓝灰色，眼睛前面像戴了个面具，头部黄色，背鳍前端会变得格外的明亮而金黄。

　　金毛倒吊不需要很多藏身的地方，但是需要足够的游动空间，它们有一定的攻击性，建议混养多个品种，并多条同时下缸。它们是杂食性动物，能够适应珊瑚缸，比较好饲养。

金毛倒吊　　　　　古罗马战士头盔

❖ 金毛倒吊与古罗马战士头盔

❖ 金毛倒吊

❖ 天狗倒吊

天狗倒吊与金毛倒吊长得很像，其最明显的不同就是背鳍颜色，金毛倒吊的背鳍为醒目的黄色，而天狗倒吊则是黑色，仅在背鳍尾部有一丝黄色。

蝴蝶鱼

蝴蝶鱼是色彩最艳丽的海水鱼之一，也是海水观赏鱼中最主要的成员之一，它们的体色多彩，非常漂亮，因形似蝴蝶而得名。

蝴蝶鱼对于珊瑚礁的依赖性极强，它们的食物大部分来源于此，因此，一个地区的蝴蝶鱼种群数量能够很好地反映当地珊瑚礁的数量和健康情况，蝴蝶鱼种群也是环境学家判断海洋生态的重要指标之一。

蝴蝶鱼的外形和体色相差较大，但体色一般都很鲜艳，通常是黄色或白色的底色上带有强对比的深色花纹，同时利用穿过眼睛的条纹和身体后部的假眼点来迷惑捕食者。

黑鳍蝴蝶鱼在水族箱环境中几乎只食用活珊瑚，而且不接受替代食物，此外，饲养黑鳍蝴蝶鱼需要至少1500升生态环境良好的珊瑚水族箱，否则很难饲养，因此，黑鳍蝴蝶鱼虽美，但不建议家庭饲养。

❖ 黑鳍蝴蝶鱼

蝴蝶鱼是典型的珊瑚礁鱼类，广泛分布于太平洋和印度洋的珊瑚礁或浅海海域，有一些品种仅存在于一些很小范围的海域。

典型的珊瑚礁鱼类

蝴蝶鱼的成体体长大多为10~15厘米，体形为卵形、扁平，吻部微微突出，便于啃食珊瑚，是典型的珊瑚礁鱼类。

蝴蝶鱼和倒吊鱼、草莓鱼一样，其成鱼和幼鱼相比，体色和体态都有变化，有些变化很大，有些变化很小。另外，根据种类不同，蝴蝶鱼的体色也各具特点。许多种类的蝴蝶鱼的幼鱼背鳍后端靠近尾巴处有一个像眼睛一样的黑斑，被称为"伪眼、假眼"，而其真正的眼睛常被深色斑纹覆盖，反而不明显。这是因为蝴蝶鱼的幼鱼在孵化后就需要独立生存，它们的游速慢，自卫能力弱，"伪眼"能很好地迷惑捕食者，从而为自己争取逃脱时间。多数种类的蝴蝶鱼长大后假眼斑纹会消失，而眼睛上的深色斑纹会继续保留。

饲养蝴蝶鱼具有挑战性

蝴蝶鱼有近 200 种，它们体形飘逸、色彩艳丽、姿态高雅，常被养于水族箱中供人观赏，其中最常见的有月光蝶、黑镜蝶、网蝶、黄风车蝶、四斑蝴蝶鱼、印第安蝶、镊口鱼、人字蝶、霞蝴蝶鱼、关刀鱼、前颌蝴蝶鱼等。

不过，蝴蝶鱼并不像雀鲷、草莓鱼那样容易饲养，它们对水质的要求很高，而且喜欢一直游动，因此需要较大的水族箱。除此之外，蝴蝶鱼有啃食珊瑚和软体动物的习惯，除了少部分蝴蝶鱼可以接受人工饲料之外，大部分蝴蝶鱼只接受肉食，如鱼肉、虾肉、贝肉、各种小型节肢动物、环节动物、软体动物等。

因此，蝴蝶鱼虽然好看，想要养好它们还是具有挑战性的。

饲养蝴蝶鱼的要点

蝴蝶鱼是一种有社会阶层的鱼类，如果水族箱中同时放入几条蝴蝶鱼，它们之间很快就会形成以头鱼为首的社会形态，彼此之间不敢逾矩。如果水族箱中仅仅放入两条蝴蝶鱼，那么用不了多久，其中一条就会占有绝对支配位置，另一条则被驯服。

蝴蝶鱼除了喜欢啃食珊瑚之外，还有一个恶习，那就是喜欢捉弄甲壳动物，如拉扯虾类的脚，即便是较大的虾也无法躲避被蝴蝶鱼扯掉虾脚的命运。

将不同种类的蝴蝶鱼混养或者将蝴蝶鱼和其他性情温和的鱼类（如弹涂鱼、倒吊鱼、虾虎鱼等）混养时，它们之间能和平共处，但是，蝴蝶鱼不能和有争食、好斗的鱼类（如扳机豚科的鱼、大的神仙鱼及隆头科的鱼等）饲养在一起。

蝴蝶鱼是一夫一妻制，成群活动时也会与伴侣游在一起，如果被分开，其中一条会不断寻找对方。蝴蝶鱼固定的伴侣关系至少会保持 3 年，而有些蝴蝶鱼可能终生配对。

蝴蝶鱼很难在人工环境下繁殖成功。

印度尼西亚附近海域有 60 多种蝴蝶鱼。我国南海有超过 48 种蝴蝶鱼。

蝴蝶鱼生性好动，喜欢在水中不停地游弋，因此，必须给它们足够的空间。如果饲养蝴蝶鱼的空间小，它们就会有压迫感，成天处于紧张状态，甚至会互相攻击。

要想饲养出健康、漂亮的蝴蝶鱼，要求水质中的硝酸盐含量低于 20 ppm，磷酸盐含量在 0.1 ppm 以下，水温最好保持在 26℃ 左右，否则蝴蝶鱼会容易患白点病、感染细菌疾病或突然暴毙。

蝴蝶鱼比较容易携带寄生虫，如本尼登虫和鞭毛虫等，因此，在放入水族箱之前，一定要提前检疫和杀虫，以免感染了整个水族箱。

❖ 月光蝶

月光蝶是最大的蝴蝶鱼之一，体长一般为 8~20 厘米，最大体长可达 30 厘米。它们还善于游动，一般除了睡觉外，都在游动。因此，人工饲养时需要大的水族箱或者开阔的空间供其自由活动。

月光蝶是一种比较耐寒的蝴蝶鱼。

月光蝶又称为鞭蝴蝶鱼，广泛分布于印度洋、太平洋的热带海域。

月光蝶的体色为金黄色，有 6~7 条蓝色纵带，头部呈三角形，下颚金黄色，臀鳍为银白色并有黄边，尾鳍上、下叶边缘为粉红色，尾柄有粉红色块，背鳍末端粉红色，身体后半部有显眼的黑色斑块和如弯月一样的白边。

月光蝶在自然环境中的寿命为 25 岁左右，它们喜欢成对或成群地在水深 30 米以内的潟湖和外海珊瑚礁区活动，以丝藻、石珊瑚、海绵和其他底栖的小型无脊椎动物为食。月光蝶需要在 250 升以上的水族箱饲养，因为它们需要足够的活动空间和躲藏地点，它们可以和其他的蝴蝶鱼混养，不过，不要把它们放入珊瑚缸中，因为它们会吃珊瑚和海葵。

月光蝶

身 体 上 有 宛 如 明 月 的 斑 纹

月光蝶色彩绚丽，体态动人，身体后上部有一个卵形的蓝黑色大斑，斑后缘为橘红色，斑下缘有宽宽的白边，宛如一弯明月，因此而得名。

网蝶

网蝶全身黄色，布满暗黄色网格纹状的图案，眼部、背鳍和尾部有黑纹，非常亮丽醒目。

网蝶又被称为格纹蝴蝶鱼、雷氏蝴蝶鱼，它和大部分蝴蝶鱼一样，多生活在浅水岩石礁滩和珊瑚礁海域，还可以进入河口，在咸淡水交汇处生活。

网蝶在幼鱼时全身黄色，仅眼部有黑纹，背鳍和尾部的黑纹在成长的过程中才会慢慢出现并逐渐加深，其成体长达到 15 厘米左右便不再生长。网蝶在睡着了或感觉到压力时，身体前半部分会出现暗色斑点。

网蝶因没有食用价值，所以不被捕捞者重视，不过，它们因非常有个性的网格纹、温顺的性格和比其他蝴蝶鱼更好的耐受度而成为水族箱中的重要一员。由于它们需要足够的藏身地点，因此需要在 350 升以上的水族箱中饲养，网蝶还可以和性情温和的鱼一起混养，主要以切碎的海鲜为食。

网蝶在夜晚休息或受到威胁时，身体上的黄色会变成灰白色或浅褐色，额头上的颜色会变成深蓝色，嘴部的颜色会变成棕色，除此之外，身体上还会出现黑色斑纹。

❖ 网蝶

❖ 受惊后的网蝶

网蝶一旦习惯了水族箱环境，饲养起来就会比较容易，而且非常耐活，有记录显示，在水族馆中饲养的网蝶最长超过 16 年。

网纹蝶

　　大部分蝴蝶鱼品种都适合家庭饲养，但是也有一些品种不建议饲养，如网纹蝶。网纹蝶又被称为网纹蝴蝶鱼，其形态和网蝶如出一辙，但是两者的网纹和体色不同，网纹蝶浅黄色或灰色的身体上覆盖的是黑色网格纹状的图案。网纹蝶虽然和网蝶的名字仅有一字之差，但是它却因为体色单调和饲养难度大而不被水族市场看好。

　　网纹蝶的饲养环境：普遍认为需要水质优良、稳定，至少 1000 升的珊瑚水族箱才可以饲养一条，而且需要饲喂活的 SPS 珊瑚（小水螅体硬珊瑚）才能存活，因此不建议个人或家庭饲养。

❖ 网纹蝶

黑镜蝶

独 特 的 典 雅 之 美

黑镜蝶全身银色，有几道灰黑色纵纹，其体色虽不如其他蝴蝶鱼那样艳丽，但是却有一种独特的典雅之美，是水族箱中很好的补充配色。

黑镜蝶又名银身蝴蝶鱼，是西太平洋热带海域中唯一一种色彩朴素的蝴蝶鱼，在看尽了五彩斑斓的其他热带鱼后，朴素的黑镜蝶仿佛水族箱中的另类。

黑镜蝶的成体体长一般为13厘米，和网蝶一样体色朴素，甚至都不如网蝶身体的纹路美观，但是它却性情温和，对食物不会过度挑剔，而且每次都会津津有味地吞食。不仅如此，它还是蝴蝶鱼家族中对疾病最有抵抗力的品种之一。因此，黑镜蝶虽然体色不具有竞争力，但却因为比较容易饲养，而成为水族箱中比较常见的海水观赏鱼类。黑镜蝶同种类之间会发生争斗，在水族箱中最好只养一条。

❖ 黑镜蝶

黑镜蝶有领地意识，一旦遇到入侵者或同一个水族箱中有竞争者时，它们就会不安地竖起背鳍，做出防御状。

❖ 竖起背鳍的黑镜蝶

黄风车蝶较少出现在水族贸易中，一般认为，水质优良、运行稳定、至少1000升的珊瑚缸才可饲养1条，应喂食SPS珊瑚。

黄风车蝶又名华丽蝴蝶鱼、黄斜纹蝶，多栖息在水质清澈的外海珊瑚礁，少见于潟湖。黄风车蝶和其他种类的蝴蝶鱼一样，是日行夜息的鱼类，幼鱼多单独活动于鹿角珊瑚的枝丫之间，觅食浮游生物，一旦遇到凶险便躲入珊瑚丛中。成鱼一般会成对或成小群在珊瑚礁群周围活动，夜间休息时身上的橘黄色斜纹会随着体色一起变得黯淡，不再醒目。

黄风车蝶成鱼的体长为20厘米左右，野生状态下仅以活珊瑚为食，而且是进食珊瑚的黏液而非珊瑚组织，这在以珊瑚为食的蝴蝶鱼中独树一帜。人工饲养时需要巨大的珊瑚缸，成本比较高，仅适合专业水族馆饲养或者企业饲养，不适合个人或家庭饲养。

黄风车蝶

非 常 华 丽 的 橘 黄 色 斜 纹

黄风车蝶的面部有几道黑色斑纹，在它们浅白色或浅黄色的身体上有6道橘黄色的斜纹，背鳍和臀鳍边缘有黑色和黄色的细纹，看上去非常华丽。

❖ 黄风车蝶

人字蝶

身 上 有 人 字 纹

人字蝶是一种色彩鲜艳的小型蝴蝶鱼，因身体上有众多斜纹、形如多个"人"字而得名；因背鳍末端呈长长的丝状而被称为丝蝴蝶鱼；还因其喜爱游动，常会将背鳍露出海面，形如船帆而得名扬幡蝴蝶鱼。

人字蝶广泛分布于印度洋、太平洋的热带和温带海域，我国沿海地区也都有出产。

人字蝶的体长可达20厘米，其面部有一道黑纹穿过眼睛，通常眼睛上方颜色较淡，吻尖突，嘴里是密集排列的细小尖牙。它的身体前部2/3为白色，后部1/3为黄色，并有暗纹排列成"人"字形。其背鳍为金黄色并带有黑边，后部有黑色的假眼斑，其中一个软鳍条延长成丝状，看上去非常飘逸。

人字蝶的食性比较杂，和大部分蝴蝶鱼一样，它们会啃食珊瑚以及珊瑚和岩礁上附着的藻类，同时也能捕食浮游生物以及各种小型虾、蟹、蠕虫、桡足类以及腹足类动物。因

人字蝶长到13厘米左右才发育成熟，开始寻找配偶。它们和蝴蝶鱼科其他鱼一样是一夫一妻制，固定的伴侣关系可以保持很多年。它们全年都可以繁殖，一年会繁殖好几次。

人字蝶的卵约需30天孵化，浮游期约为40天，而后变态发育成幼鱼，人字蝶幼鱼的样子基本与成鱼相同，体形较成鱼偏圆，斜纹不明显，背鳍不具有拉丝，尾鳍透明。

❖ 人字蝶

此，在人工饲养环境中，它们很容易接受人工饵料，是蝴蝶鱼中比较容易饲养的品种之一，但是相对于雀鲷、草莓鱼等，饲养难度还是比较大的。

人字蝶是群居动物，必须在熙熙攘攘的复杂环境中才能活得好，倒吊鱼、小神仙鱼、隆头鱼都会让它们有安全感。如果将一条人字蝶放到一个没有任何其他鱼的水族箱中，它就会十分紧张，甚至完全绝食。因此，如果想养好人字蝶，可以在水族箱中放5条以上，形成一个群落。

❖ 假人字蝶

假人字蝶又名飘浮蝴蝶鱼、斜纹蝴蝶鱼，体长一般为23厘米，配色上与人字蝶类似，人字蝶身体后部为黄色，而假人字蝶的第二背鳍和臀鳍为黄色，身体后部有黑色条纹。

假人字蝶比人字蝶的饲养难度高很多，而且它们在人工环境中常会因绝食而迅速死亡。

绘蝴蝶鱼又名锈色蝴蝶鱼，体长一般为20厘米，体纹与人字蝶、假人字蝶很像，仅眼部、身体后部以及背鳍上的黑色纹不同。

❖ 绘蝴蝶鱼

人字蝶性情温顺，可与大部分海鱼混养，但不能与性情凶猛的鱼混养。它们喜欢躲藏地点足够的环境并在活石上取食，适合在纯活石缸中饲养，可以投喂各种动物性饵料、藻类，也可追加一些椰菜、芦笋等植物性饵料。

四斑蝴蝶鱼

长 有 巨 大 的 "伪 眼"

四斑蝴蝶鱼的体侧有深蓝色、类似叶脉状排列的细线条，一直延伸到尾柄附近巨大的带有白边的黑色圆斑处，整个造型像一根孔雀羽毛。

四斑蝴蝶鱼是加勒比海地区最常见的蝴蝶鱼，主要以珊瑚纲生物为食，包括软珊瑚、石珊瑚和海葵等。

四斑蝴蝶鱼成体的体长为15厘米左右，体色浅灰色或蓝灰色，面部和腹侧为淡黄色，身体上有蓝色细线纹，在尾柄附近有个"巨大"的、带有白边的黑色圆斑，看上去像大眼睛（伪眼），因此又得名加勒比海四眼蝶。

四斑蝴蝶鱼和其他蝴蝶鱼一样，幼鱼通常单独生活，一般只有长到体长9厘米后才会性成熟，而后便开始

❖ 孔雀羽毛

四斑蝴蝶鱼和大部分蝴蝶鱼一样，也是一夫一妻制，固定的伴侣关系可以保持很多年，但是，同一个区域内单身成鱼数量过密时会导致配偶之间分离，从而重新选择。

❖ 四斑蝴蝶鱼

四斑蝴蝶鱼是杂食性鱼类，不过它们主食珊瑚。将它们从自然环境转换到水族箱环境中时会大费周折，因此，除非很有耐心的个人玩家，否则不建议个人饲养。

寻找配偶。四斑蝴蝶鱼配对成功后便会成对活动，没有配对成功的成鱼会集小群活动。四斑蝴蝶鱼一生中大部分时间都在游动和进食。

四斑蝴蝶鱼最醒目的标志就是黑色斑块（伪眼），而幼鱼除了在尾柄处有黑色斑块外，在背鳍上还有两个较小的黑色斑块（伪眼），成年后背鳍上的黑色斑块会逐渐消失。

除此之外，据专家研究发现，四斑蝴蝶鱼的"伪眼"是会变的，每条鱼都有自己特有的斑块，虽然彼此之间的黑色斑块差别不大，但却是它们互相辨认身份的重要元素。

人工饲养四斑蝴蝶鱼时，建议用250升以上的水族箱，将它与性情温和的鱼混养，可以成对饲养，但同性会打架。

四斑蝴蝶鱼需要用盐度高一些的海水饲养，最好维持在比重1.025左右，它们不怎么挑食，用其他种类的蝴蝶鱼吃的饲料喂养即可，不过它们比较胆小，每次投喂都要很长时间才上来吃食，如果混养一小群其他的蝴蝶鱼可以缓解它们的紧张感。

❖ 四斑蝴蝶鱼的幼鱼

❖ 支起背鳍时的印第安蝶

自然环境中的印第安蝶特别喜爱吃炮仗花珊瑚的息肉。

印第安蝶

形 如 印 第 安 人 的 羽 冠

　　印第安蝶支起背鳍时，其身形如同头上插满羽毛、脸上涂着色彩，好像是古印第安人的羽冠，因此而得名。

　　印第安蝶又叫作西非蝶王、深水蝶、僧帽蝴蝶鱼，在自然环境中很少出现在 40 米以内的水深处，多活动于水深 50~68 米的黑珊瑚和海扇生长丰富的陡峭岩礁斜坡水域，主要产于马尔代夫。

❖ 印第安蝶

印第安蝶容易饲养，但是对同缸的其他鱼类有一定的攻击性。

不要指望任何蝴蝶鱼一口都不吃珊瑚，如果不想珊瑚受到任何伤害，那么就不要饲养蝴蝶鱼，印第安蝶同样会啃食珊瑚，但是并不会对珊瑚造成太大的损伤。

印第安蝶在水族馆内的最长饲养纪录达 12 年。

印第安蝶的最大体长达 18 厘米，其体形不像其他蝴蝶鱼那样是椭圆形的，它更像一个黄色的三角形，上面有 3 道斜向带有浅黄色或者白边的黑色条纹，看起来像印第安人的羽冠。

印第安蝶生性大胆、机警、活泼，并且很容易接受食物转换，是最容易饲养的蝴蝶鱼之一。但是，由于其生活的海域比其他大多数品种的蝴蝶鱼深，捕捞难度大，因此在水族市场上很少见，价格比较昂贵。人工饲养印第安蝶时，要用 200 升或更大的水族箱，因为它们需要较大的游动空间和藏身地点。它是一种性情比较温和的鱼，适合与性情温和的鱼混养，不会经常发生打架事件。印第安蝶属于肉食性动物，可以喂一些蠕虫、无脊椎动物、浮游生物，偶尔也吃一些藻类。

三间火箭

三间火箭在形象上与其他蝴蝶鱼有很大不同，其银白色的身体上有几道带有黑边的橘黄色垂直条纹，还有一张细长的嘴，常在石缝、珊瑚礁上捕食。

三间火箭又名毕毕鱼、钻嘴鱼，主要分布于西太平洋中部和澳大利亚东部的珊瑚礁区，有时会进入潟湖和河口生活。

三间火箭长长的嘴如钻一样，因此得名钻嘴鱼、火箭鱼。大部分观赏鱼的名字都与它们身上的花纹有关，不过三间火箭却让人很迷惑，它的身体上明明是4道橙色纵纹，不知道为何起名为三间火箭？

三间火箭自幼开始就喜欢独来独往，幼鱼与成鱼的外观变化不大，成年后它们会成对出行，觅食各类有机物碎屑以及无脊椎生物。

三间火箭的性情温和，可以和各种鱼类混养，此外，它们可以接受杂食，而且很容易接受食物转换。最让饲养者喜爱的是，三间火箭及钻嘴鱼属的其他几种鱼，在食物充足的情况下很少伤害珊瑚，因此，对珊瑚而言，它们是最安全的蝴蝶鱼之一。不过，它们的寿命在人工环境中不足在自然环境中的一半，成体体长也不足一半。

❖ 三间火箭
三间火箭的尾部透明，背鳍上和大部分蝴蝶鱼一样有"伪眼"，用以迷惑捕猎者。

在自然环境中，钻嘴鱼属的鱼类体长可达20厘米，寿命约为10年，幼鱼与成鱼外观变化不大，只是体色更淡，此外，钻嘴鱼属的幼鱼长相几乎一模一样。属内的成鱼之间可以通过花纹与颜色来区分，不同的钻嘴鱼的嘴的长度和背鳍的鳍条数量有区别，另外，它们可能与生活区域重叠的缘钻嘴鱼（澳洲三间火箭）杂交。

❖ 三间火箭幼鱼

挑选三间火箭时，太大或太小的都不宜，太大不易适应新环境，太小则经不起开口前的饥饿，可挑选 10~12 厘米长，呼吸平稳，体表无伤痕、寄生虫和疾病的个体。

鬼手海葵的克星

　　鬼手海葵是一类有害的海葵，它们的繁殖速度非常快，在短时间内就能占领整个水族箱，甚至会驻扎在某些珊瑚和鱼类身上，因此成为水族箱中的一大祸害，而钻嘴鱼属的鱼类比较喜爱捕捉鬼手海葵，所以它们常常会被引入水族箱对付鬼手海葵。不过，鬼手海葵在钻嘴鱼属鱼类的自然食谱中并不靠前，因此，在水族箱中如果有更好、更合胃口的食物时，它们便不会考虑捕食鬼手海葵了。

在水族箱中，除非已配对的钻嘴鱼，否则不能成对饲养，如果水族箱足够大，当然可以饲养多条。另外，钻嘴鱼属的鱼类不适合和雀鲷、拟雀鲷、鲉科等攻击性较强的鱼类一起饲养，因为钻嘴鱼属的鱼类都胆小，很容易因紧张而不再进食。

二间火箭刚孵化时几乎和三间火箭同时期的幼鱼一样，等稍长大一点，二间火箭幼鱼的身上就会出现与三间火箭成鱼身上相似的花纹。

❖ 鬼手海葵

二间火箭又名缘钻嘴鱼、澳洲三间火箭等，它与三间火箭的长相和习性都雷同。
二间火箭的幼鱼和三间火箭的幼鱼长相极为相似，都有 4 道明显的橙色纵纹，背鳍上都有"伪眼"。成年后，身体上的纵纹会减少为两道，外加一道尾部粗纵纹，"伪眼"也会逐渐变淡，直到消失。
二间火箭比三间火箭胆小，更容易接受人工饲料，它们很少骚扰观赏珊瑚、虾、蟹和管虫等，喜欢独居，除了繁殖期外，几乎不会成对活动。

❖ 二间火箭

镊口鱼

嘴 细 长 如 镊 子

镊口鱼的身体宽阔且极扁，拥有明亮的纯黄色身体，嘴巴细长如镊子，是蝴蝶鱼家族中最亮眼和最独特的品种之一。

镊口鱼是分布于印度洋、太平洋海域的一类蝴蝶鱼，主要品种有长吻镊口鱼、黄镊口鱼和万氏镊口鱼等，它们主要栖息于珊瑚礁区，喜欢用嘴吸食珊瑚和礁石缝隙中的小型无脊椎动物，如桡足类、甲壳类等。此外，它们还会捕食棘皮动物和管足类动物，为此，它们的嘴进化得非常细长，比钻嘴鱼的更长、尖，可以通过快速扩张下颌将食物直接吸入口中。

镊口鱼靠声音宣示主权

镊口鱼的自然寿命达 18 年或更久，属于一夫一妻制，有科学家研究发现，在自然界中，一旦雌雄镊口鱼配对成功，它们的伴侣关系可以长达 7 年，甚至更久。

镊口鱼的领地意识很强，其中黄镊口鱼表现得更明显，它们常成对在自己的领地巡视，并通过不断摇摆身体撞击水流，发出响声来宣示领地范围和主权。入侵者则可以通过声音的强度和持续时间来判断主人的体型和实力，以及它们掌控的领地范围。镊口鱼主要靠声音威慑入侵者并与其沟通，因此，很少会发生正面冲突或追逐、驱赶入侵者的行为，即便是偶尔有攻击行为，也是发生在同性之间，如两条雄鱼为了争夺伴侣，或者两条雌鱼为了领地内的食物而争斗。

镊子

镊口鱼的嘴

❖ 镊口鱼的嘴与镊子

镊口鱼的臀鳍末端靠近尾柄处有一个黑色圆斑，这是它们的"伪眼"。

❖ 镊口鱼的"伪眼"

❖ 长吻镊口鱼

长吻镊口鱼面部的黑色区域完全覆盖眼睛，眼睛为全黑。

长吻镊口鱼

　　长吻镊口鱼广泛分布于印度洋、太平洋海域，主要集中在西澳大利亚的斯科特礁和昆士兰州的大堡礁以及圣诞岛，它们白天在珊瑚礁区觅食，晚上在礁洞中休息。

　　长吻镊口鱼的最大体长为 22 厘米，身体宽阔，极扁，体黄色，近菱形，嘴的长度约为体长的 38.8%。它们的头部上方为黑色，下方为灰白色，胸部灰白色部分有整齐排列的黑色斑点，斑点有时延伸到面部。

镊口鱼的性情比较温和，可在 350 升以上的水族箱混养，它们会对同伴喋喋不休，建议一次饲养 5 条以上。

黄镊口鱼

　　黄镊口鱼又名黄火箭，最大体长为 22 厘米，其外观几乎和长吻镊口鱼一模一样，它们的地理覆盖范围也大部分重叠，但是黄镊口鱼分布得更广。

　　黄镊口鱼和长吻镊口鱼的主要区别：黄镊口鱼的嘴稍微

黄镊口鱼面部的黑白分界线穿过眼睛，眼睛下部有一小块白色区域。

❖ 黄镊口鱼

长一点，背鳍硬棘数量稍多；黄镊口鱼的外形更接近方形，而长吻镊口鱼的外形更圆润；黄镊口鱼的胸部白色区域没有斑点，长吻镊口鱼的胸部有黑色斑点；黄镊口鱼的鳃盖边缘的弧度更大，面部的黑白分界线穿过眼睛，因此，它们的眼睛下部有一小块白色区域，而长吻镊口鱼的鳃盖边缘接近平直，面部黑色区域完全覆盖眼睛，眼睛为全黑。

万氏镊口鱼

　　万氏镊口鱼的最大体长为 15~17 厘米，仅在印度尼西亚的极乐鸟湾（也叫鸟头湾）和西巴布亚附近有发现，其生活水深达到 40 米，甚至更深。

　　万氏镊口鱼的长相和其他镊口鱼类似，仅仅是配色略有不同，万氏镊口鱼的体色不是亮黄色的，而是呈暗黄色或橙色，面部上半部分为黑色，下半部分为灰白色，黑色部分完全覆盖眼睛。

　　长吻镊口鱼、黄镊口鱼和万氏镊口鱼的外观差别很小，颜色亮丽，而且十分强壮，因而成为大水体的岩礁造景缸或温和鱼类的纯鱼缸中的一员。它们能积极接受各种人工投喂的食物，但是由于嘴长而细，取食不太容易，因此喂食时应注意食物种类的丰富多样，少量多次，以满足其营养需求。

❖ 万氏镊口鱼

在饲养过程中，镊口鱼常会和饲养者隔着玻璃互动，会跟随饲养者的手指游动，甚至在水中翻滚或者肚皮朝上游泳等，如果是一条饲养了很久的镊口鱼，有时还会在饲养者将其捞出水面时，朝饲养者吐水。

虽然镊口鱼容易饲养，但它们对于水质的要求仍然比其他的鱼类高得多，它们需要洁净流通的稳定水质，否则很容易感染各种海水寄生虫。

❖ 成对的霞蝶鱼

霞蝶鱼

最 容 易 饲 养 的 蝴 蝶 鱼

霞蝶鱼性格温和、生性活泼，是蝴蝶鱼中很少不具有领地意识的品种，因此，它们被认为是蝴蝶鱼中比较容易适应人工饲养环境的种类之一。

多鳞霞蝶鱼幼鱼的头部颜色与成鱼的不同，其是黄色的，随着成长，头部的黄色会逐渐变为黑色。

❖ 多鳞霞蝶鱼（幼鱼）

霞蝶鱼是多鳞霞蝶鱼、蓝霞蝶鱼、汤氏霞蝶鱼、多棘霞蝶鱼等鱼类的统称，这类鱼常年活动在近岸珊瑚礁区，除了晚上休息时会躲入岩礁洞穴中外，其他大部分时间都在游动觅食。

蝴蝶鱼中容易饲养的品种

霞蝶鱼因性格温和、无领地意识，适合单独、成对或者成群饲养在水族箱中，其中，多鳞霞蝶鱼、蓝霞蝶鱼因颜色艳丽而受到水族饲养者的喜爱，而汤氏霞蝶鱼、多棘霞蝶鱼因色泽暗淡则不被水族饲养者重视。

霞蝶鱼能与其他水族生物和平共处，而且被认为是蝴蝶鱼中对珊瑚最无害的品种之一，它们天生胆小，在水族箱中不会和任何鱼类争斗，如果遇到好斗的鱼类，它们往往会选择退避，即便是喂食，它们也不敢争食。只要不和大型或者凶猛的鱼类混养，霞蝶鱼就能活得很好。

霞蝶鱼虽然是蝴蝶鱼中比较容易饲养的品种，但是相对于其他品种的鱼，它们的饲养难度还是比较大的。

多鳞霞蝶鱼

多鳞霞蝶鱼、汤氏霞蝶鱼、蓝霞蝶鱼

多鳞霞蝶鱼又称为霞蝶、钻石蝶，主要生活在印度洋—太平洋中部海域，它们的体长可达18厘米，体宽阔、侧扁，黄色的身体上有一个大的白色三角形；头部幼年时为黄色，随着成长颜色变深，成鱼时变为深褐色；尾柄与尾鳍为白色，与身体的色块相接。

汤氏霞蝶鱼主要生活在太平洋海域，体型、轮廓、色彩分区和多鳞霞蝶鱼几乎一样，只是多鳞霞蝶鱼体色主要由黄色和白色组成，而汤氏霞蝶鱼的体色由灰色和黑色组成。

蓝霞蝶鱼的体长可达18厘米，广泛分布于印度洋的热带和亚热带水域，通常大群活动于珊瑚礁外缘35~40米深的开阔海域。它们的身体前后为黑色或深蓝灰色，中部有宽阔的白色梯形色块。蓝霞蝶鱼因色泽美丽，与多鳞霞蝶鱼一样，都是霞蝶鱼中最受欢迎的观赏鱼品种之一。

汤氏霞蝶鱼

❖ 多鳞霞蝶鱼与汤氏霞蝶鱼

霞蝶鱼在自然环境中主要捕食浮游动物和微小的甲壳类，有时也吃浮游植物和古细菌或作为大型软骨鱼类的清洁鱼。在水族箱环境中，它们可以接受活的糠虾和盐水虾，也能投喂冷冻的或干的薄片、颗粒饲料，同时还要注意给它们补充藻类食物以增加营养。

霞蝶鱼如果适应了水族箱，它们能活很久，最长的饲养纪录是12年。

❖ 蓝霞蝶鱼

蓝霞蝶鱼的体色虽然不如多鳞霞蝶鱼那么鲜艳，但是它们身体上的黑色或深蓝色也独具个性，它们比灰色的汤氏霞蝶鱼在水族市场上更抢手。

❖ 成对的黑白关刀

关刀鱼

背　鳍　如　同　关　刀

　　关刀鱼的身体由黑、白双色或者黑、白、黄、咖啡等多色形成鲜明对比，配上飘逸的身形，它们就像花丛中的蝴蝶，因而在观赏鱼市场中十分受欢迎。

关刀鱼的体色黑白相间，犹如包裹在头上的头巾，因而又称为头巾蝶鱼；又因古时候马夫常会用类似的头巾包裹头发而被称为马夫鱼。

　　关刀鱼又名立旗鲷、马夫鱼，广泛分布于印度洋、太平洋的热带和亚热带海域，栖息在潟湖和珊瑚礁区，喜欢在幽暗的光线下游动、摄食，它们的生长速度很快，一般可以活5~7年，有的可以活10年。

　　关刀即长刀，又称"大刀"，是一种长柄大刀，多为马战使用，关刀一词是受《三国演义》中关公的武器"青龙偃月刀"的影响而出现的一种称谓。关刀形如偃月，刀面有青龙纹，因而又名"偃月刀"或"青龙偃月刀"。

❖ 关刀

背鳍形如关刀

关刀鱼与神仙鱼有许多相似之处，成鱼体侧扁，背缘高而隆起，略呈三角形；头短小，吻尖突而不呈管状，前鼻孔后缘具鼻瓣。其背鳍向上翘起，呈优美弧度，如同我国古时候的"关刀"，因此而得名。

关刀鱼的幼鱼体色、体形和成鱼没有太大差异，最明显的区别是，幼鱼时期，它们的臀鳍处有白边黑色斑块（伪眼），长大后"伪眼"会逐渐扩散并消失。

成年关刀鱼大部分时间会成对或者成小群在亚潮间带的礁盘区、潟湖及面海的珊瑚礁区生活，通常不会离开珊瑚丛太远。而幼鱼常独自游于浅水区，以浮游生物、珊瑚虫为食，有时会啄食其他鱼类身上的寄生虫。

❖ 黑白关刀

❖ 长翅关刀

水族箱中最常见的 4 种关刀鱼

关刀鱼的种类众多，水族箱中最常见的有 4 种，分别是黑白关刀、长翅关刀、红海关刀和羽毛关刀。

黑白关刀又称白吻双带立旗鲷，体长为 20~25 厘米；长翅关刀又称多棘马夫鱼、长鳍关刀，体长为 18~21 厘米；红海关刀又称红海马夫鱼、红海金刀，体长为 20 厘米；羽毛关刀又称金口马夫鱼、三带立

❖ 红海关刀

旗鲷、咖啡关刀，体长为 18 厘米。它们的长相比较相似，身体上的主色调都是黑、白、黄等多种颜色的鲜明对比，最大区别在于"关刀"（背鳍）上，除了羽毛关刀的"关刀"是棕褐色且呈羽毛形状外，另外 3 种关刀鱼的"关刀"皆为白色，且为一鳍独秀。

关刀鱼家族中除了常见的这 4 种之外，还有很多品种，如魔鬼关刀、黑面关刀、印度关刀、黑关刀等，虽然它们长相和名字都不同，但都因美丽而成为观赏鱼的一员。

特别要注意的是，关刀鱼很容易死亡，这是因为关刀鱼对水质和溶氧的要求较高，如果饲养不当就会死亡，因此需要定期检测水质。饲养关刀鱼最主要的是水质要好，不过，它们不喜欢新水，最好用旧水来养，而且氧气要充足，适当地补充光照有利于它们的健康。在喂养关刀鱼时，不能只喂养一种饲料，这样会影响它们的食欲，要多种饲料投喂。关刀鱼的性格比较温和，可以和环境要求相同的鱼混养，不过，关刀鱼食量较大，生长速度快，有条件的话单养比较好。

❖羽毛关刀

前颌蝴蝶鱼

十 分 罕 见 的 蝴 蝶 鱼 品 种

前颌蝴蝶鱼属于深水蝴蝶鱼，喜欢单独、成对或者小群活动，其大部分品种稀少，捕捞难度大，在水族市场中非常罕见。

镰形前颌蝴蝶鱼

镰形前颌蝴蝶鱼主要分布于东太平洋水深 12~150 米的岩礁海域。它们的体长不超过 15 厘米，嘴尖略长，有一道黑褐色斜纹穿过眼睛，鱼腹侧为银色，背部及臀部为黄色，身体中间部位有一个如同镰刀形状的黑色斑块。

镰形前颌蝴蝶鱼是一种极少见的深水蝴蝶鱼，通常单独活动在水深 90 米以下的海中，捕捞难度很大，是难得一见的观赏鱼品种。

镰形前颌蝴蝶鱼与卡氏前颌蝴蝶鱼的外形惊人的相似，也一样罕见，以至于一直被认为是同一品种，直到 1995 年这两个品种才被区分开。镰形前颌蝴蝶鱼不能与其他鱼类混养，照顾起来比较困难。

在较浅海域生活的镰形前颌蝴蝶鱼仅分布在美国附近海域，但是当地却禁止捕捞。在其他可以捕捞的海域，它们却只出现在很深的海域，因此，镰形前颌蝴蝶鱼在水族市场上十分罕见，价格也非常昂贵，有价无市。

2010 年，有记载有一条镰形前颌蝴蝶鱼在美国丹佛市中心水族馆饲养了 7 年，被作为新闻专门报道，足可见其罕见程度。

镰形前颌蝴蝶鱼

卡氏前颌蝴蝶鱼

❖ 镰形前颌蝴蝶鱼与卡氏前颌蝴蝶鱼

两者区别	最大体长	分布深度	体色特点	眼部黑褐色斜纹的特点	身体上的镰刀特点
镰形前颌蝴蝶鱼	15 厘米	12~150 米	鱼腹侧银色，背部及臀部黄色	穿过眼睛即止	镰刀纹前后宽度不一致，而且差别较大
卡氏前颌蝴蝶鱼	13 厘米	12~270 米	体色往往是均匀的淡黄色	穿过眼睛直到嘴尖	镰刀纹的宽度差别不大

截至目前，卡氏前颌蝴蝶鱼仅在加拉帕戈斯群岛、哥伦比亚的马尔佩洛岛、哥斯达黎加的科科斯岛以及秘鲁西北部海域有发现。

卡氏前颌蝴蝶鱼与镰形前颌蝴蝶鱼虽然十分罕见，但是都比较适合水族馆饲养，而且可以与温和的大型鱼类和平共处。

❖ 海栖前颌蝴蝶鱼

海栖前颌蝴蝶鱼

　　海栖前颌蝴蝶鱼又名马氏前颌蝴蝶鱼、伽纳蝶，最大体长为 12 厘米，身体呈黄色或银白色，身体后部为亮黄色，嘴尖至额头有一道细黑纹，体侧有两道黑纹。它们主要分布于塞内加尔和佛得角群岛到几内亚湾水深 20~180 米的海域，常见于水深 30 米左右的岩礁洞穴之中。

　　海栖前颌蝴蝶鱼与沙洲前颌蝴蝶鱼以及深水前颌蝴蝶鱼等的长相都非常相似，不过它们之间各有特色，相比于其他深水蝴蝶鱼，沙洲前颌蝴蝶鱼的适温范围更广；深水前颌蝴蝶鱼生活的海域更深，可达到 270~320 米。

沙洲前颌蝴蝶鱼又名加勒比海阿亚蝶，体长为 15 厘米，主要生活在西大西洋的美国北卡罗来纳州、佛罗里达州、科尔特斯北部海域到墨西哥湾尤卡坦半岛之间水深 20~200 米的海域。

❖ 沙洲前颌蝴蝶鱼

海栖前颌蝴蝶鱼可以与性情温和的鱼类混养，但不能同属混养，而且需要足够开阔的游动空间，可以接受替代的肉食。

其他品种的前颌蝴蝶鱼

前颌蝴蝶鱼的品种很多，除了前面介绍的几种之外，还有许多种，如仅生活在圣赫勒拿岛和阿森松岛海域的双色前颌蝴蝶鱼，因捕捉难度大，在水族市场上毫无踪迹；仅发现于帕劳海域的双带前颌蝴蝶鱼，以及与双带前颌蝴蝶鱼长相相似的巴氏前颌蝴蝶鱼等，都是非常罕见的蝴蝶鱼种类。

❖ 深水前颌蝴蝶鱼

深水前颌蝴蝶鱼的体长为15厘米，生活在中印度洋的马尔代夫到西北太平洋的帕劳和新喀里多尼亚海域270~320米深的岩礁处。

双带前颌蝴蝶鱼与巴氏前颌蝴蝶鱼常被误认为是同一种鱼类。

❖ 双带前颌蝴蝶鱼

神仙鱼

海洋中的神仙鱼与淡水中的神仙鱼一样飘逸美丽，是观赏鱼家族中外形最雍容华贵的珊瑚礁鱼类之一，其身影几乎遍及世界各地的水族馆、海洋馆等。

海洋神仙鱼部分种类的雌雄个体的体色、形态都不同。

神仙鱼大约有 8 属 90 个品种，广泛分布于世界各热带海域，绝大多数生活于西太平洋，尤其是珊瑚礁海域。

神仙鱼与蝴蝶鱼是近亲

神仙鱼的身体呈菱形或近于椭圆形，非常侧扁，口小，具尖锐的细齿，其背鳍连续，有许多品种的神仙鱼的背鳍和臀鳍的软条尖长而突出。神仙鱼和蝴蝶鱼是近亲，外形也很相似，不过，神仙鱼的体型比蝴蝶鱼大且圆，鳃盖上有棘刺，也因此得名盖刺鱼，而蝴蝶鱼的鳃盖上没有棘刺。此外，大部分神仙鱼的幼鱼体色和图案会随着成长而改变，而大部分蝴蝶鱼的幼鱼与成鱼之间的体色和图案变化并不大。

领地意识很强

绝大多数神仙鱼分布在水深 20 米以内的珊瑚礁区，它们对栖息地有特殊的要求，通常会选择有很隐秘的洞穴、独立礁、大石块等孔洞较大的珊瑚礁区作为栖息地。它们一旦选择了栖息地，就会将此地视为独有领地，其他非伴侣的神仙鱼不允许在领地范围内活动。神仙鱼

❖ 十一间仙

的领地大小会根据它们的体型不同而不同，如刺尻鱼属的神仙鱼，由于体型小，所以它们的领地只有几平方米，而一些大型的神仙鱼的领地范围可达上千平方米。

大部分神仙鱼都凶猛、好斗，它们的牙齿可以用来刮下附着在岩石上的藻类或咬碎珊瑚的碳酸钙骨骼，同时也是战斗的武器，但是它们一般只会攻击同类，很少攻击其他鱼类。如果在同一个水族箱中放入同样大小的同品种的神仙鱼，那么整个水族箱就不会太平，它们之间会拼死搏斗，直到一方退缩或者被打死、打残。

神仙鱼的特殊家庭

神仙鱼常雌雄成对地在珊瑚礁领地中巡视、觅食，有些种类的雄性神仙鱼（尤其是小型的神仙鱼）的配偶不止一个，而且它们之间也会有地位高低，一旦雄鱼死亡或者离开，地位最高的雌鱼就会变性为雄鱼，同时接管这个家族和领地。

蒙面神仙属于阿波鱼属，仅出现在夏威夷和约翰斯顿岛附近海域，其体色黑白分明，是"最温柔的神仙鱼"之一，但是因为其食性比较专一，只吃海绵和被囊动物等，不容易人工饲养，很少在水族馆或水族箱中出现。

❖ 蒙面神仙

❖ 火麟神仙

神仙鱼很容易携带寄生虫，因此入缸前一定要检疫，确保不把疾病带到海水缸。

火红刺尾鱼的幼鱼会在形态及游姿上模仿盖刺鱼科的盖刺尻鱼、海耳刺尻鱼及伏罗氏刺尻鱼；而印度洋的暗体刺尾鱼会模仿虎纹刺尻鱼。这种现象十分有趣，但迄今原因仍不明。

神仙鱼和大部分热带鱼一样，可以常年繁殖，它们在交配时会嬉戏追逐，雄鱼会温柔地亲吻雌鱼腹部，然后会一起游至3~9米深的海域，同时排精排卵，卵孵化后再沉入海底，幼鱼1~2年后才长成成鱼。

神仙鱼的成长阶段会经历先雌后雄的性转变，也就是说，长到最后都会变成雄性，因此雌雄比例严重失调，有不少神仙鱼品种会因"饥不择食"而产生杂交混种的例子（很多杂交混种神仙鱼非常有观赏价值）。

海水神仙鱼饲养难度比较大

海水神仙鱼是海水水族生物的重要一员，它们色彩艳丽、形态优美，广受水族爱好者的欢迎，但是，这类鱼饲养起来却比较麻烦。

在自然界中，大部分海水神仙鱼主要以珊瑚虫、蠕虫、节肢动物和海藻为食，也喜欢吃海绵、环节动物等，而在人工饲养环境中，它们喜欢吃高蛋白的虾肉或鱼肉，也会进食蔬菜和海藻，但是有些个体却非常挑食，只吃特定的食物，稍有不如意就不进食。它们的耐饥饿能力远不如其他的海水观赏鱼，一般10~20天内不进食，肠胃就会萎缩，随后就会生病。

海水神仙鱼对水族箱饲养环境的要求非常高，一般不能忍受水中含有氨，对硝酸盐的承受能力也不高，它们的最大承受值是25ppm，如果超过这个含量，有些神仙鱼虽然可以存活，但一定会疾病频发并食欲减退。

蓝嘴黄新娘

蓝嘴黄新娘全身是亮丽的黄色，它的蓝色嘴唇和电影《射雕英雄传之东成西就》中梁朝伟饰演的欧阳锋中毒后的"香肠嘴"一样微微翘起，尽显喜感。

蓝嘴黄新娘又名蓝嘴新娘、蓝嘴神仙、三点阿波鱼，属于阿波鱼属，是大型的神仙鱼品种，成鱼常活动于15~60米深的陡峭礁斜坡中，而幼鱼则生活在更浅的地区，靠藻类生存。

独具魅力的"新娘"

"新娘"这个名称大多用于小型神仙鱼，而体长为25厘米左右的蓝嘴黄新娘因体色亮丽、身形曼妙也被称为新娘，这在大型神仙鱼中并不多见。

蓝嘴黄新娘幼鱼的体色绿中带黄，尾部背鳍上有黑色圆斑块的"伪眼"，眼睛上有蓝黑色斑纹纵向穿过，随着成长，体色会逐渐变成黄色，"伪眼"也会渐渐扩散，而后消失，穿过眼睛的蓝黑色斑纹会逐渐淡化成头部和眼睛周围的一些黑蓝色和浅褐色的斑纹，尤其是头顶上方有一小段蓝黑色斑块，好像蓝嘴黄新娘的眉毛，配上颇具喜感的蓝色嘴唇，使它看上去非常有魅力。

饲养蓝嘴黄新娘时应采用500升以上的鱼缸，保持26℃左右的水温，可适当搭配其他中小型热带海水鱼。用幼鱼入缸，如果要养大鱼，最好搭配其他有诱食作用的鱼。

蓝嘴黄新娘带有喜感的嘴唇和浓黑的眉毛。

❖ 蓝嘴黄新娘

蓝嘴黄新娘幼鱼的体色黄中带着浅绿，眼部有黑色纵纹穿过，后部背鳍上有"伪眼"。

蓝嘴黄新娘成鱼对软体动物有攻击性，而幼鱼则可以放心饲养在礁岩生态水族箱中。蓝嘴黄新娘身上的寄生虫较多，如果发现身上出血或有红斑的鱼，千万别引入水族箱中。

神仙鱼中的另类

　　蓝嘴黄新娘广泛分布于西太平洋到印度洋地区，我国也有广泛分布，而且捕获量大，因此在水族市场上比较廉价，是神仙鱼中的另类。

　　蓝嘴黄新娘能非常容易地适应人工饲养环境，大部分神仙鱼对待同类很不友好，在水族箱中更是斗得你死我活，但是蓝嘴黄新娘却是个例外，它们即便是和其他大型神仙鱼一起饲养，也很少会遭到它们的攻击，这是因为蓝嘴黄新娘和其他大部分神仙鱼不同，它们不太在意领地，反而大部分时间会在水族箱中到处乱转，它们会混迹在雀鲷和倒吊鱼鱼群中嬉戏或者觅食。因而，那些神仙鱼可能不认为它是同类。

❖ 金点仙

神仙鱼中的阿波鱼属的鱼类头部都有一个黑色斑块，如同眉毛一般。

金点仙又名火花、金点阿波鱼，最大体长为25厘米，主要生活在3~80米深的潟湖斜坡上。

金点仙与蓝嘴黄新娘很像，只是没那么亮丽，其身体淡黄色，身上有许多明亮的黄色斑点，背鳍、尾鳍和肛门鳍都是黑色的，并带有蓝色的边缘，嘴唇也是蓝色的，如同蓝嘴黄新娘的一样，但是没有蓝嘴黄新娘的那么蓝。

❖ 老虎仙

老虎仙

非 常 稀 少 的 神 仙 鱼 品 种

　　老虎仙因体色如同老虎的斑纹而得名，它是比较漂亮且少见的神仙鱼品种，很少出现在水族贸易中，因而价格比较昂贵。

　　老虎仙主要分布于从南非东部至马达加斯加北部的亚热带海洋保护区，其分布范围很小，因而在水族市场上非常稀少，大部分时候只能在水族馆、海洋馆中才能看到它。

　　老虎仙又名金氏阿波鱼，属于阿波鱼属，其身体上部覆盖着黄黑色纵纹，腹部为白色。幼鱼和成鱼的区别不大，仅仅是在身体上部的后半部分多了一个黑圈（不大明显的"伪眼"），成长后逐渐消失。它们主要生活在靠近岸边的岩礁区域，取食海绵和被囊动物。

老虎仙可放养在无脊椎造景缸中，数量以1~2条为宜。幼鱼一天喂食几次丰年虾，成鱼喂食动物性饵料或人工专用饲料。

❖ 可可仙

可可仙

胆 子 非 常 小 的 神 仙 鱼

可可仙是非常有名的小神仙鱼，其身体分前后两部分，前半部分为黄色或橘黄色，后半部分为蓝色，尾部颜色与前半部分相同，非常小巧可人。

可可仙又名可可神仙鱼、乔卡刺尻鱼，属于刺尻鱼属，原产于印度洋东部的科科斯岛、圣诞岛附近的珊瑚礁海域。

可可仙很容易饲养，但是很胆小

可可仙的最大体长仅 9 厘米，其中产自圣诞岛的可可仙更加昂贵。圣诞岛是澳大利亚的一座岛屿，岛上有 20 多种蟹，每年 10—12 月，岛上会出现成千上万的红蟹大迁徙的奇观，使可可仙蒙上了一层神秘的面纱，被水族爱好者追捧。

可可仙很容易饲养，它们小巧美丽，一般不会破坏珊瑚，所以是美丽的珊瑚水族箱中最亮丽的点缀鱼类，是不可多得的海水观赏鱼品种。但是可可仙天生胆小，刚入新水族箱时，不建议使用小于200升的水族箱，而且尽量不要和凶猛的鱼类一起混养，否则它们会紧张，甚至死亡。要注意的是，可可仙会攻击和它们有类似体色和形状的鱼，尤其会攻击同类。

可可仙很容易适应人工环境和人工饲料，只不过对水质要求很高。饲养环境不能使它有压迫感，压迫感包括水族箱中的其他水族、饲养空间太小、水质不佳，甚至是观赏它的人，都有可能使它们紧张。

石美人

石美人又称双色刺尻鱼、双色神仙鱼、黄鹂神仙鱼等，它和可可仙的大小、体形和体色都很相似，但是它却是一种相对比较廉价的神仙鱼品种，这是因为石美人的产地较广，其西起东非沿岸，东至萨摩亚和土阿莫土群岛；北至日本南部，南至新喀里多尼亚，比可可仙的产地广。此外，石美人的食性比较杂，会啃食珊瑚，因此无法饲养在珊瑚水族箱中。

据记载，在我国香港某水族贸易公司曾有可可仙在拍摄宣传照片时，因闪光灯闪烁而被吓死。

石美人常成对或一小群出现，多在靠近底部处活动。它们会啃食软硬珊瑚及贝类，不适合在珊瑚缸中饲养。

❖ 石美人

❖ 复活岛神仙鱼

复活岛神仙鱼

复活岛神仙鱼的主要产地是东太平洋上大名鼎鼎的复活节岛海域。

可可仙和复活岛神仙鱼是近亲，它们除了体色之外，几乎一模一样，复活岛神仙鱼的最大体长可达 8 厘米，其体色为暗红色或者暗黄色，身体中央有一大块褐色区域。

可可仙因为产于圣诞岛而变得昂贵，而复活岛神仙鱼则因产地复活节岛上的数百尊神秘的巨型石像而闻名于世，因此，其价格也远比可可仙昂贵。

复活节岛最早的居民称该岛为"拉伯努伊岛"或"赫布亚岛"，意即"世界之脐"。岛上居民混杂，以波利尼西亚裔为主，酋长霍图·玛图阿即最早的开拓者之一。

❖ 复活节岛巨型石像

火焰仙

最 受 欢 迎 的 小 型 神 仙 鱼

火焰仙有一个亮橘红色带黑色纵纹的身体，背鳍及臀鳍末端有蓝色带水平的黑色条纹，它既普通又美丽，是最受欢迎的小型神仙鱼。

火焰仙又名火焰神仙、胃刺尻鱼，属于刺尻鱼属，主要分布于太平洋西部海域，以库克群岛及马绍尔群岛最多，而以圣诞岛出产的价格最昂贵。

火焰仙的体长为 10 厘米左右，体色鲜艳夺目，且雌雄颜色没有太大的差别，仅雄鱼身上的黑色纵纹较深。它们比较喜欢游动，因此在水族箱中饲养雌雄一对，或者一条雄鱼和几条雌鱼，当它们一起出行时，常会成为水族箱中的观赏焦点。但是要注意，如果在水族箱中放养两条或者两条以上的雄性火焰仙，它们一定会打架。此外，火焰仙喜欢啄食，总会东啄啄、西啄啄，如果给食不及时，或者食物不理想，水族箱中的珊瑚往往会成为它们啄食的对象。

火焰仙和可可仙都以圣诞岛的品质最高，价格也最昂贵，而将两者的价格相比较，火焰仙又更胜一筹。

❖ 火焰仙（雄鱼）

饲养火焰仙时，建议使用至少 120 升的水族箱，并且要有藏身之处和活食供其啃食。尽量选择与性情温和的鱼类一起混养，不要与同类一起混养，尤其不要和同性的同类一起混养。

刺尻鱼属的鱼的体长大多不超过 15 厘米，一般被认为是小型神仙鱼，它们生活在大西洋、印度洋和太平洋中，大多是一条雄鱼带领多条雌鱼过群体生活。

❖ 火焰仙（雌鱼）

❖ 金背仙（尾部黄色）

金背仙的幼鱼和成鱼在体色和花纹上并没有太大差异，只是成鱼的体色更加亮丽。

金背仙又名闪光刺尻鱼、金背神仙鱼，仅分布于东南太平洋的阿松森岛海域，为特有品种，被世界自然保护联盟（IUCN）列为次级保育动物。1996 年，世界野生动物保护组织将其列入濒临灭绝的红色名单，这是海水神仙鱼中唯一被列入该名单的品种。它们主要栖息于岩礁和碎石区水深 15~40 米的水域，生性机警，不易被发现。多半单独或一条雄鱼与 3~5 条雌鱼组群生活，主要以海藻、珊瑚虫和附着生物为食。

金背仙的最大体长为 6 厘米，其长相和火背仙十分相似，因此常常混淆，它们都是蓝色的身体、黄色的背部，其最大的区别在尾部。金背仙的尾部是亮黄色的，而火背仙又有两

金背仙

唯 一 濒 临 灭 绝 的 神 仙 鱼

金背仙的身体是鲜艳的亮蓝色，亮黄色从脸部开始向上延伸到背部，再一直延伸到尾部，是一种非常有个性的观赏鱼。

个品种，分别是美国火背仙和东非火背仙，其中美国火背仙的尾部是蓝色的，而东非火背仙的尾部则是介于蓝、黄之间的颜色。

人工饲养金背仙时，需要 150 升以上的水族箱，一个缸可以多放几条，要有足够的藏身地点和大量的活石供它们取食微藻。由于体型较小，它们一般不会啄食无脊椎动物。它们的食物包括海藻、冻虾、糠虾、其他动物性饵料或质量好的神仙鱼专用饵料，一天可少量投喂 3 次。

美国火背仙成鱼的最大体长为 8 厘米。

东非火背仙成鱼的最大体长为 8 厘米。

❖ 东非火背仙（尾部颜色介于蓝、黄之间）

新娘鱼

惹 人 爱 怜 的 小 型 神 仙 鱼

神仙鱼中的很多小型品种的名字带有"新娘"两字，它们可能不是神仙鱼中最艳丽的，却一定有如新娘般的清新脱俗、温婉动人、惹人爱怜的体态和色泽。

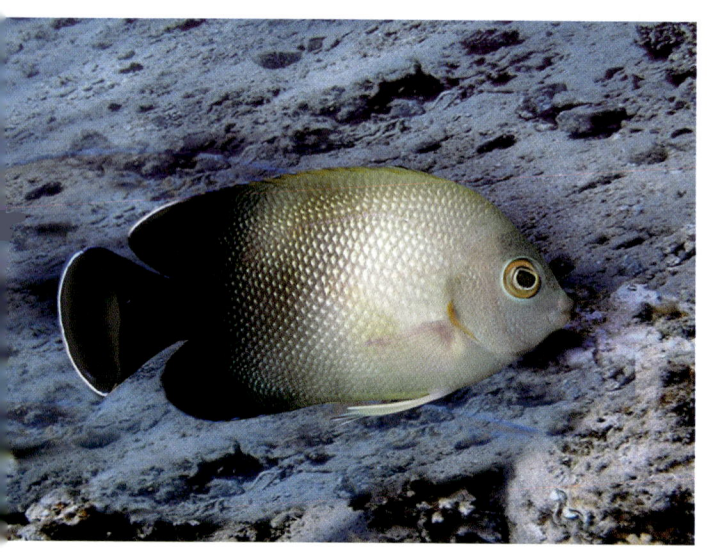

❖ 黑尾新娘

黑尾新娘幼鱼整体呈灰黑色，长大后大部分身体才会逐渐变成银灰色，并有一条黑色尾巴。

黑新娘的幼鱼和成鱼在体色和花纹上并没有太大差异。

❖ 黑新娘

刺尻鱼属中的鱼类大多生活在大西洋、印度洋和太平洋海域，它们中的大部分鱼类的体长都不超过 15 厘米，属于小型神仙鱼，其中很多品种被称为新娘鱼（新娘神仙鱼），如黑尾新娘、黑新娘、蓝眼黄新娘、黄新娘等，它们生性机警，躲躲藏藏地生活在潟湖和面海珊瑚礁区的珊瑚丛中。

黑尾新娘

黑尾新娘又名福氏刺尻鱼、珠点刺尻鱼、伏罗氏棘蝶鱼、棕刺尻鱼、黑尾神仙、红眼仙等，其最大体长为 12 厘米，身体前面 2/3 部分是银灰色，身体后部变成黑色，在胸鳍上有一些淡黄色条纹，眼睛带有橘红色的圈，其身体、背鳍及臀鳍前半部分为淡黄褐色至乳黄色，后半部分及尾鳍为蓝黑色，体侧无任何斑纹。黑尾新娘会啃食珊瑚及软体动物，不适合放入珊瑚缸。它们不是很好斗，但不喜欢和其他小神仙鱼一起活动。由于不挑食，容易饲养，因此可作为初学养鱼者的试养鱼。

黑新娘

　　黑新娘又名黑幽灵神仙鱼、黑刺尻鱼等，其最大体长不超过10厘米，它和大部分观赏鱼都不同，其没有色彩斑斓的体色，体色是单一且纯粹的深褐色或黑色，仅尾鳍有狭窄的灰白色边缘。虽然纯黑色是难得的观赏鱼颜色，但因为颜色太单一，在水族市场上不被人们喜爱，是神仙鱼中最廉价的品种之一。

蓝眼黄新娘

　　蓝眼黄新娘又名黄金神仙，其最大体长为14厘米，全身金黄色，各鳍边缘以及嘴唇上覆盖蓝色。它们与蓝嘴黄新娘的外形和体色很相似，唯一不同的是，蓝嘴黄新娘没有天蓝色的鳍边和眼圈，所以价格也比蓝眼黄新娘便宜不少。另外，塔希提岛海域的巧克力吊幼鱼的体色和体形与蓝眼黄新娘成鱼非常相似，需要细心观察它们的头部加以区别。

　　蓝眼黄新娘的幼鱼很特别，它们的身体中央有一个黑蓝圆点，如果单独将一条幼鱼放入水族箱中，它们的黑蓝圆点会在几天内消失。

❖ 蓝眼黄新娘

❖ 蓝眼黄新娘的幼鱼

大部分神仙鱼或者蝴蝶鱼的"伪眼"都长在背鳍或者尾鳍上，而蓝眼黄新娘的幼鱼却在身体中央长着"伪眼"一样的斑纹，更奇怪的是，将蓝眼黄新娘的幼鱼单独放入鱼缸后，"伪眼"会很快消失。

蓝眼黄新娘最容易与黑尾新娘杂交，而且繁殖的下一代的体色通常为黄色，带有蓝色和黑色花纹，色彩比较丰富美丽。

❖ 蓝眼黄新娘与黑尾新娘的后代

此外，蓝眼黄新娘还很容易和其他神仙鱼杂交，因而水族市场上有很多蓝眼黄新娘的杂交品种，其中不乏一些特殊花纹的杂交品种，而且价格非常贵。

❖ 黄新娘（印度尼西亚海域产）
黄新娘因分布地域广、产量大而价格便宜，但是它却不是容易饲养的神仙鱼品种，更不能作为水族饲养的入门品种。

黄新娘

黄新娘又名海氏刺尻鱼，最大体长为10厘米，其分布较为广泛，而且各个不同海域的黄新娘的个体之间会有差异，如菲律宾海域产的成鱼长有黑褐色眼圈，而马来西亚和印度尼西亚海域产的个体却没有黑褐色眼圈；印度洋产的个体的背鳍、尾鳍的边缘会有红褐色，甚至还会出现浅绿色纹理。根据水族爱好者的经验，印度尼西亚海域产的个体的颜色更加纯正，且容易饲养。

黄新娘是一种环境适应能力很弱的鱼种，10厘米以上的成鱼很难适应人工饲养的环境，所以很容易养死。而且它们对同类有很强的攻击性，经常会因为争夺领地而大打出手，导致死亡，一般不建议新手饲养。

黑鳍黄新娘

黑鳍黄新娘是1998年才被发现的新品种，很适合在海缸内饲养，新手和老手均可。

❖ 黑鳍黄新娘

黑鳍黄新娘又名黑鳍黄神仙鱼、黑背王神仙鱼，原产于太平洋西部、中部，包括日本至大洋洲以及斐济群岛一带的珊瑚礁海域。其最大体长为10厘米，幼鱼和成鱼的体色没有太多变化。它与黄新娘十分相似，不同之处在于黑鳍黄新娘的背鳍末端的黑带有鲜蓝色边线，而黄新娘的背鳍末端的黑带没有边线。正因为这条鲜蓝色的边线，使黑鳍黄新娘的身价比黄新娘高很多。

黑鳍黄新娘非常机警，对于外界的声响比较敏感，而且会啃食珊瑚及贝类，因此建议使用120升以上、提供藏身地点的活石缸饲养。它们的食性很杂，主要以海藻和无脊椎动物饵料为食。

橘红新娘

橘红新娘又名黑纹红神仙、芒果仙、施氏刺尻鱼、施巴德刺尻鱼等，其最大体长为12厘米，外表与火焰仙近似，很容易被混淆，它们的区别是橘红新娘身上的黑色条纹明显比火焰仙的细，而且数量多，此外，它的体色与尾巴的淡黄色看起来也比火焰仙的色差大。

橘红新娘具有一定的攻击性，而且很容易被其他凶猛的鱼欺负，建议使用200升以上的水族箱单养。它们属于杂食性鱼类，主要以海藻为食，但是也会因珊瑚上附着微藻类食物而啄食珊瑚。

多彩新娘

多彩新娘又名多彩仙、多彩神仙鱼、多彩刺尻鱼，因身上有蓝色、黑色、黄色、白色、褐色等多种色彩而得名。其最大体长为9厘米，体色为桃红色，看上去多姿多彩，背鳍和腹鳍呈蓝黑色，尾鳍呈黄色。

多彩新娘在市面上少见，人工饲养时，应选择带藏身地点和活石的水族箱供其啃食，它们会啃食珊瑚和软体动物，不宜放入珊瑚缸。它们有一定的攻击性，如果要和其他的小神仙鱼混养，应选择250升以上的水族箱。

❖ 橘红新娘
橘红新娘和其他大部分新娘鱼一样，有一定的攻击性，但是因体色醒目，也很容易被其他凶猛的鱼类攻击。

多彩新娘幼鱼的背鳍末端长有一个带蓝圈的黑圆斑纹"伪眼"。

❖ 多彩新娘

❖ 熊猫仙

熊猫仙

神 仙 鱼 中 的 " 熊 猫 "

大熊猫是我国的国宝，非常珍贵，熊猫仙虽然没有大熊猫名贵，却也是神仙鱼中并不多见的受保护的物种之一。

荷包鱼属的神仙鱼中有少量种类的雄性在形态上与雌性有些不同，而且幼鱼和成鱼之间的样子也有一些区别。

熊猫仙通常生活在20米以下的水域，并且喜欢在淤泥质海底栖息，而不是在大多数其他神仙鱼（刺盖鱼属）青睐的珊瑚礁海域栖息。

熊猫仙属于荷包鱼属，仅生活在澳大利亚的新南威尔士州附近海域，其学名则以新南威尔士州巴利纳命名为巴林荷包鱼。

熊猫仙最大体长可达20厘米，体色由灰白色和黑色组成，仅胸鳍和尾鳍是浅浅的黄色，看上去如同我国的大熊猫一样，颜色简单，但是它却不是一个简单的物种，它是被新南威尔士州保护的物种，大部分生活在保护区内，因此水族市场上没有，只能在少数几家大型水族馆内欣赏到它。

蓝带荷包鱼

遍 布 带 黑 边 的 蓝 色 水 平 线

蓝带荷包鱼性情温和，体色鲜艳亮丽，是一种水族馆以及水族箱中常见的观赏鱼品种。

蓝带荷包鱼俗称金蝴蝶，主要分布于西太平洋海域，是神仙鱼中比较耐寒的品种。其体长一般为18厘米，体色为棕色到棕黄色，两侧有许多黑边的蓝色水平线，这些线由头部开始扭曲着一直延伸到身体末端或者尾部，其尾鳍完全呈黄色，背鳍和腹鳍为黄褐色。雌鱼和雄鱼的体色区别不大，但是雄鱼的体色以及线条更微妙、艳丽，甚至有荧光闪烁。

蓝带荷包鱼在我国的贸易数量较少，日本的引入量很大，日本的水族爱好者十分喜爱这种鱼。人工饲养时，需要保证

饲养蓝带荷包鱼的水族箱应在200升以上，水质要求比较高，如果水质恶劣，蓝带荷包鱼会变得无精打采，失去颜色并停止进食。鱼缸内要求水流够强，最好有隐蔽的活石和藻类。

❖ 蓝带荷包鱼

❖ 蓝带荷包鱼幼鱼

蓝带荷包鱼幼鱼与成鱼的体色变化比较明显，其中最明显的地方是幼鱼鳃后有一道艳黄色纵纹，背鳍、尾鳍以及腹鳍末端颜色均为艳黄色，成年后，颜色逐渐改变。

蓝带荷包鱼性情温和，常活动于近海沿岸礁区以及珊瑚礁区，栖息在5~15米深的水层中。蓝带荷包鱼的外表美观，是常见的观赏鱼品种，容易以潜水方式捕捉。它们一般单独活动，主要以海藻、海绵、珊瑚虫及被囊动物为食。

良好的水质和宽敞的活动空间，最好用礁岩水族箱饲养。如果饲养在纯鱼缸中，蓝带荷包鱼很容易褪色，并呈现非常紧张的姿态。

黄头荷包鱼又名橙蝶仙，有橙黄色的脸，身上带有蓝绿色的条纹，身体后面的体色逐渐变为深棕色，尾巴为亮黄色。它一直以来被认为是属于荷包鱼属的一个独立品种，后经科学家通过DNA检测，发现它是蓝带荷包鱼与黑荷包鱼的杂交品种。

❖ 黄头荷包鱼

黄尾仙

像 水 彩 画 一 样 雅 致

黄尾仙的体形像蝴蝶鱼，嘴唇为蓝色，一道黑纵纹穿过眼睛，身体由头部的浅黄色过渡到尾部的黑色，尾巴又突然变成金黄色，像水彩画一样雅致。

黄尾仙

蝴蝶鱼

黄尾仙又名新加坡神仙、黄尾荷包鱼、中白荷包鱼，其最大体长为18厘米，身体主色调是由黄色和黑色渐变而成的。其性情温和，比较娇弱，要避免与大型鱼混养。在水族箱中饲养时，有一些黄尾仙个体能很快适应并融入水族箱的水族世界，但也有一些黄尾仙个体不容易饲养，它们进入新环境后会拒绝进食，要耐心地驯饵。此外，黄尾仙不适合在珊瑚缸饲养，因为它们除了吃人工饲料外，还会吃水藻和珊瑚虫。

❖ 黄尾仙形如蝴蝶鱼

黄尾仙的体形与蝴蝶鱼很像，只是体色和纹路不同而已，在观赏鱼贸易中，黄尾仙常被误认为是蝴蝶鱼的一种（图中的蝴蝶鱼是美国蝴蝶鱼）。

饲养黄尾仙时建议用250升带活石的水族箱，可以喂食冰虾及各种动物性饵料。

黄吻荷包鱼与黄尾仙十分相似，嘴唇为蓝色，脸为黄色，有一道黑色纵纹穿过眼睛，体色也如同黄尾仙一样渐变过渡，唯一让人一眼就看出区别的是这两种鱼的尾巴色彩不一样，黄吻荷包鱼的尾巴是灰色的，黄尾仙的尾巴是黄色的。

❖ 黄吻荷包鱼与黄尾仙

黄色

黄尾仙

灰色

黄吻荷包鱼

❖ 长尾巴的燕尾神仙

燕尾神仙

长 有 燕 子 尾 巴

燕尾神仙是一种小型神仙鱼，有一条如燕子般分叉的尾巴，尾部有长长的丝状尖鳍，看上去非常美观，仙气飘飘，因而得名。

神仙鱼偏爱高一些的水温，可以将水温保持在24~28℃，有条件的建议安装一个加热棒，保持水温恒定。神仙鱼还对水质要求较高，应3天左右换一次水，每次换水的量控制在总水量的1/3最好。

燕尾神仙又名燕尾神仙鱼，是月蝶鱼属鱼类的统称，它们绝大多数生活于西太平洋的外礁峭壁24~100米深的水域，喜欢活跃于45~97米深、有潮流经过的斜坡地带。

神仙鱼中最温和的品种

燕尾神仙最大的特点是有一条长长的丝状尾巴，以及身体上布满细密的纵纹或横纹，且雌雄之间能通过外观很直观地分辨。一般情况下，燕尾神仙是一夫多妻制，往往是一条雄鱼带领着几条雌鱼，组成小群在岩礁潮汐处觅食，如果雄鱼死亡或者离群，就会有一条最强壮的雌鱼在半个月左右变为雄鱼，继续领着这一群雌鱼生活。

燕尾神仙的品种很多，它们的性格都比较温和，彼此之间很少打斗，因而能和平地在水族箱中饲养，而且它们几乎不会伤害水族箱中的珊瑚和无脊椎动物，是神仙鱼中最温和的品种。

背鳍根部为黑色

黑鳍斑马燕

背鳍根部为淡黄色

日本燕

❖ 黑鳍斑马燕和日本燕

黑鳍斑马燕

黑鳍斑马燕又名红海虎皮王、纹尾月蝶鱼，属于燕尾神仙的一种，主要生活在太平洋和印度洋的红海以及非洲东海岸。

黑鳍斑马燕幼鱼的身体呈微黄色，尾巴丝状尖鳍有两条黑边，如同八字胡子一般。当它们成长到雌鱼时期时，身体变成灰色，沿尾鳍有黑色条纹。长成雄鱼后，丝状尖鳍更长，全身布满黑色纵纹，如同斑马身上的花纹。

黑鳍斑马燕从幼鱼到雌鱼再到雄鱼，每个阶段都与日本燕的外观很相似，两种鱼最明显的区别是在雄性时期，黑鳍斑马燕的背鳍根部是黑色的，而日本燕的背鳍根部则是淡黄色。

拥有斑马纹的燕尾神仙品种有很多，除了黑鳍斑马燕和日本燕之外，还有水族市场上比较稀少、很少被作为观赏鱼饲养的半带神仙、黑纹灰蓝神仙，以及因为分布广泛而被众多水族爱好者喜爱的半纹神仙。

在燕尾神仙家族中，除了那些身披斑马纹（纵纹）的品种之外，还有很多长着横纹的品种，如拉马克神仙、蓝宝神仙、斑点神仙等。

❖ 黑鳍斑马燕幼鱼

其尾部有明显的八字胡子一样的燕子尾巴，很有个性。

半纹神仙又被称为眼镜燕、面罩仙、虎皮神仙、半纹背颊刺鱼、半纹月蝶鱼，因其广泛分布在日本的岛屿，因此也被称为日本燕尾（与日本燕不同）。半纹神仙雌鱼时期色泽远远逊于雄鱼，雄鱼体色淡黄，上面布满了黑色斑马纹，同时身体各个部位隐藏着许多黄色小圆点，脸上有一块橘黄色斑纹一直延伸到身体中央，非常大气，比日本燕要漂亮很多。

❖ 半纹神仙

雄鱼

雌鱼

❖ 拉马克神仙（雄、雌）

拉马克神仙

拉马克神仙是以法国博物学家拉马克的名字命名的，又被称为燕尾斑马仙、拉马燕、蓝宝王、拉马克刺蝶鱼等，它是燕尾神仙家族中最容易被饲养的品种，雌鱼和雄鱼的身体纹理差异不大，雌鱼的尾鳍上下各有一道黑色条纹，而随着成长，变成雄鱼后，头部会长出黄色斑点，此外，身体上的横纹也会变多，尾鳍两端的丝会变得很长，而且黑色条纹会消失。

拉马克神仙属于大型神仙鱼，最大体长可达 25 厘米，有点胆小和可爱，它们不攻击珊瑚和软体动物，因此非常受欧洲水族爱好者喜爱，常被饲养在大型岩礁水族箱中。

蓝宝神仙

蓝宝神仙又名渡边氏神仙、渡边颊刺鱼、渡边月蝶鱼等，其最大体长可达 18 厘米，在雌鱼和雄鱼两个不同阶段，身体纹理变化很大，雌性蓝宝神仙整体蓝色，背鳍、腹鳍和尾鳍上有蓝黑色边，头部有宽的黑色斑块，随着成长变成雄鱼后，头顶斑块会逐渐减小、减淡，身体会变得更蓝，此外，在背部以下会长出许多长短不一的蓝黑色横纹。

蓝宝神仙看上去非常具有吸引力，因此被水族爱好者大量饲养在水族箱中。

❖ 蓝宝神仙（雄、雌）

雄鱼

雌鱼

斑点神仙

斑点神仙又名竹内月蝶鱼，其最大体长可达 35 厘米，这种鱼雌雄之间体色差异很大，雌鱼时，身体上布满了黑色斑块，而变成雄鱼后斑块会消失，变成一排排平行的深棕色条纹，仅尾部保留了雌鱼时期的黑色斑块。

斑点神仙因体型大，加之饲养难度大，所以一般仅在水族馆或水族发烧友的水族箱中可以见到它。

其他燕尾神仙家族成员

在燕尾神仙家族中，除了纵纹和横纹品种的神仙鱼之外，还有土耳其神仙、面具神仙等值得了解的品种。

土耳其神仙

土耳其神仙又名胜利女神、贝鲁士神仙、多色燕尾神仙、美丽月蝶鱼等，其最大体长为 18 厘米，雌鱼时体色为蓝色、黑色和白色条纹相间组合，在水中游动时，非常像飞翔的燕子，被誉为燕尾神仙家族中最像燕子的品种，也是雌性比雄性更有观赏价值的品种之一。随着成长，雄性土耳其神仙身上的黑色、白色和蓝色会逐渐消失，体色会变成以灰色为主，仅剩下一条如燕子尾巴般的尾巴能证明它是一条观赏鱼。

面具神仙

面具神仙又称为白神仙鱼、楯月蝶鱼等，其最大体长为 21 厘米，顾名思义，它全身洁白，雌鱼时仅头部和尾部有一些黑色点缀，长成雄鱼后，头部的黑色会消失，变成橘黄色，背鳍、腹鳍和胸鳍都会变成橘黄色，仅尾部保留了黑色，在身体银色的衬托之下，显得格外耀眼。

❖ 斑点神仙（雄、雌）

❖ 土耳其神仙（雄、雌）

❖ 面具神仙（雄、雌）

幼鱼

过渡期

成鱼

蓝仙又名蓝色神仙、百慕大刺蝶鱼等，在神仙鱼家族中属于大型品种，最大体长可达 45 厘米，它们常单独或成对栖息于加勒比海和西大西洋 2~92 米深的温暖水域的岩礁区和珊瑚礁区，幼鱼则生活在有遮蔽的珊瑚礁区。它们主要以海绵为食，同时也捕食海藻、珊瑚虫和海鞘等。

在蓝仙的成长过程中，幼鱼从复杂而艳丽的体色，逐渐变成黄色，搭配浅浅的蓝色，最后变成蓝色搭配浅浅黄色的成鱼。它们在成长和体色转变的每个时期都非常具有观赏价值，是所有珊瑚礁鱼类中最引人注目的品种之一。

女王神仙

女王神仙又名额斑刺蝶鱼等，是蓝仙的近亲，其体形、体色、习性和栖息地都与蓝仙相仿。它们的幼鱼很相似，仅成鱼略有区别，女王神仙的额头处有一块蓝

❖ 蓝仙

蓝仙

高 贵 、 蓝 色 的 神 仙 鱼

蓝仙和女王神仙非常相似，幼鱼和成鱼的体色都很漂亮，是神仙鱼中比较有名的观赏鱼品种。

色和黑色斑纹，如同冠冕，因此而得名。此外，女王神仙的整个尾巴是黄色的，蓝仙的尾巴则是末梢为黄色，从整体上看，女王神仙的颜色比蓝仙更加艳丽而醒目。

汤臣神仙

汤臣神仙是女王神仙和蓝仙的杂交品种，其体形、体色、习性和栖息地都与蓝仙和女王神仙相仿，汤臣神仙幼鱼身体上的纹路像蓝仙，背鳍和尾鳍有点像女王神仙，汤臣神仙成鱼的体色接近蓝仙，尾巴形状和颜色则接近女王神仙。

应避免将蓝仙与攻击性强或体型较大的鱼类混养，但可以与体型较小且性情温和的鱼混养，与其他品种的神仙鱼混养效果较好。可喂食红虫或人工颗粒饲料，每天喂 2~3 次，每次食量控制在 5~10 分钟吃完。

幼鱼

成鱼

❖ 女王神仙

女王神仙额头上有一块蓝色和黑色的斑纹，好像王冠一样醒目。

国王神仙

头 顶 王 冠 的 神 仙 鱼

国王神仙的体色是多彩的蓝色中含着淡淡的黄色，额头上有如同女王神仙一样的"王冠"，是一种比较有名的观赏鱼。

国王神仙性情凶猛，不要把两条饲养在一起，因为不论是同性还是异性都会相互攻击。国王神仙幼鱼可以养在礁岩水族箱中，但成年后它们会啃食珊瑚和藻类。

国王神仙又名一栋仙、雀点刺蝶鱼等，最大体长为25厘米，其幼鱼和成鱼都很漂亮，而且随着成长，体色改变的整个过程都非常好看。

国王神仙幼鱼的身体呈褐色，有蓝色纵纹，在靠近头部的地方有一道亮白色的条纹，它的各个鳍都呈褐色，边缘有亮蓝色，成鱼后颜色变成深蓝色或绿色，身体上有一道亮白色纵纹，非常醒目。腹鳍等处有一些橘黄色，两只眼睛之间跨越前额的地方有一条天蓝色的窄带。在额头上面有一个黑色斑块，斑块中有许多蓝色亮点，如同蓝宝石王冠一般，国王神仙也因此得名。它们可以放养在无脊椎水族箱中，最好是水量较大的水族箱，喂蔬菜叶子、鱼、虾肉或人工专用饲料即可，不过，不要让它们吃太多动物性饵料，否则它们会因过度肥胖而引发一些疾病。

皇帝神仙

皇帝神仙又名毛巾、金毛巾、双棘甲尻鱼，属于甲尻鱼属，与国王神仙并非同一属，但是都有一个同样霸气的名字，至于谁比谁的颜色更胜一筹，在水族界未有定论。

❖ 国王神仙

幼鱼

成鱼

皇帝神仙的黄色身体上有众多带有蓝色边的白色纵纹，其幼鱼和成鱼的体色和纹理没有太大区别，除了幼鱼时期背鳍上的"伪眼"成鱼后变成了一片蓝色之外，最大的区别是成鱼色泽变得更加深，幼鱼的颜色则比较鲜嫩。

皇帝神仙与其他神仙鱼在自然环境中的生活地差不多，但是不同产地的皇帝神仙个体上有一些差异，如品质最好、最常见的皇帝神仙的出产地是红海海域；其他海域，如太平洋和印度洋出产的皇帝神仙品质略逊，它们的腹部是蓝灰色的，没有红海出产的皇帝神仙的黄色腹部那么明亮醒目。

皇帝神仙具有一定的攻击性，会啃食珊瑚、无固定根的无脊椎动物及贝类，人工饲养时，最好提供活石供其啃食和躲藏，大的岩石及深的洞穴可以让它们感到安全。

❖ 皇帝神仙幼鱼
皇帝神仙幼鱼的背鳍部分有一个明显的圆形"伪眼"，成鱼后就变成一个大色块。

红海皇帝神仙

印度洋皇帝神仙

❖ 红海皇帝神仙与印度洋皇帝神仙
皇帝神仙在水族箱中饲养时会比其他神仙鱼更加挑食，而且因个体不同，对食物的偏好也不同。

❖ 皇后神仙（幼鱼）

皇后神仙

体 色 多 变 且 绚 丽 多 彩

皇后神仙的体色金碧辉煌，从幼鱼到成鱼的成长过程中体色多变且绚丽多彩，是著名的热带观赏鱼之一。

皇后神仙每年仅繁殖一次，鱼卵在孵化前会在水中漂浮好几周，然后孵化成幼鱼。

皇后神仙又叫皇后仙，主要分布于印度洋—太平洋海域，自东非到太平洋中东部皆有其踪迹。

从小就绚丽多彩

皇后神仙因体色绚丽，在我国香港地区的水族圈被称为皇帝神仙，它虽然也叫皇帝，却和甲尻鱼属的皇帝神仙并非同一品种。

皇后神仙幼鱼生活在岩架之下、峡道与外礁平台的半遮蔽区域的洞中，以及潟湖的洞穴里。

皇后神仙幼鱼的体色为蓝黑色，上面覆盖着蓝白相间、如同祥云一般的圆圈状花纹，因此，幼鱼期的皇后神仙又被称为蓝圈神仙、圈帝，除此之外，皇后神仙幼鱼的鱼鳍上还有很多蓝色不规则花纹，看上去非常美观。

皇后神仙次成鱼会移居至珊瑚礁前端的洞穴或汹涌的峡道区域。

皇后神仙幼鱼的体色会随着长大而逐渐变成成鱼的模样，身体上的圆圈状祥云图案会逐渐消失，变成黄色条纹，尾鳍则变成黄色，幼鱼长大至8~12厘米长时便变成了成鱼的模样，随着继续长大，颜色会变得更加艳丽，其最大体长可达40厘米。

领地意识超强

皇后神仙成鱼栖息于水深1~100米的珊瑚丛生的岩架、峡道以及面海的礁石水域。它们有非常强的领地意识，一般会单独或者一条雄鱼带领多条雌鱼，在自己的领地中觅食或巡视，一旦有入侵者，它们便会群起而攻之，即便是遇到比它们体型还要大的鱼类，如太阳鱼等，它们也不会畏惧。遇到入侵者时，一般情况下，雄性皇后神仙会先发出"咯咯"的声音恐吓敌人，然后向敌人发起攻击，一般几波攻击后，大部分入侵者都会知趣地离开。假如入侵者是鲨鱼之类的凶悍猎食者，雄性皇后神仙则会假装攻击几次，然后带着雌鱼暂时躲避在不远处观察，等鲨鱼等凶悍的入侵者离开后，它们便会迅速回到自己的领地继续巡视。

饲养要点

皇后神仙非常活跃，胆量也很大，通常健康的个体会在水族箱中游来游去，不停地寻找食物。它们的排泄量非常大，水族箱要配备高效的生物过滤系统。不要把成年的皇后神仙饲养在礁岩水族箱中，因为它们非常喜欢吃脑珊瑚、手指珊瑚和五爪贝，饿的时候还吃其他的珊瑚，甚至会吞下小鱼。它们特别喜欢咬软骨鱼的皮肤，不适合和鲨鱼与虹一起饲养。

在人工饲养条件下，皇后神仙亚成鱼的变身会变得迟缓，而且由于食物和生活空间的关系，往往变身不是很充分，影响它们的美丽，最好让它们从小就生活在1000升以上的水族箱中，帮助它们成功完成变身过程。

❖ 皇后神仙（成鱼）

皇后神仙和皇帝神仙、王后神仙不同，其头部没有"王冠"状的斑纹。

皇后神仙和其他刺盖鱼属的鱼一样，食性很杂，在自然环境中，主食各种海绵和被囊类动物，也会捕食藻类和小型动物、柳珊瑚以及各种浮游生物，它们最爱捕食的是贝类、无脊椎类生物。因此，它们不适合饲养在珊瑚缸中，也不适合与贝类、无脊椎类生物一起混养。只要注意以上这些，那么皇后神仙饲养起来就很容易，而且它们很容易接受各种鱼食投喂。

❖ 变身期的皇后神仙幼鱼

蓝环神仙

最 大 的 神 仙 鱼 品 种 之 一

　　蓝环神仙的幼鱼和成鱼的体色差别非常大，幼鱼时为蓝黑色，成鱼后变成黄褐色，在这个过程中，无论是体色的转变，还是体侧线条的变化，都能让每个水族爱好者喜爱。

❖ 蓝环神仙（幼鱼）

蓝环神仙幼鱼的额头后面没有蓝色圆环形色块。其性格孤僻，不喜欢集群生活。

❖ 蓝环神仙（成鱼）

　　蓝环神仙又名白尾蓝环神仙、肩环刺盖鱼等，主要分布于印度洋及太平洋西部的南、北回归线之间，我国产于西沙群岛和台湾海峡。

　　蓝环神仙幼鱼和成鱼的体色差异大，幼鱼时体色与皇后神仙一样以蓝黑色为主色，体侧有白色曲线和蓝色曲线交替分布，尾部白色；随着逐渐长大，体色也不断变化。成鱼最大体长可达 50 厘米，体色为金黄色或褐黄色，上面有一些蓝色线条穿过身体，尾鳍是白色的，边缘有黄色。额头后方有一个蓝色圆环，非常醒目，这是它的标志性色块，也是它名字的由来。

蓝环神仙刚孵化时，形如柳叶状的幼虫会和浮游生物一同进行漂浮生活，一个月后才能被称为幼鱼。

蓝环神仙在幼鱼时就非常独立，通常单独在非常浅的水域栖息或觅食海藻；成鱼通常会成对栖息在水深60米之内的珊瑚礁和靠海岸的海域，夜间藏于海底岩洞，白天觅食。

饲养方法

蓝环神仙幼鱼的体型虽然不大，但是它们是珊瑚水族箱的杀手，会吃纽扣珊瑚等，即便是它们不喜欢吃的珊瑚品种，也会被用来磨牙，因此，饲养蓝环神仙幼鱼不能选用珊瑚水族箱，最好使用裸缸或岩石造景的水族箱。

蓝环神仙成鱼天生性情比较暴躁，加上体型较大，是神仙鱼中最大的品种之一，所以在水族箱中不宜和其他神仙鱼混养，因为它们会挑战任何一条同一个水族箱中的神仙鱼。除此之外，蓝环神仙的性格还比较"倔"，有时新进入水族箱时，会拒绝接受人工饲料，甚至会连续一两个月不进食，不过所幸这类鱼都很皮实，它们比其他神仙鱼扛饿。

蓝环神仙应在350升以上的水族箱中饲养，它是杂食性鱼类，可喂食海藻、动物性饵料、植物性饵料和海绵。刚入缸时，可以使用活虾或新鲜、切碎的海鲜诱使其开口。

❖ 变身期的蓝环神仙幼鱼

蓝纹神仙从刚孵化到长到3厘米左右时，身体上仅有3道白色条纹，长至3厘米以上时，身体上的纹路才会丰富起来，随着体长的增加，会逐渐出现交替的白色和蓝色半圆形带。

饲养北斗神仙时建议用500升以上的水族箱，不能用珊瑚缸，可喂食水生植物、混合鱼粮、冷冻食品（浮游）等。

北斗神仙又名大蓝纹、蓝纹神仙（幼鱼名）、北斗神仙（成鱼名）、金蝴蝶、半环刺盖鱼等，主要分布于红海及印度洋、太平洋的珊瑚礁海域。

北斗神仙的幼鱼叫作蓝纹神仙，其体色以黑色为主，辅以蓝色，除尾巴以外（蓝纹神仙的尾巴为蓝黑色带有白色条纹，蓝环神仙的尾巴是白色的），花形几乎和蓝环神仙一模一样，但是仔细分辨可以发现，蓝纹神仙的圈形条纹更加细长，也不那么完整，体色更黑一点，蓝环神仙幼鱼的体色则偏蓝。

随着蓝纹神仙逐渐长大，身体上的纹路被逐渐撕裂，尾巴附近的蓝色条纹逐渐撕裂成很多类似阿拉伯字母一般的图案。

随着继续长大，体色开始逐渐变黄，然后又逐渐加深成淡绿色并透着金色，当体长达到12厘米左右时，基本已经长成，其身体上会出现很多蓝色和黑色斑点，如同天上的星星，因此被称为北斗神仙。此外，北斗神仙的鳃部、眼睛上方，以及整个身体轮廓都呈亮蓝色，背鳍和臀鳍末梢有金黄色点缀，体色非常大气。

北斗神仙

一 生 拥 有 3 个 名 字 的 神 仙 鱼

很多鱼类都有别名和俗名，但是像北斗神仙一样，在幼鱼、半成鱼和成鱼三个成长阶段因体色以及纹理而拥有特定的名字，即一生拥有3个名字的神仙鱼，在海洋世界中并不多见。

❖ 蓝纹神仙与蓝环神仙幼鱼

蓝纹神仙体色偏黑

蓝环神仙幼鱼体色偏蓝

尾鳍颜色不同

北斗神仙的最大体长可达45厘米，它们喜欢生活在水深1~20米的珊瑚繁生水域。其习性与在水族箱中的表现和蓝环神仙一样。

北斗神仙的领地意识非常强，它们对鱼缸里的水质很敏感，生存环境稍有不如意就很容易发生传染病或出现寄生虫。

❖ 北斗神仙半成鱼

北斗神仙半成鱼身体的后半部分会出现很多如同经书一样密密麻麻的文字状斑纹。

❖ 北斗神仙

蓝面神仙主要分布在中西太平洋海域，幼鱼时和蓝纹神仙很像，整体色调为黑色辅以蓝色，体侧覆盖着垂直的白色和蓝色条纹。成鱼则体色呈淡黄色，带蓝色鳞片，胸鳍、尾鳍呈亮黄色，臀鳍上布有蓝色亮点，有一个黄色块连接双眼，脸上被斑驳的、带有小黄点的蓝色覆盖，如同面具一般，因此而得名。

❖ 蓝面神仙（幼鱼、成鱼）

成鱼

幼鱼

法国神仙

比 较 耐 寒 的 神 仙 鱼

法国神仙的成鱼脸部为浅蓝色、嘴巴为白色，通体透着深邃的黑色，每一片鳞片上都有一丝金边，此外，眼圈、胸鳍、尾鳍上还有橙色点缀，整体外观尽显高贵、独特且极具吸引力。

紫月神仙

耳斑神仙

六间仙

马鞍神仙

贵妇仙

阿拉伯仙

❖ 刺盖鱼属部分品种成鱼

刺盖鱼属中除了蓝纹神仙、蓝环神仙之外，其他很多品种的幼鱼长相也都很相似，如耳斑神仙、紫月神仙、六间仙、马鞍神仙、贵妇仙、阿拉伯仙等，如果不仔细看，很难分辨出彼此。但是它们的成鱼却千姿百态，各有千秋，是观赏鱼家族中不可或缺的品种。

法国神仙被视为高领地意识的神仙鱼，因此饲养时，建议夫妻鱼成对饲养，而且同一个水族箱不建议饲养其他的神仙鱼。

在神仙鱼家族中，刺盖鱼属的成鱼的体色和纹理各有千秋，而它们的幼鱼的体色和图案却大部分相同或者相近，且大部分与蓝纹神仙、蓝环神仙的幼鱼高度相似，也有一部分种类的幼鱼另有特点，如法国神仙。

法国神仙

法国神仙又名法仙、巴西刺盖鱼，其主要分布于大西洋的西部和东部、加勒比海、太平洋珊瑚礁海域，是一种比较耐寒的神仙鱼品种。

法国神仙幼鱼的主色调是深棕黑色，其头部和身体有黄色纵纹。此外，有黄线条沿着尾部边缘以及尾柄形成一个圆，

蓝纹神仙鱼幼鱼　法国神仙幼鱼

这与大部分刺盖鱼属中的鱼类的幼鱼体色和体形都不太一样。随着慢慢长大后，它们全身变成黑色且带着金色。

　　法国神仙会几条或者小群生活在珊瑚礁丛中，它们从小就有领地意识，为此，幼鱼之间常会互相追逐、打闹。成鱼则更具领地意识，它们会在珊瑚礁或岩石洞中筑巢，这里是绝对禁区，平时它们会在更大范围的海域觅食和巡视，但是每天晚上都会回到巢穴。

　　法国神仙的最大体长为 50 厘米，体形和体色非常接近灰神仙。它们是模范夫妻，只要一方还活着，它们就会一直成双成对地出入任何地方，和鸳鸯一样，被视为忠贞动物。因

❖ **法国神仙幼鱼与蓝纹神仙幼鱼**

神仙鱼家族中的幼鱼体色和图案大部分相同或者相近，而法国神仙幼鱼却有点另类，其体色、纹路与其他刺盖鱼属的幼鱼有明显的区别。

法国神仙以海绵、藻类、苔藓虫、群生海葵、柳珊瑚和被囊动物为食，海绵占该物种食物的 70%。

❖ **法国神仙**

❖ 灰神仙

灰神仙成鱼的体色远不如法国神仙以及其他神仙鱼漂亮，不过，它们因黏人的性格而备受水族爱好者的喜爱。

灰神仙与法国神仙的幼鱼和成鱼都比较耐寒。

此，在捕捞法国神仙时，几乎都是一对一对地被捕获，很少有单独的成鱼落网。

在人工饲养法国神仙时，幼鱼需要 400 升以上的水族箱，成鱼则需要 600 升以上的水族箱，而且要铺设隐蔽礁体。法国神仙的生长速度不快，10 厘米以下的幼鱼，需要 3~5 年才能长到 30 厘米，受到水族箱空间的局限，人工环境下很难将幼鱼完全培养成成鱼。它们有一定的攻击性，而且有领地意识。雌、雄成鱼之间很少互相攻击，但法国神仙幼鱼不论"性别"，一样互相攻击，所以不可以同时饲养两条，但如果同时放养 6 条以上的群落倒可以相安无事。在混养时，个体差异越大，互相攻击的可能性就越小。

灰神仙

灰神仙又名弓纹刺盖鱼、灰面盖刺鱼等，其最大体长可达 60 厘米，主要分布于西太平洋的巴西及巴哈马群岛海域。

灰神仙和法国神仙高度相似，尤其是幼鱼，只是成鱼的体色不如法国神仙那么黑，而且鳞片上也没有金色的光泽。从整体上来看，灰神仙没有法国神仙的观赏价值高，不过，灰神仙不爱争斗，而且不轻易欺负其他神仙鱼，即便是为了领地，也很少会像其他神仙鱼那样拼得你死我活。

灰神仙幼鱼和体色转化时期的半成鱼非常漂亮，具有非常高的观赏价值。

❖ 灰神仙半成鱼

此外，灰神仙还喜欢和饲养者互动，将一条灰神仙在水族箱中饲养一段时间后，它会喜欢让人抚摸，甚至还会用身体摩擦伸入水族箱的手臂，或者用嘴轻啄手指，好像撒娇一样，灰神仙因为这种友善的性格而深受水族爱好者的喜爱，成为一种著名的大型观赏神仙鱼。

薄荷神仙又名君子神仙、红薄荷神仙鱼、博伊尔刺尻鱼，为副刺尻鱼属中的鱼类，分布在中太平洋东部的珊瑚礁海域，是原产于库克群岛、拉罗汤加岛的独有品种，其体色鲜艳，条纹清晰，是一种观赏价值非常高的神仙鱼。

薄荷神仙的体型较小，最大体长仅 7 厘米，常年生活在水深 50~120 米的陡峭临海礁石、洞穴与碎石区域，并且喜欢隐藏在洞穴或岩石的缝隙中，捕捉难度极大，因此，这种鱼极其罕见，即便是偶尔在观赏鱼市场上出现，也需要经过多番竞价才能获得，曾有一位美国鱼迷以 3 万美元的价格购得一尾，价格相当昂贵。

薄荷神仙堪称神仙鱼中的王者，不仅因为获取渠道少、难度大、价格高，它还是神仙鱼家族中饲养难度最大的品种之一，因为想饲养好薄荷神仙，需要人工创造出一个与它们生活的自然环境相似的水族环境，否则它们就会紧张、不爽，甚至不进食，从而影响健康，这样的饲养条件比高价购买更难实现。由于数量极少，人们对薄荷神仙的生活习性不是特别了解，据国外鱼友的饲养经验，它们以藻类为食，也吃含海绵成分的高品质海水神仙鱼饲料。

❖ 薄荷神仙

薄荷神仙极其稀少，全球一年的捕捞量仅几条，有时甚至一条都没有，因此价格极其昂贵。据说，国内曾有人出资 20 万元人民币以上从日本购得过此鱼。

薄荷神仙

堪 称 神 仙 鱼 中 的 王 者

薄荷神仙的鱼体由红、白、黄三色间隔，特别鲜艳、清新美丽，非常独特，因生活在较深的海域，捕捉难度大，是价格比较昂贵的神仙鱼之一，堪称神仙鱼中的王者。

隆头鱼

在数量庞大的隆头鱼家族中，可作为观赏鱼的品种不足1/10，但是在海水观赏鱼中，除了小丑鱼和倒吊鱼等之外，最常见的就是隆头鱼，它们从幼体到成体，体色会随着成长变得更明亮、夺目。此外，它们靠胸鳍划水前进，游动的姿势非常奇特。

❖ 苏眉鱼

苏眉鱼是最大的隆头鱼，也是世界上最大的珊瑚鱼类，成年后全身铁蓝色并长出突出的嘴唇，其体长可超过两米，体重可达190千克，寿命超过30岁。它主要产于东南亚、西太平洋及印度洋的珊瑚礁中。

在观赏鱼领域中，大多数隆头鱼的名字中带龙或狐，如黄龙、青龙、双印龙、红龙、三色狐等。

长棘毛唇隆头鱼的体色与体形极富变化，因性别和年龄的不同，体色与体形也不同。

❖ 长棘毛唇隆头鱼

隆头鱼是鲈形目、隆头鱼科鱼类的统称，目前已知的超过600种，被划分为80个属，是非常大的种类，它们主要分布于热带与亚热带之间的岩石或珊瑚礁多的浅海地区。

隆头鱼的特点

大多数隆头鱼的身体呈长形，比较纤细，且体长相差很大，大的超过1米，小的不足10厘米，其共同特征是：唇厚、鳞大，背鳍与臀鳍均长，颚前部一般有突出的大犬齿。大多数隆头鱼是肉食动物，除了捕食鱼类之外，还会捕食各种无脊椎动物，包括许多有毒

幼鱼

雄鱼

幼鱼　雌鱼

和有棘刺的动物，如海胆、棘冠海星、硬鳞鱼、海兔等，也有一些品种不会伤害无脊椎动物。

　　有些小型的隆头鱼，如裂唇鱼属的一些品种以及普提鱼属的幼鱼，它们不能像其他隆头鱼那样靠锋利的牙齿去捕猎，不过它们有自己独特的生存技能，那就是为大型鱼类服务——做清洁，帮大型鱼类剔除牙齿上的食物残留或身上的寄生虫。

雄鱼

❖ 异鳍拟盔鱼

雄鱼是家族首领

　　隆头鱼和神仙鱼一样，随着成长，会先雌性，然后变为雄性，体色也会随着变性而改变。隆头鱼是生活在岩石或珊瑚礁底层的居民，大部分都很长寿，而且生长缓慢。因此，通过它们的体格和身上的花纹差异就能判别它们的年龄和雌雄。

红头黑间狐的体色与体形变化没有其他隆头鱼大，其幼鱼即有了成鱼的大致外貌，长至雌性时已经接近雄性外貌了，只是雄性的体色更加艳丽，头部更红。

❖ 红头黑间狐

隆头鱼白天捕食、夜间休息。在夜间，有的能分泌一层膜状物包裹自己睡在沙中，有的睡在石头的夹缝中。

隆头鱼在自然环境中喜欢出没于岩石或珊瑚礁区，因此饲养在水族箱时需要给它们准备岩石造景和厚厚的沙床，以便它们躲藏和睡眠。

幼鱼

雄鱼

❖ 猪隆头鱼

❖ 三带颈鳍鱼

隆头鱼喜欢在自己的领地附近快速游动，因此，饲养在水族箱中时，需要考虑较大、可以满足它们游动需求的空间。

比较著名或有价值的隆头鱼种类有：大隆头鱼，大西洋西部产的食用种，重达7千克左右；新月锦鱼，印度洋一太平洋种，体色绿色、红色、淡紫色；布谷隆头鱼，大西洋东部和地中海种，雄鱼体色为蓝色、橙黄色，雌鱼体色为橙黄色或淡红色；蚝隆头鱼，大西洋西部的普通食用鱼类，最大的约90厘米长，重约10千克。

❖ 蔷薇颈鳍鱼

通常情况下，雄性隆头鱼作为首领，会保护它周围的雌鱼和幼鱼，常见一条雄性隆头鱼带领几条雌鱼一起生活，而且雌鱼也有地位高低，一旦雄鱼死亡或者离开，地位最高的雌鱼就会变性为雄鱼，同时接管这个家族的其他雌鱼。

水族箱中的配角

大部分隆头鱼可以作为经济食用鱼类，其中有一半左右的品种有观赏价值，而在水族市场上常见的品种也就五六十种，而且它们的观赏价值与雀鲷、倒吊鱼和神仙鱼等相比略逊一筹。因此，隆头鱼大多时候是作为水族箱中的配角饲养。

隆头鱼通常都非常耐寒，大多数种类脾气温和，可以和水族箱中的其他生物和平共处。然而，有些隆头鱼却脾气暴躁，不合群；有些隆头鱼在幼鱼时期脾气温和，长大后却无法和其他鱼类混养。因此，不建议将超过20厘米长的隆头鱼和小型观赏鱼一起饲养，因为它们有可能攻击小型观赏鱼。

隆头鱼虽然不是水族箱的主角，但是它们在水族箱的作用不容忽视，它们可以将水族箱点缀得更美。

拿破仑鱼

拿破仑鱼是世界上最大的珊瑚鱼类，成年后全身铁蓝色，并长出突出的嘴唇，其高凸的额头犹如拿破仑的帽子，因而被英国人戏称为拿破仑鱼。

拿破仑鱼又被称作曲纹唇鱼、龙王鲷，还因眼睛后方两道状如眉毛的条纹而被称为苏眉鱼，主要分布于太平洋海域。

只有少部分有机会长成雄鱼

拿破仑鱼的幼鱼身体呈深蓝色，头部和腹部色淡，有许多朱红色的细纹，身体的鳞片末缘具有紫色横纹。成鱼体长可达 1 米左右，最大的可达 2 米以上，身体上的斑纹明显，色彩艳丽，并且每条拿破仑鱼的面部都具有独特的花纹，这些花纹从眼睛处向外辐射，如人类的指纹一样。

拿破仑鱼雌雄同体，先雌后雄，然而，只有少部分拿破仑鱼有机会变成雄性，大部分拿破仑鱼一辈子都是雌性，因为在同一族中只能有一条首领雄鱼，只有等首领雄鱼死去或者离群，较大的雌鱼才有机会变成雄鱼。

首领雄鱼往往会巡视自己的领地，不让其他拿破仑鱼或者鱼群靠近，一旦有入侵者，它们会奋力驱赶，打败入侵者并占领它的配偶，或者被入侵者打败，自己的配偶被掠夺。

天敌少，寿命长，却被列为濒危

拿破仑鱼是隆头鱼中体型最大、寿命最长的珊瑚鱼类，一般可活 30 年以上。它们的天敌很少，自然死亡率较低，曾广泛分布于印度洋和太平洋中，

❖ 拿破仑戴过的帽子

2014 年，在法国枫丹白露市的拍卖会上，一顶拿破仑戴过的帽子拍出了 180 万欧元的高价。

拿破仑鱼性情温和，深受潜水爱好者喜欢，因为它会允许潜水员触摸它。

拿破仑鱼中有一种超雄性拿破仑鱼，它是一群拿破仑鱼的首领，它比所有其他雄性拿破仑鱼都大，有独特的颜色和花纹。

目前，发现最大的拿破仑鱼年龄超过 50 岁，其体长达 2.5 米，重达 191 千克。

拿破仑鱼体型巨大，其最大的特点是厚厚的嘴唇和高高凸起的额头。

❖ 拿破仑鱼突出的嘴唇

❖ 躲入珊瑚礁的拿破仑鱼

拿破仑鱼是最大的珊瑚鱼，但却很胆小，很容易受到惊吓，并会在受惊吓时躲入珊瑚礁。

长期以来一直被当作经济鱼类进行交易。由于拿破仑鱼的肉质鲜嫩，是很有名的美味，随着捕捞，它们的数量越来越少，价格也变得越来越昂贵，然而，昂贵的价格刺激了更多人冒险去捕捉，因此造成拿破仑鱼的种群密度急剧下降，已经不足原来的 1/10，有些地区甚至灭绝了。2004 年，拿破仑鱼被列入世界自然保护联盟濒危物种红色名录，同年 10 月，被列为濒危野生动植物种国际贸易公约（CITES）附录 II 中的保护物种。

拿破仑鱼是隆头鱼家族中的"巨无霸"的标志，因为濒危而成为观赏鱼，不过它因体型巨大、受保护等，在普通私人水族箱中根本不具备饲养条件，只能作为海洋馆或大型水族馆的宠物。

其实，即便不是濒危物种，拿破仑鱼也不适合在水族箱中饲养，水族箱中最常见的隆头鱼品种是丝隆头鱼属、副唇鱼属、普提鱼属、似虹锦鱼属以及大咽齿鱼属等品种，它们大部分都是体型娇小、色彩艳丽的珊瑚鱼品种。

"拿破仑鱼"是英国人的戏称

1799 年 11 月 9 日，拿破仑发动军事政变，掌握了法国的军政大权，准备统兵进攻英国，拿破仑的举动使英国人很不安，从此，头戴帽子的拿破仑的形象成为英国人的眼中钉，而大型苏眉鱼因高高隆起的额头，颇像拿破仑戴的帽子，所以被英国人戏称为"拿破仑鱼"，凡有捕获拿破仑鱼的渔民都会大声叫卖"拿破仑"，这为当时英法之间一触即发的局势增添了几许幽默感。

❖ 油画中的拿破仑

丝隆头鱼

丝隆头鱼体型娇小，身体上有许多深浅不同的红色，是隆头鱼家族在观赏鱼领域中关注度最高的一个类属。

丝隆头鱼常被以"仙女龙、龙、鹦鹉"命名。在自然环境中，它们通常栖息在珊瑚礁及岩礁区海域。

缎带仙女龙

缎带仙女龙又名玫纹丝鳍鹦鲷、玫纹丝隆头鱼，属于丝隆头鱼属，分布于中西太平洋的新喀里多尼亚海域。

缎带仙女龙的最大体长可达 11 厘米，雌鱼身体为粉色，尾巴较长，雄鱼的体色比雌鱼的略深，腹部为微粉色，背鳍和腹鳍皆是黄色，且腹鳍上有黑色斑点和蓝色边缘，尾鳍有蓝色花纹，呈菱形，在水中飘逸而行，犹如一位身披缎带的仙女在水中飞舞，因此得名缎带仙女龙。

❖ 缎带仙女龙

❖ 针尾仙女龙（雌鱼）
针尾仙女龙尾鳍上的蓝色只在外缘。

❖ 针尾仙女龙（雄鱼）

❖ 蓝肚仙子龙

缎带仙女龙与尖尾丝隆头鱼很像，而且体色非常接近，仅仅是尾鳍、腹鳍和背鳍的颜色略有不同。

针尾仙女龙

针尾仙女龙又名钻石尾丝隆头鱼、针尾丝隆头鱼、针尾仙女等，其最大体长为10厘米，体形修长，加上尾鳍形状，很像一颗切割完美的钻石。其雄鱼的体色比雌鱼的更加艳丽，雌鱼的体色为单一的橙红色，略有蓝色横纹，而雄鱼的体色则变得更加红，身体上蓝色至紫色的条纹和斑块变得更加清晰。

针尾仙女龙是观赏价值比较高的隆头鱼品种，早在21世纪初，水族市场上一尾上等的针尾仙女龙的售价就高达上千美元。如今，因人工繁殖和捕猎技术的提升，它的价格虽然已经没有以前那么贵了，但是依旧比较昂贵。

蓝肚仙子龙

蓝肚仙子龙又名蓝喉丝隆头鱼、蓝喉丝鳍鹦鲷、蓝喉仙女濑鱼等，其体长一般不超过10厘米，体色以红色为主。

顾名思义，蓝肚仙子龙有一个蓝肚子，实际上，它的蓝色部位在喉部，因此又名蓝喉丝隆头鱼等，在丝隆头鱼属中有蓝色肚子的鱼很多，不过，蓝肚仙子龙的蓝色肚子更大、更蓝。

蓝尾快闪龙
腹鳍为红色，尾鳍为带蓝点的半透明

蓝尾快闪龙

蓝尾快闪龙又名红身丝隆头鱼、红身丝鳍鹦鲷，其体型很小，最大体长仅6厘米，全身上部分为深红色，腹部为白色，背鳍上有蓝色斑点，其中有两个棘特别长，尾鳍呈半透明，布满淡蓝色斑点。

蓝尾快闪龙分布于印度尼西亚的苏门答腊岛及明打威群岛海域，栖息深度为10~30米，通常喜欢在珊瑚礁及岩礁成小群觅食，稍有风吹草动便会迅速逃离，躲入珊瑚丛中，因此得名"快闪龙"。

乔安娜氏丝隆头鱼
腹鳍和尾鳍颜色接近黑色

❖ 蓝尾快闪龙与乔安娜氏丝隆头鱼

蓝尾快闪龙与乔安娜氏丝隆头鱼的长相非常相似，其最明显的区别是腹鳍和尾鳍的颜色不同。

血身丝隆头鱼

血身丝隆头鱼又名血身丝鳍鹦鲷，属于丝隆头鱼属中非常罕见的深海观赏鱼品种，分布于西印度洋水深超过40米的珊瑚礁中。

血身丝隆头鱼的最大体长仅6厘米，雌鱼和雄鱼的体色差别不大，主色调都为粉色，雄鱼的颜色更突出，头部的颜色略深，为橙红色，鳃后方有一块深色（绿色至黑色）的斑纹，

❖ 血身丝隆头鱼

❖ 红身丝隆头鱼

红身丝隆头鱼与血身丝隆头鱼的长相相似，仅体色和红色斑块颜色深浅不同。

在深色斑纹后方有一块不规则的血红色斑纹，非常醒目，因此获名"血身"。

血身丝隆头鱼的个头小，而且非常灵活，稍有惊动便会躲入珊瑚丛中，其捕捞难度非常大，因此，在水族市场上很罕见，在美国的平均售价每尾超过 10 万美元，远比针尾仙女龙昂贵。

厄氏丝隆头鱼

厄氏丝隆头鱼又名厄氏丝鳍鹦鲷，主要产地为帕劳、马绍尔群岛等海域，其数量稀少，在水族市场上的价格虽然不及血身丝隆头鱼那么贵，但也属于隆头鱼家族中的高端观赏鱼之一。

❖ 厄氏丝隆头鱼

❖ 琉球丝隆头鱼

厄氏丝隆头鱼的雌鱼与雄鱼颜色相似，主色调为浅粉色至暗红色，雌鱼的颜色柔和，雄鱼的颜色更丰富，身体上有深色横纹。厄氏丝隆头鱼的体色有别于其他丝隆头鱼相对单一的颜色。因此，它是水族市场上最美丽和最受追捧的深水隆头鱼之一。

品种繁多

丝隆头鱼属中还有红头火焰龙、康氏丝隆头鱼、瓦努阿图丝隆头鱼、汤氏丝隆头鱼等，它们的体色都是艳丽的红色。丝隆头鱼属中除了主色调为红色的品种之外，还有很多其他颜色的品种，如蓝绿色的琉球丝隆头鱼、金色的菱体丝隆头鱼和多彩仙女龙等。

无论主色调是红色，还是其他颜色，丝隆头鱼属的鱼都是世界各地水族爱好者喜爱的品种之一。

丝隆头鱼属的鱼的饲养难度不大，不过，由于它们的身体过于灵巧，几乎每一条鱼都会跳箱这一绝技，稍不注意，它们就会跳出水族箱，躺在地上等死，因此，饲养它们时不可掉以轻心。

❖ 菱体丝隆头鱼

菱体丝隆头鱼身体的整体主色调为蓝色和黄色。全身透着金光，带有蓝色斑点花纹，尾鳍接近菱形。这是一种非常漂亮的隆头鱼。

多彩仙女龙又名艳丽丝隆头鱼、艳丽丝鳍鹦鲷、丽鹦鹉，其体色多彩，而且不同海域捕获的多彩仙女龙体色各异。

❖ 多彩仙女龙

❖ 鲜红副唇鱼

副唇鱼体型都比较小，多分布于大西洋、印度洋和太平洋海域。

鲜红副唇鱼

鲜红副唇鱼主要生活在水深 20~50 米的珊瑚礁海域。鲜红副唇鱼的最大体长为 6 厘米，雌鱼和雄鱼的体色相近，通体呈橘红色，体侧有浅蓝白色的条纹和斑点。背鳍上有红褐色斑纹，还有一根长长的丝状鳍刺在背鳍的中间随波荡漾。尾部为红色，有褐色斑块和宽阔的蓝色边缘，雌雄及不同时期尾部有明显区别，幼鱼和雌性时期尾鳍呈弧形，随着体长增加，尾鳍逐渐变成近菱形。

副唇鱼

大 多 颜 色 都 红 得 惊 艳

副唇鱼是隆头鱼家族中非常适合饲养在水族箱中的鱼类，它们大多颜色红得令人惊艳，非常漂亮。

阿氏副唇鱼

阿氏副唇鱼是新发现的品种，主要生活在印度洋和太平洋水深 20 米左右的珊瑚礁海域。

❖ 阿氏副唇鱼

❖ 仁氏副唇鱼

阿氏副唇鱼与仁氏副唇鱼非常相似，但是仁氏副唇鱼整体颜色红中偏黄。可以通过背鳍和臀鳍的颜色来区分两者，阿氏副唇鱼的颜色更加丰富。另外，仁氏副唇鱼仅产于印度尼西亚的龙布陵岛，而阿氏副唇鱼的产地更广。

❖ 繁殖期的阿氏副唇鱼雄鱼

在繁殖期，阿氏副唇鱼雄鱼的胸鳍后面会出现一个白色斑块，非常醒目。

　　阿氏副唇鱼的最大体长为 5.5 厘米，雌鱼和雄鱼的颜色相似，一般身体前部（包括头部）的颜色为橙色，身体后部的颜色略淡，呈红色或紫红色，胸鳍半透明，背鳍和腹鳍的颜色为丰富的红色和黄色，尾部的颜色为紫色和红色，全身由深红色和橙色等色块混搭在一起，颜色非常绚丽。

红尾副唇鱼

　　红尾副唇鱼主要生活在 15~46 米深的珊瑚礁海域。

❖ 红尾副唇鱼

❖ **大斑副唇鱼**

大斑副唇鱼的最大体长仅 5 厘米，体色虽然和副唇鱼属中其他品种的鱼类不同，但是因为其娇小的身材，同样被水族爱好者喜爱。

红尾副唇鱼的最大体长为 6 厘米，雌鱼和雄鱼的颜色相近，身体的主色调以橘红色至淡黄色为主，身体两侧有 3 道红中带蓝的条纹，臀鳍、背鳍、尾鳍的颜色为红色和黄色，背鳍上面有一根红色软线，在水中游泳时，颜色非常张扬。

品种繁多

副唇鱼属的鱼体型娇小、饲养难度中等，是隆头鱼家族中非常适合饲养的观赏鱼品种，其大部分品种的体色的主色调以红色为主，但是也有个别品种比较另类，如大斑副唇鱼，它的体色以橙黄色和蓝色为主，配以红色点缀。

❖ **大斑副唇鱼与其他鱼的杂交品种**

此外，副唇鱼家族一直不断有新的品种被发现，而且本属之间杂交品种繁多，每个单品都各具特色，因此，在观赏鱼市场中占有一席之地。同时，也因为品类繁多，使本属很多品种之间很难区分。

普提鱼

　　菩提鱼和很多观赏鱼一样，随着从幼鱼到雌鱼再到雄鱼，体色不断发生变化。其成鱼大多是凶猛的捕猎者，幼鱼时却非常乖巧，是"鱼医生"，靠帮助大型鱼类清理寄生虫生存。

雌鱼

　　普提鱼主要分布于印度洋非洲东岸至太平洋中部的岩礁底质、沙砾底质、岩礁海岸附近，我国多见于南海。它们是隆头鱼家族中最著名的捕猎者，大部分种类都有两对用于撕裂猎物的大犬牙，仅少部分种类和一些亚种适合在水族箱中饲养，并与其他观赏类隆头鱼一样，常伴有"龙、狐、狐鲷"的雅号。

雄鱼

❖ 燕尾狐鲷

燕尾狐鲷：像燕子尾巴

　　燕尾狐鲷又名燕尾鹦哥、似花普提鱼、燕尾龙，雄鱼体长为 21 厘米，身体前半部分为橙红色，后半部分为白色并带有黑色和橙色不规则斑点，尾巴像燕子的尾巴一样分叉并呈黑色，因此被称为燕尾狐鲷、燕尾鹦哥。

幼鱼 雌鱼

雄鱼

❖ **中胸狐鲷**

中胸狐鲷又名三色龙、中胸普提鱼，雄鱼身体前部为红棕色，后部为淡黄色至白色，前后部连接处有黑色斜纹，很容易与燕尾狐鲷混清，不过其幼鱼和雌鱼与燕尾狐鲷的幼鱼和雌鱼区别很大。中胸狐鲷幼鱼的身体并不透明，体色为棕褐色，上面有大小不等的黄色斑块。另外，中胸狐鲷的尾巴也并非"燕尾"。

腋斑狐鲷又名朱古力、腋斑普提鱼，雄鱼和燕尾狐鲷相似，体色前后不同，前部为红棕色，后部为白色，不同的是在胸鳍、背鳍、臀鳍处有圆形黑色斑块，背鳍、臀鳍、尾鳍颜色为黄色。腋斑狐鲷的幼鱼、雌鱼与中胸狐鲷很相似，体色呈棕色，身体上分布着白色斑块。

❖ **腋斑狐鲷**

燕尾狐鲷雌鱼在外观花纹分布上大致与雄鱼相同，幼鱼身体略透明，身体前部为浅橙色，随着成长，身体颜色会逐渐加深，前部的橙色会变大，"燕尾"的颜色也会由灰色逐渐变为橙色并变成雌鱼。随着体色加深，"燕尾"变黑，最后变成成鱼。

红薄荷龙：最常见的隆头鱼品种

红薄荷龙又被称为乌尾普提鱼、乌尾狐鲷等，其体长为18厘米，成鱼身上有红白相间的横条纹，幼鱼身上有深褐色

幼鱼

雌鱼

幼鱼 成鱼

❖ 红薄荷龙

与白色相间的横条纹，随着成长，深褐色会逐渐变成红色，整体看上去非常秀气。它和同属的本氏普提鱼、益田普提鱼、新盖普提鱼、红糖果狐等的外观很相似，都是水族箱中最常见的隆头鱼品种之一。

大型品种

在普提鱼属中，除了燕尾狐鲷、红薄荷龙等体长小于 30 厘米的品种外，还有很多体型较大的品种，如带纹普提鱼（75 厘米）、埃氏普提鱼（60 厘米）等，它们最显著的特点是成鱼的额头凸出，很像拿破仑鱼。

还有一些体型较大的普提鱼的额头并不凸出，如赤红龙（80 厘米）等，仅是体型大，额头并不凸出；西非金头龙（50 厘米），头部相对身体很大，额头也并不凸出。

❖ 红薄荷龙的相似品种

红糖果狐
腹部无斑纹

新盖普提鱼
腹部有红斑纹，尾鳍和股鳍边缘相较其他相似的普提鱼更透明

益田普提鱼
腹部有棕红色斑纹，身体上浅色纹为浅黄色

133

❖ 埃氏普提鱼

埃氏普提鱼体色多变，而且随着年龄增长，体色变化很大，呈棕色、黑色、红色或橙色，甚至有少部分会变成全黑色。额头凸出。

❖ 带纹普提鱼

带纹普提鱼的体色为红色，身体中部有一条垂直黄色带（也有一些成体垂直黄色带不明显或者没有），胸鳍末梢为黑色。其幼体体色为土黄色，身体上有两条黄色横线，随着成长，体色会逐渐变成红色，黄色横线会逐渐消失。额头凸出。

❖ 赤红龙

赤红龙身体的主色调为红色，腹部为橙红色，身体上布有不规则白色斑点花纹，背鳍前端有一些蓝色斑点。额头不凸出。

普提鱼家族中的鱼类大部分对珊瑚并无伤害，但是有部分品种的普提鱼成年后会啃食珊瑚。有一些种类的普提鱼幼鱼可以多条一起饲养，它们能和平相处，但是等它们彼此熟悉后就会互相攻击，最后只剩下一条。

❖ 西非金头龙

西非金头龙的身体主色调为灰褐色，身体前部颜色为灰褐色至深棕色，头大，额头不凸出。

幼鱼　雄鱼

❖ 蓝点大咽齿鱼

蓝点大咽齿鱼的体长为 10 厘米左右，幼鱼体色为混沌迷彩色，成鱼身体的主色调为褐色，布满淡蓝色斑点，头部为黄色，尾鳍为半透明白色。

大咽齿鱼

身 上 遍 布 豹 纹 般 的 斑 纹

大咽齿鱼的体色比较绚丽，身上的斑纹颇似豹纹，在水族圈内常被称为"豹龙"。

大咽齿鱼属于热带隆头鱼，多分布在印度洋和太平洋的岩礁海域。

大咽齿鱼捕猎后，"咀嚼"食物的部位常会在咽喉处，有时还会反刍，以便消化吸收。

用于战斗的牙齿

大咽齿鱼身体上最独特的地方是它的"咽齿"，这种牙齿长在咽下板上，用于"咀嚼"食物。此外，在它的嘴角处还长有一对大牙，这对大牙常用于战斗。

大咽齿鱼的大部分幼鱼体色为迷彩色，成长后逐渐出现明显斑块，有红色、棕色、绿色等豹纹。大咽齿鱼有十几个品种，在水族箱中常见的只有几种，如澳洲豹龙、蓝星珍珠龙和帕氏大咽齿鱼等。

澳洲豹龙

澳洲豹龙又叫乔氏大咽齿鱼、澳洲雪花龙，体长为 11 厘米左右，通体布满白底橙色豹纹，鳃盖后有黄色边缘和黑

幼鱼

成鱼

❖ 澳洲豹龙

幼鱼

雌鱼

雄鱼

❀ 蓝星珍珠龙

雌鱼

雄鱼

❀ 帕氏大咽齿鱼

珠斑大咽齿鱼又被称为朱斑大咽齿鲷、大理石龙等，它比帕氏大咽齿鱼略大，与帕氏大咽齿鱼区别明显，身体有明显的蓝色轮廓，雄鱼面部有"U"形纹路，雌鱼身体纹理更接近豹纹。

❀ 珠斑大咽齿鱼的雌鱼

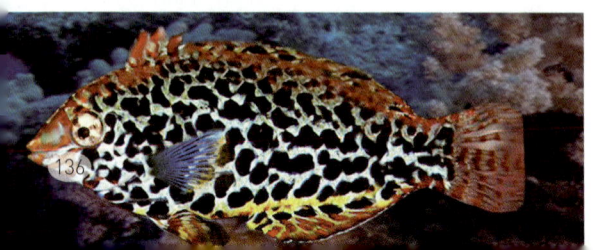

色斑点。澳洲豹龙幼鱼的体色和成鱼的一样，仅橙色斑块的大小数量不同，越长大，豹纹越绚丽。

蓝星珍珠龙

蓝星珍珠龙又名颊带大咽齿鱼、南非雪花龙，体长一般为 10 厘米，雄鱼的长相像五彩青蛙，整体色调为绿色，身体上分布着棕色、褐色和黑色纹理。

蓝星珍珠龙幼鱼的体色为棕白相间的迷彩色，随着成长，体色逐渐转变为雌鱼期的红色，带有淡蓝色和白色斑点，腹部有大块棕色区域，这个时期看上去略有豹纹感。

蓝星珍珠龙可以以雌雄配对的形式单独饲养，也可生活在有很多其他生物的大型海缸中。每天应多次喂养，全天需 3 餐以上的肉食。

帕氏大咽齿鱼

帕氏大咽齿鱼主要产于马克萨斯岛附近的海域，其名字源于马克萨斯岛著名的战士帕可可。

帕氏大咽齿鱼的体型较其他种类的大咽齿鱼小，体长为 7 厘米左右，雄鱼的主色调为绿色，头部有深褐色斑纹，它们的长相也和五彩青蛙很像，身体鳞片为深褐色；雌鱼的主色调为白色，身体上布满褐色斑块，幼鱼体色是褐色和绿色混合的迷彩色。

帕氏大咽齿鱼与珠斑大咽齿鱼非常相似，以至于一直被认为是后者的亚种，然而它们的区别很明显。

猪齿鱼

纪录片《蓝色星球2》播出后，猪齿鱼就被水族饲养者盯上了，其中几种色彩醒目的品种更成为水族箱中的宠儿。

猪齿鱼俗称"四齿仔"，属于隆头鱼大家族的一种鱼类，主要分布于印度洋—太平洋海域。纪录片《蓝色星球2》中播出猪齿鱼的捕猎过程后，人们对这种鱼有了不一样的认知。科学家曾经认为使用工具是人类的一个重要特征，但是万万没想到生活在海底的猪齿鱼竟然也是使用工具的能手，其整个捕猎过程堪称海洋世界中的智者的行为。

❖ 准备叼贝壳的猪齿鱼

这是纪录片《蓝色星球2》中猪齿鱼的捕猎过程。

两对犬齿暴露在嘴外

猪齿鱼的种类颇多，它们最显著的特点是身体呈椭圆形，头部背面轮廓圆凸，头前端与吻部成大倾斜角度，上、下颌突出，前端有两对犬齿暴露在嘴外，好似野猪的獠牙，因此而得名。它们生活在7~80米深的海域，白天觅食，夜晚在岩穴或岩荫处休息。

猪齿鱼属于肉食性动物，以小型底栖无脊椎动物为食，它们有着超越一般鱼类的捕猎水平，因为它们掌握了寻找猎物和使用工具的能力。

猪齿鱼这种使用工具的能力，使它们成为水族箱中的破坏者。它们会捕猎水族箱中的贝类，然后用力甩出，一不小心就会砸碎珊瑚和水族箱中的造景，甚至砸坏水族箱中的净化设备等。因此，它们虽然很特别，还是需要慎养。

隆额猪齿鱼最大体长能达到90厘米，成鱼体色灰中略显粉色或蓝绿色，有白色的下巴，两对犬齿非常明显，额头凸出，既看似呆萌，又显凶猛，属于大型猪齿鱼，一般作为食物被渔民捕捉，也有的作为观赏鱼放在水族箱中饲养，但饲养难度略高。

❖ 隆额猪齿鱼

❖ 粉红猪齿鱼

粉红猪齿鱼的体长为65厘米左右，属于大型猪齿鱼，体色为蓝绿色糅合粉色，鳞片带有醒目的蓝色，腹部为黄色，整体看上去非常漂亮。但因体型略大，一般不被家庭水族爱好者喜爱，它们常被作为水族馆中的观赏鱼。

猪齿鱼与老鼠斑、红斑鱼、苏眉鱼合称为"四大鱼王"，足见其在食客心目中的地位之高。它的肉质不错，皮下有一层胶质，单纯地清蒸就很好吃。

寻找猎物的能力

猪齿鱼最喜欢吃贝壳，而贝壳平时总是将身体埋在海底沙土之中，一般很难被捕猎者发现，不过贝壳这样的保命技能对猪齿鱼没用，猪齿鱼在捕猎时会游荡在海底，耐心观察沙土的变化，只要发现有略凸的沙堆，它们就会吸一口海水，然后朝沙堆用力吐射，将沙土射散，经过多次射水，藏于沙土中的贝壳就会暴露。除此之外，猪齿鱼还会利用嘴搬开一些岩石块和碎珊瑚，寻找藏于其下的猎物。

使用工具的能力

在大多数情况下，藏在海底沙土中的贝壳即便被捕猎者发现，也会因为其厚厚的壳而使捕猎者束手无策，无从下口，不过遇到猪齿鱼后这招就没用了。猪齿鱼发现贝壳后，会第一时间用其暴露在嘴外的两对犬齿咬贝壳，如果无法咬碎，猪齿鱼就会叼起贝壳，甩动鱼头，将贝壳狠狠地砸向岩石，用不了几下，贝壳便会被岩石砸碎，猪齿鱼这种利用岩石砸贝壳的能力，使它成为海洋中少有的能利用工具捕猎的生物。

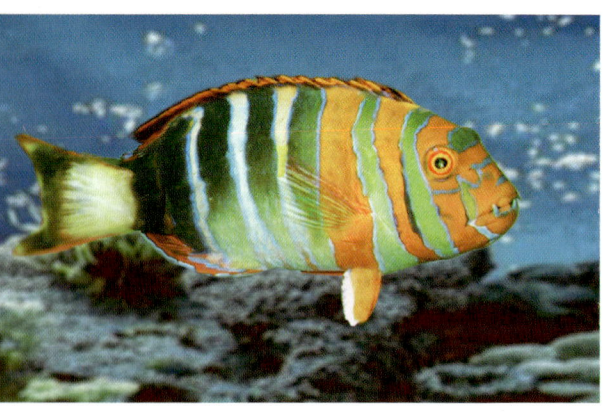

❖ 七带猪齿鱼

蓝猪齿鱼生活在0~50米深的海域。
❖ 蓝猪齿鱼

七带猪齿鱼

七带猪齿鱼又名番王，体长为30厘米左右，成鱼身体上交替分布着红色、蓝色、白色和黑色竖纹，胸鳍略呈黄色透明，两对犬齿暴露在嘴外，好似一只怪兽披着彩色伪装。

七带猪齿鱼幼鱼的背鳍和腹鳍末梢各有一个黑色圆斑，全身有宽而白的白色竖纹，随着成长，白色竖纹会变窄并逐渐被其他颜色替代，背鳍和腹鳍末梢的黑色斑块逐渐消失。

七带猪齿鱼生活在水深 5~35 米的珊瑚礁海域，它是猪齿鱼中最漂亮的，也是猪齿鱼中最受欢迎的品种之一。

蓝猪齿鱼

蓝猪齿鱼得名于鳞片边缘的蓝色，这些有蓝色边缘的鳞片会随着成长变得更蓝。

蓝猪齿鱼成鱼的体长为 24 厘米左右，成鱼与幼鱼的体色相差不大，仅会随着成长而加深。它们的全身体色为褐色，脑袋后方有一道黑色斜纹，由背鳍向胸鳍贯穿，在黑色斜纹一侧有一个白色斑块，非常醒目，这也是蓝猪齿鱼的标志。

蓝猪齿鱼平时在水族箱中像一个老者，很安静，在捕食时才会变得凶猛。

乔氏猪齿鱼

乔氏猪齿鱼比其他猪齿鱼略小，体长仅 15 厘米左右，它们只生活在水深 30 米以上的海域，比其他猪齿鱼生活的环境的水深要浅。

乔氏猪齿鱼的体形略显修长，全身主色调为灰色，在灰色上覆盖有一道黄色横条纹，向后方慢慢过渡成黑色，停止在椭圆形的白色斑块处。

乔氏猪齿鱼的两对犬齿并不那么突出，其整体形象是猪齿鱼家族中最秀气的，因此是水族箱中比较常见的猪齿鱼观赏品种之一。

❖ 猪齿鱼搬碎珊瑚

猪齿鱼砸贝壳的技巧虽然高超，但一不小心就会将牙磕断，因此，很多猪齿鱼的牙齿都不太完整。

猪齿鱼为杂食性鱼类，其食物包括藻类、浮游生物、小型底栖动物、桡足类和小型贝类，人工养殖时可投喂颗粒饲料或青料。

❖ 乔氏猪齿鱼

雌鱼　雄鱼

❖ 蓝线紫胸鱼

蓝线紫胸鱼主要生活在水深20米以上的珊瑚礁及潟湖水域，成体体长很少超过14厘米。雄鱼与其他紫胸鱼非常相似，雌鱼背部鳞片密集，胸部和腹部鳞片宽大，看上去非常漂亮。

紫胸鱼

漂 亮 却 不 易 饲 养

紫胸鱼外表灵动，颜色独特，具有满满的科技感，是水族爱好者喜爱的品种之一。

❖ 虹纹紫胸鱼

虹纹紫胸鱼的成体体长很少超过15厘米，主要生活于珊瑚礁及潟湖超过15米深的水域。

黑星紫胸鱼的成体体长很少超过15厘米，主要生活于水深30米以上的珊瑚礁及潟湖水域。

❖ 黑星紫胸鱼

紫胸鱼的品种不多，加上杂交的品种也就十几种，常见的有蓝线紫胸鱼、三线紫胸鱼、圈紫胸鱼、黑星紫胸鱼、虹纹紫胸鱼等。其体型都较小，体长一般在15厘米以下，雄鱼期非常漂亮，大部分品种的全身主色调为橄榄色、绿色或灰绿色等，体侧有明显醒目的浅色横纹，勾勒出有科技感的线条，因胸部有淡淡的紫色而得名。

紫胸鱼通常栖息于近海浅海珊瑚礁以及潟湖中，其性情活泼、好动，看上去外表灵动，十分讨人喜爱，因此成为观赏鱼大家庭中的一员，然而它们却不太适合个人饲养，因为它们需要较大的活动空间，一般只能在水族馆和海洋馆内看到它们的踪迹。

裂唇鱼

混成"清洁工"的"鱼医生"

裂唇鱼是海洋"鱼医生"的代表，它们俏丽秀美，体色艳丽夺目，可以和其他鱼保持良好的关系，所以成为水族箱中的一员。别看它们在水族箱中常常无所事事，成天靠清理垃圾混日子，它们在海洋中可是个"大忙人"。

提到隆头鱼，大家最先想到的应该是额头凸起的拿破仑鱼，谁都不会想到裂唇鱼也是隆头鱼家族中的成员之一。裂唇鱼的种类不多，它们身体修长，体长为5~14厘米，在水族爱好者口中常被称为各种"飘飘"，它们终生辛勤地为病鱼"义务看病"，因此又被叫作"鱼大夫""鱼医生"。

❖ 霓虹飘飘

霓虹飘飘在水族箱中的饲养环境为水温 18~34℃，如果水温低于18℃，它们的健康就会出现问题。

❖ 霓虹飘飘大家庭

奇特的大家庭

裂唇鱼是隆头鱼家族中最典型的"一雄多雌"制，而且一条雄鱼的所有配偶都不能离开雄鱼活动的"鱼医院"周围。有时一条雄飘飘后面会跟五六条雌鱼，它们排成长列，而且这些雌鱼排列的先后次序有严格的等级次序。

离雄鱼最近的那一条雌鱼的地位最高，如果雄鱼不幸死亡，这条地位最高的雌鱼就会在几天内长出雄性生殖器变成雄性，成为这群鱼的"丈夫"，而其他的雌鱼则会依次成为它的配偶。

❖ 库克群岛彩虹飘飘

金飘飘

夏威夷彩虹飘飘

❖ 金飘飘与夏威夷彩虹飘飘

金飘飘比夏威夷彩虹飘飘略小，比库克群岛彩虹飘飘略大，体长大约为10厘米，在自然环境中生活在水深2~30米、有大量珊瑚的海域或者水质清澈的潟湖中。

裂唇鱼在自然环境中喜欢生活在洞穴或者洞穴周围，而在人工环境下，它们大多不轻易吃人工鱼粮，在鱼缸里它们一般会捕食其他小虫子，因此鱼缸越大越容易饲养。

❖ 双色飘飘

裂唇鱼大家庭

最常见的裂唇鱼有库克群岛彩虹飘飘、夏威夷彩虹飘飘、霓虹飘飘、双色飘飘、金飘飘等，其中霓虹飘飘最常见，在观赏鱼圈内最有名，而且它是所有裂唇鱼的代表，医术高明。

库克群岛彩虹飘飘的体型最小，仅有9厘米长，体色如幻彩，非常漂亮，但是这种裂唇鱼很难饲养，它们需要的空间比较大，一般仅在水族馆中可以见到。

夏威夷彩虹飘飘和金飘飘非常相似，它们的身体前半部及头部主色为黄色，后半部为蓝紫色至紫色，身体中间有一道横向黑色纹，饲养难度比较大，需要大水族箱饲养。

双色飘飘雄鱼的整体主色调为深蓝色，身体后部为金黄色，尾部末梢为黑色，它是裂唇鱼家族中最没有存在感的。

拥有私人"医院"的家庭

无论是哪个裂唇鱼品种，它们都是独行客，或者"一家子"一起在大约10米深的珊瑚礁、突兀岩或水道中开设私人"鱼医院"，虽然同一个区域有很多家裂唇鱼开设的私人"鱼医院"，但是彼此之间很少有"业务交流"。

裂唇鱼无须任何药物和器械，只凭尖嘴就可以帮助各种大鱼清理伤口上的坏死组织和致病的微生物，以及口腔中的残留物，而这些被"清除"的污物就是裂唇鱼的报酬，也是它们赖以生存的食物。

❖ 忙碌中的霓虹飘飘

有条不紊地依次看病

裂唇鱼开设的"鱼医院"中常有许多大鱼列队"候诊"，裂唇鱼会有条不紊地依次"看诊"。海洋世界中的生存法则是大鱼吃小鱼，凶鱼吃善鱼，在"鱼医院"中这种法则都被暂时搁置，几乎所有的鱼在这里都有尊有让，即便是海中霸王鲨鱼，在裂唇鱼眼中也只是一个普通的病人，鲨鱼也只能安静地在"鱼医院"门口排队，耐心等待"鱼医生"将前面的"病人"送走。

"就诊"的鱼在轮到自己时都会主动头朝下，尾巴朝上，笔直地悬浮在水中，等待"鱼医生"清除身体上的微生物、寄生虫或伤口。如果是口腔不舒服，那么只需要张大嘴，"鱼医生"就会钻进嘴里去，帮助它们剔除牙齿上的残留物，认真地清理口腔。清洁、治疗完后，大鱼便可舒舒服服地游走，轮到后面排队的鱼看病。

裂唇鱼总是有求必应，耐心地为"患者"服务，一天之内，一条"鱼医生"可为300~500多个"患者"解除病痛。

排队就医时难免会发生拥挤和争执的场面，不过裂唇鱼从不性急，总是会不慌不忙、用心地工作着。如果排队的场面混乱到不可控制，裂唇鱼就会愤怒地离开"鱼医院"，躲到清静的地方，每当这时，病鱼们就会将"鱼医生"围住，不让它离开，然后"鱼医生"会重新开始治病工作，病鱼们自动地依次看病。

❖ 治疗病鱼的霓虹飘飘

无所事事的"鱼医生"

裂唇鱼不会攻击"病人"，

❖ 给海龟治病的霓虹飘飘

虽然裂唇鱼会清理鱼缸玻璃和藻类，但是鱼缸的清洁还是需要人去清理，如要定时更换水族箱的水等。

霓虹飘飘因在鱼群中有良好的口碑而不会遭到大鱼的攻击，所以三带盾齿䲁会模仿其形态，甚至连身上的纹路也几乎和霓虹飘飘一模一样，可以说是完美复制，不光人类分不清楚，一般的鱼类也无法分辨，三带盾齿䲁凭此不仅可避免遭受大鱼的攻击，还可借亲近其他鱼类时趁机偷袭。

❖ 与霓虹飘飘几乎一模一样的三带盾齿䲁

也不用担心被"病人"袭击，天长日久，在海洋中形成了一种奇特的相互依存的共生现象。然而，在水族箱中，因为缺少了大型鱼类，裂唇鱼整天显得无所事事。它们找不到"病人"请它们看病，因此，为了消磨时光，它们会像给"病人"治疗一样，清理水族箱玻璃上生长的藻类、水面上漂浮的投食碎粒，甚至其他鱼类的粪便，裂唇鱼的嘴像吸尘器一样，能把水族箱中的污垢统统吸到肚子里，使水族箱变得更加明亮透彻。

饲养裂唇鱼时应确保水族箱有盖或防跳网，应将它们和一定数量能让其清洁的鱼混养。它们会吃切碎的海虾、活的黑蠕虫，每天应至少喂3次。

很多鱼在接受治疗时，体色会改变，如由浅色变为红色，或由银色变成古铜色。有人觉得这是"医患"之间在交流，"病人"在告诉"医生"哪里不舒服，但是没有科学合理的解释。

湿鹦鲷

形 如 一 团 燃 烧 的 火 焰

湿鹦鲷的体型小巧，颜色似火，游动迅速，在水族箱中如同点点火焰在飘摇，是一类比较受欢迎的隆头鱼。

湿鹦鲷是隆头鱼家族中一个很小的种类，它因体色火红、背鳍张开时像箭手背着的箭囊而被称为"箭龙"。湿鹦鲷的体型很小，体长一般为4~9厘米，常见的品种有金带箭龙、烈焰箭龙、头盔箭龙等。湿鹦鲷的背鳍末端长有"伪眼"（大黑块），幼鱼时期的颜色偏黄色，随着成长，颜色会越来越红，体侧的白色竖纹也会越来越明显。

人工饲养时，建议使用200升以上的水族箱，湿鹦鲷的食性较杂，可投喂浮游生物、无脊椎动物、底栖动物、糠虾和丰年虾。

❖ 金带箭龙

金带箭龙又名黑鳍湿鹦鲷，最大体长不超过8厘米，自然环境中通常生活在水深30米以上的珊瑚礁及潟湖，最深可达42米。

❖ 头盔箭龙

头盔箭龙又名白条湿鹦鲷，最大体长不超过6厘米，自然环境中生活在水深36米以上的珊瑚礁及潟湖。

❖ 烈焰箭龙

烈焰箭龙又名田中氏湿鹦鲷，最大体长不超过5厘米，自然环境中生活在水深30米以上的珊瑚礁及潟湖。

阿南鱼

阿南鱼天生胆小，喜欢躲藏在珊瑚礁石间，因体色漂亮而成为隆头鱼家族中有名的观赏鱼品种之一。

❖ 青斑阿南鱼

青斑阿南鱼是阿南鱼家族中的成员之一，它最大的特点是鳞片在海水中会发出冷冷的荧光，非常漂亮。

❖ 阿南鱼

❖ 繁殖期的阴阿南鱼雄鱼

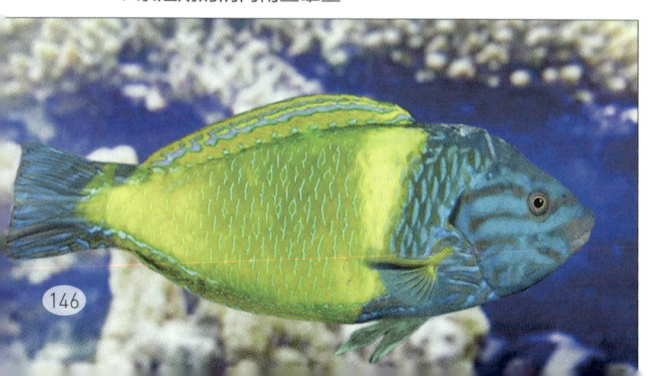

阿南鱼是隆头鱼科阿南鱼属中鱼类的统称，包括阴阿南鱼、乌尾阿南鱼、线纹阿南鱼、双斑阿南鱼、美丽阿南鱼和黄尾珍珠龙等。阿南鱼喜欢生活在3~60米水深的珊瑚礁或潟湖，属于小型观赏型隆头鱼品种。在水族箱中，它们喜欢躲在珊瑚礁石中，或将身体埋入箱底的沙石中，常常让人找不到它们的踪迹。

阿南鱼的身体侧扁、口小、唇稍厚，上、下颌前方各有一对向前伸出的门状齿，体覆大或中大鳞，头部眼前无鳞。它们成长的每个时期都非常漂亮，大部分品种的雄鱼在繁殖期会改变体色来吸引雌鱼，其中最具代表性的就是阴阿南鱼。

阴阿南鱼

阴阿南鱼又名蓝纹狐、蓝带阿南鱼，体长为20厘米左右，喜欢生活在10~30米深的水域。

雌鱼　雄鱼

❖ 阴阿南鱼

幼鱼　雄鱼

❖ 乌尾阿南鱼

　　阴阿南鱼幼鱼的整体体色为橙色和黄色，身体上有断断续续的蓝色横纹，和雌鱼很相似，雌鱼比幼鱼的颜色更加鲜艳，是水族箱中最醒目的品种之一。

　　阴阿南鱼雄鱼的颜色比雌鱼的深，整体接近褐色，身体上的线条对比更加明显。在交配时，身体的颜色变化非常明显，除了头部外，身体的其他部位几乎变成接近灿烂的黄色，头部的蓝色条纹也变得更加亮丽。

乌尾阿南鱼

　　乌尾阿南鱼又名尾斑阿南鱼，体长不超过 12 厘米，喜欢生活在水深 15~40 米的海域，幼鱼时期身体布满黄色花纹，而且不同时期的幼鱼的体色不同；雌鱼期整体体色为深棕色至暗红色，全身布满白色至淡蓝色的小圆点，尾巴前端为黄色。雄鱼的颜色比雌鱼的更深、更醒目，在繁殖期，雄鱼身上的颜色会变得更加艳丽夺目。

幼鱼 | 雄鱼

❖ 线纹阿南鱼

幼鱼 | 雄鱼

❖ 双斑阿南鱼

线纹阿南鱼

　　线纹阿南鱼幼鱼与乌尾阿南鱼幼鱼的体形非常接近，身体上布满黄色花纹，随着成长，黄色花纹会逐渐消失，变成满身的白点，继而这些白点又连成白线，成鱼后，雌鱼和雄鱼的体色相仿，主色调为褐色，身体布满亮白色至浅黄色的线条，头部有较粗短的线条和圆点，眼睛带有红色花纹，尾鳍前半部为白色，后半部为深蓝色至黑色。

　　线纹阿南鱼的体长一般不超过 13 厘米，雄鱼在繁殖期会改变体色。

双斑阿南鱼

　　双斑阿南鱼又名星阿南鱼、黄胸鹦鲷，体长一般不超过30 厘米，雄鱼和雌鱼的外观比较接近，主色调均为褐色，腹部均有一块黄色区域，身体鳞片均有蓝色斑点。

　　双斑阿南鱼幼鱼的体色为浅黄色至橄榄色，身体布满浅亮色斑点，背鳍和臀鳍末梢有"伪眼"一样的斑点，这些斑点伴随双斑阿南鱼的一生。

人工饲养阿南鱼时，应使用350 升以上的水族箱，并提供足够的活石供其躲藏和寻找食物，幼鱼可以成群饲养，但成鱼会彼此攻击。它们会吃管虫、观赏虾和蛤类，不要和无脊椎动物混养。

雌鱼　雄鱼

❖ 黄尾珍珠龙

美丽阿南鱼

　　美丽阿南鱼和它的名字一样，是阿南鱼中最漂亮的品种，其体长不超过30厘米，一道黄色横纹贯穿雄鱼身体，横纹上部为黄褐色，下部为蓝色，眼睛后方有一个深褐色色块，尾巴为黄色。

　　美丽阿南鱼雌鱼的身体两侧有浅金色的横纹，背部的每块鳞片都有一个蓝色斑点，腹部和下巴的颜色为浅黄色或白色。

　　美丽阿南鱼幼鱼的背鳍长有"伪眼"式的圆圈图案，成鱼后逐渐消失。

❖ 美丽阿南鱼

美丽阿南鱼与其他阿南鱼不同，其雄鱼身体上的颜色和图案虽然很单调，但是非常漂亮，比雌鱼和幼鱼时期更有观赏价值。

黄尾珍珠龙

　　黄尾珍珠龙又名北斗阿南鱼、黄尾阿南鱼，其最大体长为27厘米，幼鱼和雌鱼时期与双斑阿南鱼一样，背鳍和臀鳍末梢有"伪眼"一样的斑点，长成雄鱼后"伪眼"逐渐消失。

　　黄尾珍珠龙在雌鱼时期的主色调为深褐色，全身布满白色至浅蓝色的圆点，尾巴为黄色，此品种也因此而得名。其长成雄鱼后，尾巴上的黄色会消失，变为浅蓝色。

　　阿南鱼中以尾巴的颜色命名的品种很多，除了黄尾珍珠龙外，还有红尾珍珠龙等。

美丽阿南鱼虽然不取食珊瑚，但翻找食物时会影响到珊瑚，因此不建议在珊瑚缸中饲养。美丽阿南鱼雄鱼有一定攻击性和领地意识，一条雄鱼带几条雌鱼一起生活。

海猪鱼是隆头鱼家族中的一大类，品种众多，它们大多生活在印度—西太平洋的热带水域，少部分生活在东太平洋和大西洋的稍冷水域，主要栖息于沿海岩礁和珊瑚海区。

❖ **秀色海猪鱼雄鱼**
秀色海猪鱼雄鱼身体的主色调为绿色，身体上均匀分布横向橙色线条。头部下巴处为蓝色。

新入水族箱的海猪鱼非常警觉，仅在投喂时才会出现，其他大部分时间都会躲在沙堆中。

海猪鱼的体型相对较小，生性害羞，不善争斗，一般在近海1~30米深的珊瑚礁砂床上活动，特别喜欢在海草丛生的底砂上觅食，休息时常停留在岩礁表面，夜晚会潜入海底砂层睡觉，游动时很少会离开岩礁一两米的距离。

部分品种的海猪鱼鱼肉鲜美细嫩，营养丰富，是渔民最爱的经济鱼类。同时，多数品种的海猪鱼都很漂亮，体色鲜艳，具有较高的观赏价值，深受水族爱好者的喜爱。

海猪鱼

绚 丽 多 姿 ， 生 性 害 羞

海猪鱼的种类众多，体色五彩斑斓，绚丽多姿，十分美丽，深受水族爱好者的喜爱。

弗氏海猪鱼雄鱼身体的主色调为绿色并有棕色横纹，身体背部带有几道垂直的绿色短竖纹。
❖ **弗氏海猪鱼雄鱼**

❖ 绿头海猪鱼雄鱼

绿头海猪鱼雄鱼身体的主色调为绿色并有棕色横纹，身体头部的颜色为较鲜明的绿色，有橙色花纹。它与弗氏海猪鱼雄鱼很相似。

❖ 红头海猪鱼雄鱼

红头海猪鱼雄鱼非常容易辨认，其头部有一个鲜红色色块，即便是在光线很暗的海中也很容易被一眼识别。

在水族箱中饲养海猪鱼时，需要在箱底铺上厚厚的底砂，供它们躲藏。海猪鱼不太喜欢人工鱼粮，可投喂冷冻丰年虾和一些新鲜食物等。

波纹海猪鱼雄鱼与黑尾海猪鱼雄鱼很像，身体主色调为棕色并有绿色横纹，线条在后半身呈断断续续的花纹状。头部较绿，腹部颜色较浅。

很多品种的雌鱼与阿南鱼相似

很多品种的海猪鱼雌鱼与阿南鱼很相似，如秀色海猪鱼、弗氏海猪鱼、绿头海猪鱼、红头海猪鱼、黑尾海猪鱼、波纹海猪鱼等，它们的雌鱼的外观与阴阿南鱼的雌鱼非常相似，整体为横向橙色和蓝色条纹相间。这些鱼的雄鱼的大小也相仿，体长为9~12厘米，但是外形和色彩却相差很大。

多彩的花纹

海猪鱼中的很多品种都带有隆头鱼各属各科的形态特征，除此之外，绚丽多彩的花纹和色彩也是它们的一大特色，如单孔海猪鱼、无色海猪鱼、小岛海猪鱼、宝石海猪鱼等，都因体色丰富而成为水族箱中不可多得的观赏鱼。

单孔海猪鱼成鱼的体长为18厘米左右，其体色和体形都和副唇鱼的某些品种相似，体色以红色、棕色、粉色为主，

黑尾海猪鱼又名黄斑海猪鱼、橙线龙、花猪龙、条纹龙、尾斑龙、橙八线龙，其雄鱼与波纹海猪鱼雄鱼很像，身体主色调为棕色并有绿色横纹，身体前部较绿，头部及身体有棕色斑纹。雌鱼与雄鱼体色相似。

❖ 黑尾海猪鱼雄鱼

幼鱼

雄鱼

❖ 单孔海猪鱼

幼鱼

雄鱼

❖ 无色海猪鱼

海猪鱼的体型大多比较小，在水族箱中显得十分"羞涩"，一般放入新环境后3~4天都躲在岩石缝中，即使出来游动，一旦发现有人就会躲入洞穴。必须训导它们开口吃东西，期间不要在水族箱中捞鱼或取石头。如果放养在没有岩石的水族箱中，它们可能经常平躺在水底，处于紧迫状态，不容易接受任何饵料。

整体红得绚丽，幼鱼时体侧有浅粉色的横纹，成鱼的横纹逐渐减弱，体侧会多出很多蓝点，非常具有观赏性。

无色海猪鱼成鱼的体长为13厘米左右，其身体上布满黑色、褐色、棕色、橙色、红色等花斑，腹部为黄色，头部为绿色，色彩非常丰富。而幼鱼的体色却非常单一，为黑白相间的迷彩色。

小岛海猪鱼的体型非常小，体长只有5厘米左右，但是体色非常丰富，幼鱼的主色调为浅棕色，随着成长，体色逐渐变成深棕色（雌鱼），最后变成雄鱼时，体色变成棕褐色，头部为黄色，身体后部分为蓝绿色，腹部为粉色至白色，尾鳍为黄色，整体散发金属光泽。

宝石海猪鱼的体长为12厘米左右，全身布满褐色、棕色、白色、红色的迷彩纹理。

❖ 小岛海猪鱼

幼鱼

雄鱼

幼鱼　雄鱼

❖ 黄首海猪鱼

黄首海猪鱼又名荧光龙，最大体长
为 19 厘米，雄鱼的身体前部为亮黄色，
非常醒目，黄色后面是黑色粗线条勾勒
蓝绿色体色，腹鳍为粉色，尾鳍为黑色
并带有细蓝色的线条。其幼鱼的主色调
为黄色，身体中间有一道亮蓝色横纹贯
穿，长至雌鱼时期，体色依旧为黄色，
身体中间的亮蓝色横纹逐渐消失。

颜色单一的海猪鱼

除了色彩斑斓的品种之外，海猪鱼
家族中还有许多颜色单一的品种，如黄白
海猪鱼、黄尾海猪鱼、布氏海猪鱼、萨氏
海猪鱼等，它们同样被水族爱好者喜爱。

黄白海猪鱼成鱼的体长为 13 厘米左
右，成鱼的主色为鲜黄色，肚皮为白色，
其幼鱼和雌鱼的体色和雄鱼的体色相近，
仅背鳍和尾柄上多了两个黑色斑点。

布氏海猪鱼成鱼的体长为 13 厘米左
右，成鱼的主色调为绿色，尤其是成群
饲养在水族箱时，满眼绿色，非常壮观。

❖ 萨氏海猪鱼

❖ 宝石海猪鱼

❖ 黄白海猪鱼

黄尾海猪鱼又名金色海猪鱼、黄龙等，其体长、颜色
都和黄白海猪鱼相似。

❖ 布氏海猪鱼

幼鱼　雌鱼

雄鱼

萨氏海猪鱼成鱼的体长为 19 厘米左右，雌鱼与雄鱼的体色均为白色，身体中间有一条线横向贯穿，这条线会随着成长由黄褐色变为棕褐色。

这些海猪鱼的体色虽然并不绚丽多彩，但是单一的色彩却使它们更容易成为水族箱中的配色鱼。

部分品种的体长超过 20 厘米

❖ 圃海海猪鱼

圃海海猪鱼又名云斑海猪鱼、花面龙、黄花龙等。

> 不同品种的海猪鱼之间会有攻击性，因此不要混养。海猪鱼有时会袭扰五爪贝等软体动物，个体太小的五爪贝很容易被其伤害至死。

蓝首海猪鱼又名闪电龙，幼鱼时体色红得发紫，头顶向背后延伸的黄色非常绚丽。

❖ 蓝首海猪鱼

大部分海猪鱼的体长不超过 20 厘米，以体型娇小而成为水族圈的宠儿，不过也有不少品种的体长超过 20 厘米，如圃海海猪鱼、蓝首海猪鱼、黄蓝海猪鱼等。

圃海海猪鱼成鱼的体长一般为 25 厘米左右，其幼鱼的体色很花，身体覆盖白色和黑色花斑，头部有棕红色的纹理，背部及背鳍有两个黄色轮廓的黑色圆形斑点，整体看上去非常好看。随着成长，圃海海猪鱼的体色会变得灰白，身体上的花斑会逐渐消失，体侧鳞片上的色泽组合成排列整齐的方格子。雄鱼期的主色调为蓝绿色，头部有棕红色花纹，非常具有观赏价值。

蓝首海猪鱼成鱼的体长可达 30 厘米，属于海猪鱼中体型比较大的，它与黄蓝海猪鱼的外观很像，头部及背部有醒目的黄色，身体其余部分被蓝色覆盖。

幼鱼　雄鱼

雌鱼 雄鱼

❖ 鹦嘴鱼

鹦嘴鱼曾经属于独立的鹦嘴鱼科，如今，它们已经被并入隆头鱼科，它们主要栖息在印度洋至太平洋的珊瑚礁或岩礁之间，以珊瑚、贝类、海胆等无脊椎动物和藻类为食，是一种独具特色的珊瑚礁鱼类。

一口坚固的牙齿

不同品种的鹦嘴鱼的体型大小不一，从体长数十厘米到超过 100 厘米不等。它们的身体呈长椭圆形，体表被大圆鳞覆盖，体色如珊瑚般绚丽多彩，其嘴形酷似鹦鹉的嘴形，因而得名"鹦嘴鱼"。鹦嘴鱼嘴中约有 15 排 1000 颗牙齿，上、下颌齿板的质地十分坚硬，它们是世界上最强的咀嚼者之一，据科学家介绍，鹦嘴鱼的牙齿由世界上最坚固的生物矿

鹦嘴鱼约有 96 个品种，我国约有 33 个品种，它们的体色多以蓝色和绿色为主，且色彩上的差异并不明显，所以要从外观上辨认鹦嘴鱼的品种比较困难。

鹦嘴鱼色彩绚丽，它们几乎能和任何观赏鱼和平共处，甚至不会与同类争斗，因此在观赏鱼市场上很受欢迎，但是它们有啃食珊瑚的习惯，会对珊瑚缸造成严重破坏。而且它们为了磨牙，还会啃食水族箱中的造景，饲养前要考虑它们可能对水族箱造成的后果。

鹦嘴鱼家族中的大多数品种是重要的食用鱼类，并且都有可能被钓到或网到。

鹦嘴鱼

白 沙 滩 的 制 造 者

鹦嘴鱼的体色绚丽多彩，雄鱼的颜色相对鲜艳，常为蓝色、绿色，略带有浅黄色、粉红色、红色和绿松石色调等。雌鱼的颜色略显单调，呈暗红色配以棕色和橄榄绿色等。它们是海洋中最引人注目的鱼类之一。

❖ 绿颌鹦嘴鱼

雌鱼 雄鱼

幼鱼

雌鱼

雄鱼

❖ 驼背绿鹦嘴鱼

大多数鹦嘴鱼的幼鱼和成鱼在色彩与斑纹上不同，有些品种甚至每个阶段都差别巨大，如蓝点鹦哥，每个成长时期的体色都不同。

❖ 蓝点鹦哥

幼鱼

雌鱼

雄鱼

物——氟磷灰石组成，其能承受相当于80多头大象重量的压力。

白沙滩的制造者之一

鹦嘴鱼靠坚硬的牙齿每天进食大量的珊瑚、贝类、海胆等无脊椎动物以及覆盖在礁石上的藻类，经过消化分解吸收后，再将无法吸收的物质排出体外，这些排泄物大部分是钙质颗粒，是白沙滩的重要成分。

据科学家研究发现，一条大型鹦嘴鱼每年通过啃食珊瑚，大约会排出45千克沙子，而有些品种的鹦嘴鱼每年甚至可以排出500千克的沙子。

因此，鹦嘴鱼不仅制造了白沙滩，它们对藻类的啃食还抑制了珊瑚礁区藻类的生长，给珊瑚的生长提供了充足的养分。

鹦嘴鱼在黏液茧中睡觉

鹦嘴鱼大约有96个品种，和其他隆头鱼科的鱼类一样，它们会经过先雌性、后成长为雄性的过程，体色也会随着变性而改变。它们喜欢集群活动，常以小群形式存在，有时也会形成非常大的群体，一般白天在1~30米深的珊瑚礁区觅食，晚上则在洞穴或浅沙滩的潟湖中休息。

鹦嘴鱼的睡眠时间很长，为了防止被猎食者伤害，它们常会在睡眠前分泌大量的黏液，与海底杂质混合成茧，将自己包裹起来睡觉。据科学家介绍，鹦嘴鱼的黏液茧可以很好地将它们的气味隐藏起来，从而避免被猎食者发现。

隆头鱼中的其他种类

隆头鱼中还有似虹锦鱼、拟隆头鱼、锦鱼、连鳍唇鱼、颈鳍鱼、管颌鱼、高体盔鱼、盔鱼等品种，它们大多颜色亮丽，体态优美，是不可多得的海水观赏鱼。

幼鱼

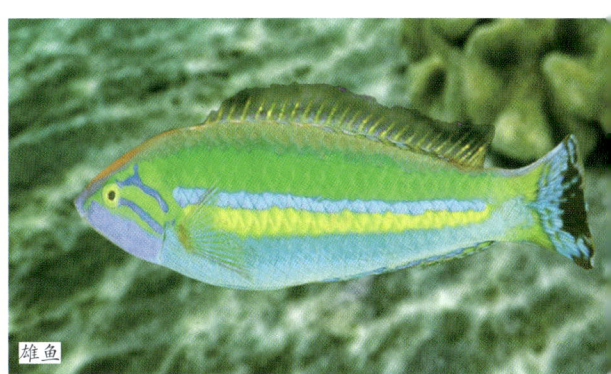

雄鱼

似虹锦鱼、拟隆头鱼、锦鱼、连鳍唇鱼、颈鳍鱼、管颌鱼、高体盔鱼、盔鱼等都是姿态优美的隆头鱼，它们中又分别有众多细分鱼类，下面仅介绍一些比较漂亮的品种。

华丽似虹锦鱼

华丽似虹锦鱼又名壮丽似虹锦鱼，属于似虹锦鱼中的成员，与细尾似虹锦鱼长得极为相似，成鱼体长10厘米左右，两者从幼鱼开始一直长到雄鱼都很像，幼鱼的体色为粉红色，鱼鳍为淡黄色；雌鱼的体色加深，为橙色至粉红色，鱼鳍为黄色，与焰似虹锦鱼的雄鱼很相似；雄鱼的体色则变为上面是绿色，下面是蓝色，中间有黄色横纹，尾部有蓝色边缘的黑色条纹。

史氏似虹锦鱼

史氏似虹锦鱼又名五彩龙，成鱼体长一般为7厘米左右，它和华丽似虹锦鱼一样，幼鱼期和雌鱼期的体色以红色为主，

❖ 华丽似虹锦鱼

华丽似虹锦鱼常见于热带和温带水域，如澳大利亚、斐济、日本、菲律宾、我国台湾等海域。细尾似虹锦鱼仅生活在夏威夷群岛水域。

焰似虹锦鱼成鱼体长为6厘米左右，各个时期的体色均为橙色至粉红色，它与华丽似虹锦鱼的雌鱼极为相似，如果将它们混养在同一个水族箱中，不仅水族爱好者很容易将它们混淆，甚至连它们自己也会混淆，常可以看到华丽似虹锦鱼雄鱼追逐焰似虹锦鱼雌鱼求"爱"的场景。

❖ 焰似虹锦鱼

❖ 史氏似虹锦鱼

❖ 半花拟隆头鱼

❖ 西里伯斯颈鳍鱼

尖吻管颌鱼是管颌鱼中比较罕见的品种，也是管颌鱼中最具有观赏价值的品种。

❖ 尖吻管颌鱼

雄鱼期变得色彩斑斓，头顶至身体中部有一个被紫色和红紫色包裹的黑色斑块，斑块后半部分变成了蓝色，连着黄绿色的后半身，背鳍、腹鳍的蓝绿色外围有蓝色边缘，尾鳍半透明，呈蓝色，上面有黑色斜纹。

半花拟隆头鱼

半花拟隆头鱼成鱼的体长一般为 23 厘米，其体色非常醒目，整体为白色至淡黄色，体侧有 5 个大小不同、不规则的倒三角形黑色斑块，背鳍和尾鳍为红褐色，尾柄处被黑色环绕，尾巴为白色。这种鱼在观赏鱼市场中并不常见，因为其仅产于智利和复活节岛附近 40~250 米深的海域。

西里伯斯颈鳍鱼

颈鳍鱼的外观大多不太好看，所以不被水族爱好者喜爱，但是也有例外，如西里伯斯颈鳍鱼，它就因体色特别而成为观赏鱼的一种。

西里伯斯颈鳍鱼在雌鱼期的身体主色调为白色，体侧有一个似心形的褐色斑块和横向尾柄的褐色斑块。这些褐色斑块在雄鱼期全部变成红褐色，与身体的白色形成鲜明的对比，非常漂亮，尤其被女性喜欢。

管颌鱼

管颌鱼是一类最不像隆头鱼的鱼，其身体细长，体长为 12 厘米左右，雄性和雌性具有不同的颜色外观，看起来更像一片海草。它们大都善于伪装，喜欢藏匿于海草中捕食小鱼、小虾以及各种浮游生物。除个别品种色彩醒目之外，大部分品种色彩单一，一般不太适合在水族箱中饲养，海洋馆除外。

管颌鱼属目前只在澳大利亚及其周边海域有分布，主要品种有尖吻管颌鱼、长尾管颌鱼、尾斑管颌鱼、条纹管颌鱼、长体管颌鱼、唇须管颌鱼等，其中尖吻管颌鱼较为罕见。

高体盔鱼

高体盔鱼的大部分品种都有"长鳍鹦鲷"的雅号，是水族箱中最亮眼的配角，但它却是隆头鱼中最没有存在感的品种之一。高体盔鱼家族中的大部分品种的体形相差无几，体长为7~15厘米，只是身体配色差别很大，整条鱼就像一块画板，其颜色取决于画家的心情。因此，高体盔鱼的体色往往是任性、多彩的，这种多变的体色便于它们隐藏在珊瑚礁丛和水草丛中。

盔鱼

盔鱼和高体盔鱼一样，也是隆头鱼中存在感较低的一类鱼。盔鱼与高体盔鱼相比，其品种更加丰富，也更

❖ 隐高体盔鱼

隐高体盔鱼又名隐秘长鳍鹦鲷。

❖ 颊带高体盔鱼

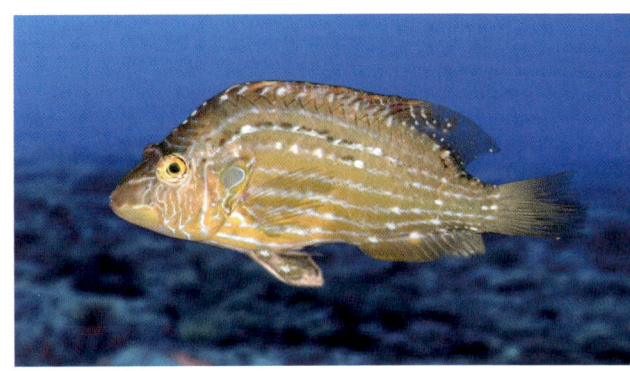

❖ 九棘高体盔鱼

九棘高体盔鱼又名九棘长鳍鹦鲷。

盖马氏盔鱼又名露珠盔鱼、红龙，体长一般超过35厘米，其成长过程中的每个变身期都非常漂亮。

❖ 盖马氏盔鱼

幼鱼

雄鱼

159

幼鱼 雄鱼

❖ 黄纹盔鱼

黄纹盔鱼的体长一般为 16 厘米。

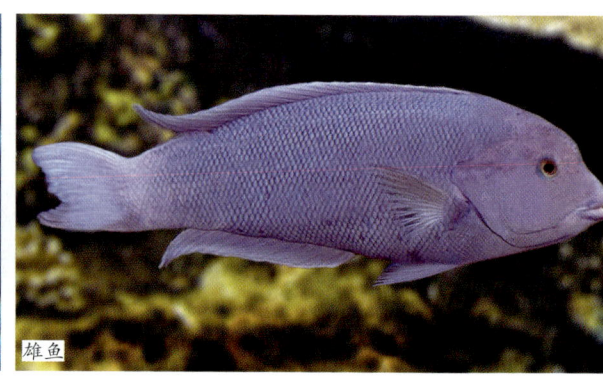

幼鱼 雄鱼

❖ 额瘤盔鱼

额瘤盔鱼雄鱼呈灰蓝色，额头凸起，体长超过 55 厘米，其幼鱼是非常漂亮的观赏鱼品种，成鱼体色变得单一，失去了观赏价值，因此并不适合家庭饲养。

红喉盔鱼又名鳃斑盔鱼、东非和尚龙、双印龙等，它在成长期，由一条浑身斑点、背部有两个黑块的幼鱼，逐渐变成浑身漆黑，仅身体上还有一道浅蓝绿色纵纹的雄鱼。

❖ 红喉盔鱼

具观赏价值，很多品种都有"龙"的雅号。大部分盔鱼在整个成长期的体色变化都非常具有观赏价值，有些品种成鱼后便失去了观赏价值。比如，盖马氏盔鱼在幼鱼期的体色多为红色，体侧有圆形黑边白斑，形如小丑鱼，长成雄鱼后身体呈蓝绿色花纹；黄纹盔鱼在幼鱼期身上有蓝白相间的横纹，长成雄鱼后的身体主色调呈绿色花纹；额瘤盔鱼在幼鱼期的体色多为深蓝色和白色混合成的迷彩色，长成雄鱼后身体主色调为简单的灰蓝色，失去了观赏价值；红喉盔鱼的成长过程在盔鱼家族中最有特点，其体型非常大，可达到 1 米以上，随着成长，身体上的白色斑点逐渐变成浑身黑色，整个变身过程非常具有观赏价值。

幼鱼 雄鱼

天竺鲷

大部分观赏鱼在夜晚时会休息，水族箱也显得不再热闹，而被称为观赏鱼领域的"玫瑰"的天竺鲷是一种夜行鱼类，正好弥补了这个缺憾。

天竺鲷是天竺鲷科鱼类的统称，它与隆头鱼一样，也属于鲈形目。天竺鲷科分为两个亚科，分别是天竺鲷亚科和拟天竺鲷亚科，含 14 个族、36 个属。

天竺鲷广泛分布在全球的热带和亚热带海域，大多集中在珊瑚礁浅海区和海草床等软质基底水域，有些品种仅生活在深水区，最深可达 300 米。

大部分天竺鲷是海生鱼类，有部分品种生活在沙泥底河口的半咸水中，也有一些品种生活在纯淡水中，如大部分舌天竺鲷。

大部分天竺鲷以小型底栖无脊椎或浮游动物为主要食物，但是也有另外，如具有强硬犬齿的巨齿天竺鲷等，它们除了以小型底栖无脊椎或浮游动物为食外，还会捕食较大型的无脊椎动物或小鱼等。

天竺鲷多为夜行性海水鱼，不太喜欢运动，而且对饲养环境和饵料的要求不高。

天竺鲷对饵料没有特别的要求，它们有巨大的口裂，可以吞下很大的饵料。它们对饲养水质也没有特殊要求，只要是其他海水观赏鱼能生活的环境，它们都可以接受，如果用高质量的水质饲养，它们会十分健壮。

❖ 桑德氏舌天竺鲷

❖ 后颌鱼的"口孵行为"

头大、眼大、口大

天竺鲷最醒目的特征是头大、眼大、口大，因此有"大面侧仔"和"大目侧仔"之称。

大部分天竺鲷的体型袖珍，鱼体延长，呈长椭圆形，体稍侧扁，通常体长小于 10 厘米，但也有一些品种的体长可达20 厘米。

天竺鲷的颌齿细小，或具犬齿，前鳃盖骨边缘光滑或具锯齿，鳃盖骨后缘棘不发达，通常体覆栉鳞，有部分品种覆圆鳞，也有的品种身体无鳞，如裸天竺鲷。

大部分天竺鲷的背鳍分离成两个，窄而高，直挺于背部，也有一些品种只有一个完整的背鳍。

天竺鲷的品种繁多，身体颜色和图案相差很大，其中印度洋至太平洋海域的品种的身体上有丰富的颜色、斑点和纹路等；而产于大西洋的品种则大多数体色红得鲜艳，被欧洲人称为"红衣主教"。

与雀鲷早晚换班

雀鲷是珊瑚礁区数量最庞大的鱼类，它们白天成群在珊瑚礁区觅食、活动、嬉戏，晚上则躲进岩礁缝隙、洞穴睡眠。而天竺鲷恰恰相反，它们是珊瑚礁区最大的"夜猫子"一族，每当夜幕降临时，天竺鲷便会钻出洞穴和岩礁缝，在珊瑚礁区活动、嬉戏、觅食。

天竺鲷和雀鲷之间的这种日夜交替的换班行为，或许是为了充分利用空间资源而演化出来的独特生活方式，目的是避免彼此竞争，和平共存。

海水鱼中极少见的"口孵行为"

大部分种类的天竺鲷和后颌鱼、罗非鱼一样有极少见的"口孵行为"。

罗非鱼是非常有名的淡水食用鱼类，它的孵卵方式是由雌鱼或雄鱼"口孵"完成的，而天竺鲷则不同，除了大西洋产的褶竺鲷的雌鱼和雄鱼均有"口孵"的记录之外，其他品种的天竺鲷都和后颌鱼一样，仅是雄鱼负责"口孵"。每到繁殖期，天竺鲷雄鱼会将雌鱼所产的卵块衔入口中进行孵化，它们因满口含卵，无法摄食，开始过"绝食"的生活。经过2~4周后，鱼卵才会被逐渐孵化为仔鱼。仔鱼经过一段漂浮期，长成稚鱼后，再回到沿岸的珊瑚礁区，逐渐长成为真正的底栖鱼类。天竺鲷雌鱼在此期间则不管不顾，自己逍遥快活。

和其他鱼的"口孵行为"一样，天竺鲷的这种"口孵行为"也可以大大降低卵被掠食者吞食的机会，并提高繁殖成功率及增加下一代存活的机会。

❖ 后颌鱼的"口孵行为"

天竺鲷可食用，通常为油炸小鱼，部分种类可做观赏鱼，因体小多彩、性情温和而广受欢迎，它们可以小群饲养。目前水族市场上常见的观赏天竺鲷饲养难度不高。

两种不同的发光方法

海洋中会发光的生物很多，它们通常的发光方式有两种：一种是利用荧光素等生化反应发光；另一种是利用共生细菌发光。

天竺鲷是一个奇特的大家族，它们中有很多品种都具有发光器的构造，不仅有生化反应发光的品种，如黑天竺鲷，它们的发光器埋于胸部的胃下方，后腹两侧有一对梨状发光器；也有共生细菌发光的品种，如银腹天竺鲷（又称管天竺鲷），它们的发光器位于沿腹侧至尾柄的共生细菌的黑色条状物上。此外，还有兼具两种发光方式的品种，如长鳍天竺鲷和箭天竺鲷。

饲养天竺鲷时需要缸内有足够的活石洞穴供其躲藏，还要有能使它们适应的柔和光照，饮食需多样化，虽然它们在野外以肉食为主，但是在饲养时应注意补充素食和新鲜维生素。

天竺鲷科品种繁多，分布广泛，而且相关研究并不充分，再加上大量的新物种不断被发现，它们中的有些品种不仅分类混乱，甚至连有效学名都不明确。

天竺鱼族

比较容易饲养的观赏鱼

天竺鱼族各品种的头和身体呈红色、棕色或黑色，通常体侧没有条纹，但有深色或浅色的斑点，是一种比较容易饲养的观赏鱼。

❖ 鸠斑天竺鱼

鸠斑天竺鱼体长很少超过5厘米，它与本属中的大部分种类长相相似。

鳍斑天竺鱼又名眼斑原天竺鲷、眼斑正石鲷等，体长为5厘米左右，它与鸠斑天竺鱼最大的区别是背鳍上有黑色斑块。

❖ 鳍斑天竺鱼

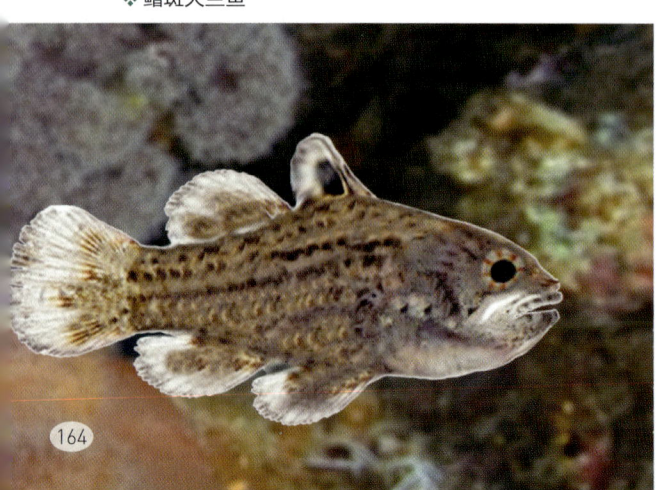

天竺鱼族包含6个属，分别是天竺鱼属、腭竺鱼属、乳突天竺鲷属、扁天竺鲷属、澳天竺鱼属和柄竺鲷属。

天竺鱼属

天竺鱼属的鱼类的体型都很小，一般体长仅3~6厘米，体色呈暗色，带有斑点，主要生活在浅海珊瑚缝隙、大型藻类海草床、碎礁石区中。本属已知有5个品种，包括鸠斑天竺鱼、褐天竺鱼、夏威夷天竺鱼、僧天竺鱼和鳍斑天竺鱼，部分品种有特定的产地，而且分类并不明确，大部分品种的外形很相似，因此常容易混淆。

鸠斑天竺鱼的体色斑驳，类似鸠鸟的体色，由棕褐色至红色，布满不规则斑点。

褐天竺鱼的几个生长阶段都与鸠斑天竺鱼极为相似，因此一直被视为鸠斑天竺鱼，但是褐天竺鱼更小，胸鳍异常长，一直延伸到背鳍末端。

夏威夷天竺鱼与褐天竺鱼一样，某个生长阶段和鸠斑天竺鱼极为相似，也曾一直被认为是鸠斑天竺鱼，其仅在夏威夷群岛中的欧胡岛的威基基海滩附近海域有发现。

僧天竺鱼仅在澳大利亚的苍鹭岛有发现。它与鸠斑天竺鱼有亲缘关系，两者长相相似。

鳍斑天竺鱼是本属唯一与鸠斑天竺鱼长相不太像的鱼，广泛分布于印度洋—太平洋海域，体色呈浅褐色至黑色，有数列整齐的深色斑点，眼睛后部的背鳍上有黑色斑块。

腭竺鱼属

腭竺鱼属一共有 8 个品种，它们的体长均为 5 厘米左右，其中短线腭竺鱼、马达加斯加腭竺鱼、菲律宾腭竺鱼和港腭竺鱼 4 个品种的颜色呈灰色和褐色，兰氏腭竺鱼、琉璃腭竺鱼、雷氏腭竺鱼和雪腭竺鱼 4 个品种的颜色呈红色和褐色，最具观赏价值的品种是琉璃腭竺鱼。

短线腭竺鱼仅产于夏威夷群岛，且广泛分布于该地区的浅海、码头、港口以及入海口，有时也会进入淡水河流。

马达加斯加腭竺鱼的体色为褐色或灰绿色，常见于马达加斯加的附近海域。

❖ 短线腭竺鱼

短线腭竺鱼、马达加斯加腭竺鱼、菲律宾腭竺鱼和港腭竺鱼的体色均为灰色和褐色的暗色调。其中，短线腭竺鱼是腭竺鱼属中唯一能真正进入淡水河生存的品种，其他种类的腭竺鱼虽然也会出现在河流入海口处，但是很少进入淡水河生存。

❖ 琉璃腭竺鱼

琉璃腭竺鱼幼鱼体色呈褐黄色半透明状，成鱼体色变成粉色透明，且体侧红色竖纹更加醒目。它是整个天竺族中最具观赏价值的鱼类之一。

❖ 雪腭竺鱼

165

❖ 维拉乳突天竺鲷

维拉乳突天竺鲷体长仅4厘米，体色为浅粉色至棕色，体侧略显红色或有深色竖纹，鳃盖上无黑色圆斑。它虽然广泛分布于印度—西太平洋区，但是却很少见。它与驼峰乳突天竺鲷外形相似，因此，这两个品种经常被混淆。

金焰乳突天竺鲷的体长为5厘米左右，其体色鲜红，形如火焰，鳃盖上无黑色圆斑，是天竺鲷家族中一种非常有名的观赏鱼。

钝尾乳突天竺鲷比金焰乳突天竺鲷略小，体长为4厘米，体色也接近金焰乳突天竺鲷，若非专业人士很难分辨这两种鱼。

❖ 金焰乳突天竺鲷与钝尾乳突天竺鲷

菲律宾腭竺鱼的体色为棕褐色至灰色，带有白色斑点，广泛分布于印度洋—太平洋海域，丰产于菲律宾海域，是一种比较常见的腭竺鱼。

港腭竺鱼的体色为灰色和褐色，仅分布于澳大利亚的东部海域，其外形与菲律宾腭竺鱼近似，常被认为是同一品种。

兰氏腭竺鱼的全身颜色通红，腹部红白相间，非常漂亮，属于罕见的观赏鱼品种，产地为菲律宾的宿务岛附近。

琉璃腭竺鱼的全身呈粉色半透明状，体侧有红色竖纹，是本属乃至全科独一无二的观赏鱼品种。

雷氏腭竺鱼的体长为4厘米左右，能躲入江瑶贝中生活，常生活于潟湖、海湾和河流的出海口，因长相酷似菲律宾腭竺鱼而常被误认为是同一品种。雷氏腭竺鱼的体色偏红色、褐色，非常少见，仅产于法属波利尼西亚海域。

雪腭竺鱼的体色为红棕色，体侧有众多细小的白色小点，形如雪花，因此而得名，其主要产地为马绍尔群岛。

乳突天竺鲷属

乳突天竺鲷属的鱼的身体呈椭圆形，稍侧扁，被弱栉鳞，侧线在背鳍鳍条下方中断。在水族市场上常见的有8个品种，其中一些品种的体长为7~10厘米，在它们的鳃盖上有一个黑色大圆斑，非常醒目，如显乳突天竺鲷、金色乳突天竺鲷等；而另外一些品种的体长为4~5厘米，鳃盖上无黑色圆斑，如维拉乳突天竺鲷、金焰乳突天竺鲷等。

金焰乳突天竺鲷

钝尾乳突天竺鲷

❖ 显乳突天竺鲷

显乳突天竺鲷的体长为 7.5 厘米，身体呈粉色或暗红色，带有棕色的纵纹，鳃盖上有醒目的黑色圆斑。

❖ 金色乳突天竺鲷

金色乳突天竺鲷的体长为 10 厘米，是乳突天竺鲷属中最大的品种，其鳃盖上有醒目的黑色圆斑。

扁天竺鲷属

　　扁天竺鲷属有 4 个品种，它们的外形与乳突天竺鲷相似，其中圆斑扁天竺鲷和圆环扁天竺鲷的鳃盖上有醒目的黑色圆斑；八棘扁天竺鲷和深水扁天竺鲷的鳃盖上没有黑色圆斑。

八棘扁天竺鲷

深水扁天竺鲷

❖ 八棘扁天竺鲷与深水扁天竺鲷

八棘扁天竺鲷与深水扁天竺鲷的体色很像。

八棘扁天竺鲷体长仅 5 厘米，身体的颜色很浅，为粉色或黄色，眼睛上有如同"八"字的斜纹。

深水扁天竺鲷的体长为 8 厘米左右，体色呈粉色或黄色，成长过程中，鳃盖上会长黑色斑块，斑块会随着成长逐渐消失，它生活的海域深度是同属其他品种的两倍以上，因此而得名。

圆斑扁天竺鲷和圆环扁天竺鲷的外观接近乳突天竺鲷属的鱼，全身棕红色，体侧有暗色斑点和不明显的色带，鳃盖上有一个圆形黄色外环的黑斑。

圆斑扁天竺鲷十分少见，常出没于 1~100 米的水深处，全身橙红色，眼睛红色，鳃盖有反光的大黑斑，边缘金色。

❖ 圆斑扁天竺鲷和圆环扁天竺鲷

圆斑扁天竺鲷

圆环扁天竺鲷

澳天竺鱼属

　　澳天竺鱼属目前仅有 1 个品种，即白斑澳天竺鱼，其体长为 8 厘米左右，全身浅褐色，体侧有浅白色斑块，后背鳍和腹鳍上有黑色斑块。它们主要生活于澳大利亚和巴布亚新几内亚南部的热带海域。

❖ 白斑澳天竺鱼

柄竺鲷属

　　柄竺鲷属的鱼的体长为 9~15 厘米，是天竺鱼族中体型较大的品种，它们特产于澳大利亚的南部海域，包括 5 个品种，它们的颜色多样，从深灰色、黄绿色、紫红色、棕色至鲜红色均有，有时还会变色，它们各鳍的颜色与身体一致，其共同的特点是尾柄相对较长。

柄竺鲷属的 5 个品种分别是小斑柄竺鲷、巴地柄竺鲷、大尾柄竺鲷、凹鳍柄竺鲷、横斑柄竺鲷。它们的体形大致相同，只是体色和尾柄略有不同。

❖ 横斑柄竺鲷

天竺鲷族包含 5 个属，分别是天竺鲷属、星天竺鲷属、犬牙天竺鲷、褶竺鲷属和似天竺鲷属。

天竺鲷属

天竺鲷属是天竺鲷族中最大的一属，在全球海域中有超过 50 个品种，外观似鲱鲤，但是却没有胡须，大部分品种的颜色红得鲜艳，有些身体呈半透明状，内脏似隐似现，是一类非常具有观赏价值的海水鱼。有一些半透明的品种在水族市场中罕见且价格昂贵。

❖ 天竺鲷属：长棘天竺鲷

长棘天竺鲷的体长一般小于 5 厘米，头部为粉色至红色，鳃盖上有亮光点，身体呈粉色透明状，身体轮廓为醒目的红色，非常具有观赏价值，但是在水族市场上罕见。

天竺鲷族

半 透 明 至 透 明 的 品 种

天竺鲷族是天竺鲷科中比较大的一个族，有 60 多个品种，本族的鱼有的体色红得鲜艳，有的则是纷繁的棕色，伴随着半透明至透明的身体，如同玻璃饰品，非常绚丽多姿。

❖ **天竺鲷属：印度天竺鲷**

印度天竺鲷的体长为4.5厘米左右，全身呈透明的浅色或粉色，身体轮廓为棕色，脊椎骨由头至尾透出皮肤，头部分布着亮色小斑点。

细尾天竺鲷的体长为5.5厘米左右，头部扁平，眼睛比天竺鲷属大部分其他品种的都大，全身粉色，鳞片在黑暗中有银光质感，是水族市场上罕见的品种，因此价格昂贵。

❖ **天竺鲷属：细尾天竺鲷**

犬牙天竺鲷在自然环境中常成群栖息于珊瑚礁区的洞穴或者岩壁架之下。

❖ **犬牙天竺鲷**

天竺鲷属中一些不透明的品种与似天竺鲷属的鱼长相相似，只有极小的差异，很难分辨。

星天竺鲷属

星天竺鲷属是一类小型观赏鱼，体长仅4厘米左右，其体色多半是暗色调，如灰褐色至灰黑色，身体上带有许多银色和黑色斑点，腹鳍大而长。

星天竺鲷属一共有3个品种，栖息在浅海岩礁或海草丰富的海域，它们常会躲在空贝壳中，也会与一些螺类共生，藏于螺类的外套膜中。

犬牙天竺鲷属

犬牙天竺鲷是该属唯一的品种，体长为7厘米左右，全身浅橙色至粉色，呈半透明状，其最大特点是口内只有单排牙齿，而且其中一些牙齿比较长、尖，突出如犬牙，本属也因此而得名。

❖ **星天竺鲷属：黑鳍星天竺鲷**

星天竺鲷属一共有3个品种，分别是黑鳍星天竺鲷、青铜星天竺鲷、星天竺鲷。它们白天常会与女王凤凰螺或双壳纲的江珧贝等共生，晚上则会离开共生的螺或贝，到珊瑚岩礁的海草床觅食。

❖ 似天竺鲷属：红海似天竺鲷

褶竺鲷属

褶竺鲷属有 3 个品种，分别是分布于中、西大西洋的褶竺鲷和噬色褶竺鲷，以及分布于东、西大西洋的异域褶竺鲷，它们除了产地略有不同外，其身体特征非常类似，前鳃盖骨后腹侧边缘的肉质褶皱，身体呈半透明状，体侧布满棕色点。

似天竺鲷属

似天竺鲷属有两个品种，分别是埃氏似天竺鲷和红海似天竺鲷，它们的体形和体色等各项特征都与天竺鲷属的一些品种极为相似，很难分辨。

褶竺鲷属的鱼的形态、体色与星天竺鲷属的很像。

褶竺鲷属的鱼常喜欢躲藏在洞穴和岩石缝隙中，其中褶竺鲷还会躲进螺壳。褶竺鲷属的鱼常喜欢在珊瑚岩礁海域活动，而褶竺鲷则更喜欢在鹿角珊瑚多的海域活动。

褶竺鲷属的鱼体侧布满棕色小斑点，其中，噬色褶竺鲷体侧不仅有棕色小斑点，还有亮银色光泽。

❖ 褶竺鲷属：褶竺鲷、噬色褶竺鲷

褶竺鲷

噬色褶竺鲷

长鳍天竺鲷族

极 具 观 赏 价 值 的 品 种

长鳍天竺鲷族的鱼的身体呈半透明的银色、灰色、青色或淡粉色，大部分体侧有黑色、红色、白色带纹或细线纹，极具观赏价值。

❖ **布氏长鳍天竺鲷**

布氏长鳍天竺鲷的体长为8厘米左右，尾鳍基部两侧有瞳孔大小的黑斑，仿佛一双眼睛，其嘴巴为黄色，鱼鳍透明。

双斑带天竺鲷是带天竺鲷属的品种之一，体长一般为8厘米，体侧有红色细曲纹。

❖ **双斑带天竺鲷**

长鳍天竺鲷族包含两个属，分别是长鳍天竺鲷属和带天竺鲷属，本族的鱼的整体形态和天竺鲷属的鱼相似，但是长鳍天竺鲷族的鱼的尾鳍基部更长、更宽，拥有更多的股鳍软条，体色透明，色泽虽不如天竺鲷属的鱼那样红得鲜艳，但也极具观赏价值。

长鳍天竺鲷属

长鳍天竺鲷属中唯一的品种是布氏长鳍天竺鲷，其体色微黄，呈半透明状，身体椭圆形，高而侧扁，体侧有银色反光，侧线完全，延长到尾鳍，胸腔及肛门附近有发光器。它们的主要栖息地为整个印度—西太平洋区，广泛分布于近岸浅海的珊瑚礁区和红树林附近，幼鱼集群活动，成鱼通常成对出现，以浮游动物或其他底栖无脊椎动物为食。将其饲养在鱼缸之中，每当成群的布氏长鳍天竺鲷在夜晚活动时，整个鱼缸像装满了闪烁的"星星"，非常漂亮。

带天竺鲷属

带天竺鲷属包括 15 个以上品种，该属的鱼的体形与长鳍天竺鲷属的鱼相似，身体椭圆形，高而侧扁，有半透明的身体，尾鳍基部两侧有瞳孔大小的黑斑（仅少数几个品种的尾鳍基部没有黑斑）。不同的是，带天竺鲷属中的鱼的体色更丰富，有银色、灰色、青色或淡粉色等，体侧有黑色、红色、白色带纹或者细线纹。

带天竺鲷属的鱼常栖息在潟湖和珊瑚礁区的隐蔽区域，有个别品种可以在半咸水和淡水中生活，大部分品种适合在水族箱中饲养。

❖ 横带天竺鲷

横带天竺鲷是带天竺鲷属的品种，体长一般可以长到 8 厘米，体侧纹路为两道黑色横纹，常活动于沿海岸的珊瑚礁区，也会进入河口和潮间带的半咸水和淡水区域。

黑带天竺鲷是带天竺鲷属的品种之一，体长为 7 厘米左右，体侧有黑色带状竖纹。

❖ 黑带天竺鲷

裸天竺鲷族

像 玻 璃 一 样 透 明

　　裸天竺鲷族的鱼几乎全身像玻璃一样透明，身体里的内脏和骨骼清晰可见，有些品种有红色的轮廓，非常特别。

❖ 脆弱梭竺鲷

脆弱梭竺鲷身体上的鳞片非常容易脱落，而且鳍棘也很容易折断，因此以"脆弱"命名。

黑腹梭竺鲷的腹部为黑色，相对于几乎完全透明的身体格外醒目，因此以"黑腹"命名。

❖ 黑腹梭竺鲷

僻梭竺鲷的腹部有银色光亮，体侧鳞片边缘为橙色，形成网纹状花纹，具有极高的观赏价值。

❖ 僻梭竺鲷

　　梭竺鲷属的鱼体长为4厘米左右，头部微红，身体上有星星点点的红色，全身透明，腹部内脏和身体骨骼清晰可见。

　　裸天竺鲷族包含4个属，分别是梭竺鲷属、裸天竺鲷属、准天竺鲷属和鬼幻茸竺鲷属，本族的鱼最大的特点是头和身体裸露，全身像玻璃一样透明。

梭竺鲷属

　　梭竺鲷属的鱼虽然广泛分布于中、西太平洋的珊瑚礁以及潟湖海域，但是却很少被发现和采集，本属包含脆弱梭竺鲷、僻梭竺鲷、黑腹梭竺鲷和一些水族市场中未定名的品种。

　　梭竺鲷属的鱼与大部分天竺鲷科的鱼不同，它们不喜欢集群活动，反而更喜欢独处，此外，它们与天竺鲷科的鱼相比，腰椎少一节，而尾椎则多一节，因此尾部细长。它们在水中游动时，透明的身体摆动着细长的尾巴，非常飘逸。

174

❖ 菲律宾裸天竺鲷

菲律宾裸天竺鲷的体长一般为 8 厘米，常栖息在浅水和潮间带，捕捞较为容易。

裸天竺鲷属

裸天竺鲷属包括十几个品种，如菲律宾裸天竺鲷、箭裸天竺鲷，它们全身呈半透明白色，成鱼外表看起来有点像虾虎鱼，尾鳍圆，但是各个品种之间背鳍、股鳍、胸鳍以及鳍条都有不同的区别，体型大小也不同。

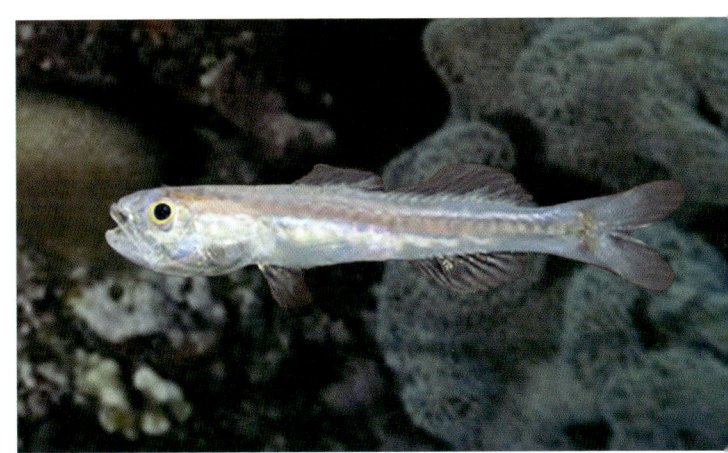

❖ 箭裸天竺鲷

箭裸天竺鲷的体长一般为 7.5 厘米，身体如箭一般苗条细长，因此而得名。

❖ 箭天竺鲷族

箭天竺鲷族与箭裸天竺鲷族并非同族，但是两族中的鱼的身体都非常透明，像玻璃一样，身体里的内脏和骨骼清晰可见。

箭天竺鲷族仅有箭天竺鲷属，包括 4 个品种，它们的体长一般为 5 厘米，身体的透明度和颜色都略逊于箭裸天竺鲷族的鱼。

❖ 准天竺鲷

准天竺鲷属的鱼类体长一般为3.5~5厘米，主要分布于印度洋—中、西太平洋以及红海海域，体色有灰色、棕红色、褐色等，全身透明，可见内脏与骨骼。准天竺鲷为本属代表品种。

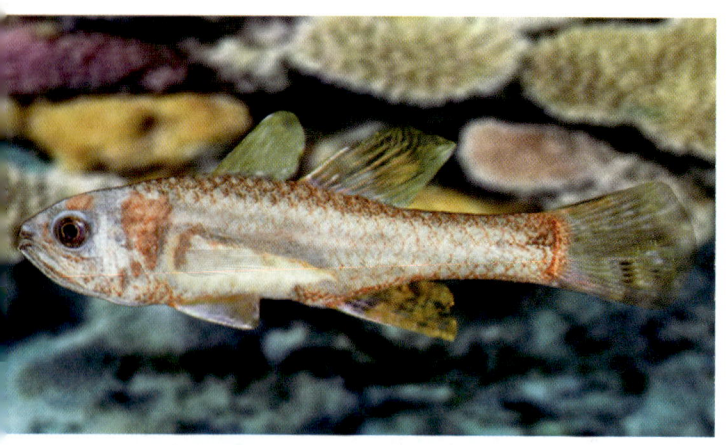

❖ 橘红拟天竺鲷

拟天竺鲷亚科仅有拟天竺鲷属，包括7个品种，橘红拟天竺鲷便是其中之一，它的鱼身不透明，并且隐约有侧线。

鬼幻茸竺鲷比大部分其他天竺鲷科的鱼生活的海域都深，据资料显示，它们曾出现在超过100米深的海域。

❖ 鬼幻茸竺鲷

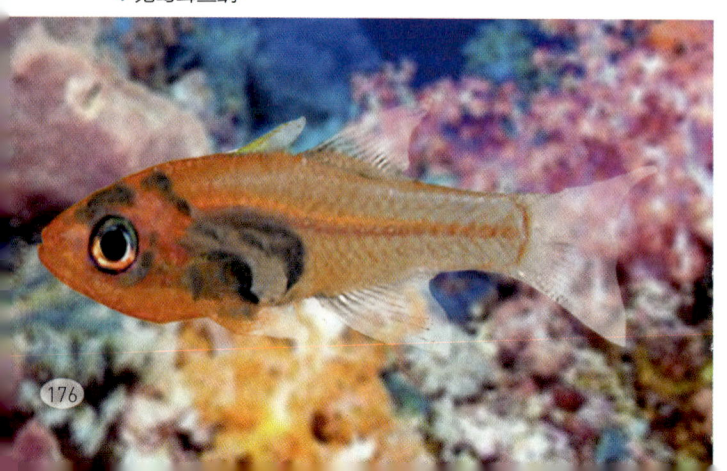

准天竺鲷属

准天竺鲷属包括5个品种，分别为长体准天竺鲷、透明准天竺鲷、准天竺鲷、幻影准天竺鲷和斯氏准天竺鲷，它们与拟天竺鲷亚科鱼类的外形极为相似，也有一些明显的区别：准天竺鲷属鱼类的全身半透明，内脏及鱼骨清晰可见，鱼身没有侧线，捕捉时较为费劲，需要使用轻麻醉药，麻晕后再捕捉；而拟天竺鲷亚科的身体并不透明，鱼身隐约有侧线，捕捉时只需白天在其栖息的洞穴处设网即可。

鬼幻茸竺鲷属

鬼幻茸竺鲷的体长为4.5厘米左右，全身粉色至红色并呈半透明状，黑色的腹部有一块白色斜斑。它是本属的唯一物种，主要分布于印度—西太平洋区的珊瑚岩礁海域，通常生活在较深的珊瑚礁区，白天会躲在狭窄且深邃的岩缝或洞穴之中，夜幕降临时才会如同"鬼魅幻影般"出洞穴觅食，这是一种非常难以捕捉的品种，因此市场价格比较昂贵。

管竺鲷族

管竺鲷族的鱼体型娇小，总喜欢成群活跃于水底，或隐或现地在珊瑚丛、海胆刺间穿梭，给海底世界增添了不少乐趣。

管竺鲷属是管竺鲷族唯一的一个属，整个属拥有30多个品种，其体型大多很小，体长仅2.5~5厘米，仅个别品种的体长能达到7厘米以上。它们的最大特点是有一个银黑色的管状发光腺体，从喉口一直延伸到尾鳍基部，本属也因此而得名。

管竺鲷属的鱼多栖息于热带海域，除了喜欢生活在珊瑚礁海域外，还总喜欢和一些长刺的海胆一起生活。别看管竺鲷属的鱼的体型娇小，它们却都是高产鱼类，一条雌鱼单次能产超过200枚卵，而且鱼卵的尺寸相对其身体来说显得很大。

红色系的管竺鲷品种

管竺鲷属中的红色系品种大多体长为2.5~4厘米，身体呈红色、橙色或粉色的半透明状，头大、眼大，身体内的发光器末端直至尾鳍。在水族市场上常见的品种有箫状管竺鲷、蓝眼管竺鲷、杰布氏管竺鲷和阿纳兹氏管竺鲷等，它们的观赏价值高于管竺鲷属其他各种色系的品种。

纹腹管竺鲷

纹腹管竺鲷的主要产地为澳大利亚海域的河口和半咸水地带，它是管竺鲷属中体型

箫状管竺鲷

杰布氏管竺鲷

❖ **箫状管竺鲷与杰布氏管竺鲷**

箫状管竺鲷的体长一般不足3厘米，身体呈鲜橙色、半透明，主要生活于西太平洋、印度洋水深10~30米的分支软珊瑚中。它和同属的杰布氏管竺鲷的外形和生活方式都极为相似。

蓝眼管竺鲷的体长一般不足3厘米，身体半透明，粉色从头部起向尾部逐渐减淡，头部侧面有银色光泽，全身布满橙色小点。其眼睛上有蓝线，因此而得名。蓝眼管竺鲷常活动于10~30米深的隐蔽岩礁区的珊瑚丛中。

❖ **蓝眼管竺鲷**

阿纳兹氏管竺鲷的体长一般不足 3 厘米，身体半透明，眼睛是由蓝白色月牙包围的黑色，其余体色以及外形特征与蓝眼管竺鲷极为相似。它仅分布在巴布亚新几内亚东部的极小范围内，一般生活在水深 8~20 米的珊瑚岩礁中。

比较大的品种，悉尼的种群可达 7 厘米以上，昆士兰的种群略小，但也能达到 6 厘米左右。纹腹管竺鲷全身为粉色半透明并带有银光，昆士兰种群的身体更透明。

❖ 纹腹管竺鲷

变色管竺鲷与同属的长管竺鲷的外形和体色都非常相似。不过，变色管竺鲷主要生活于西太平洋，长管竺鲷则主要生活于菲律宾海域。

❖ 变色管竺鲷

变色管竺鲷

变色管竺鲷通常有两种颜色模式：一种模式是全身深灰色、黑色或深棕色，另一种模式是身体变白，体侧有 3 道横纹。变色管竺鲷的体长为 4.5 厘米左右，喜欢组成小群在长刺海胆的尖刺之间活动，并利用海胆的尖刺抵御外敌。变色管竺鲷与同属的长管竺鲷的外形和体色都非常相似，只有生活的海域略有不同。

圆竺鲷族包括 7 个属，分别是鳍竺鲷属、鳍天竺鲷属、圆竺鲷属、拟天竺鱼属、银口天竺鲷属、圣天竺鲷属和黑腹天竺鲷属。大部分品种身体的透明度很低，色彩单调，但是有部分品种的体形和配色多姿多彩。

鳍竺鲷属

鳍竺鲷属只有一个品种——考氏鳍竺鲷，它的外形独特，色彩美观，主要分布于印度尼西亚邦盖群岛的海湾和珊瑚礁区。

考氏鳍竺鲷的体长一般为 6 厘米，身体微黄，略透明，体侧布满白色小点，还有几道纵向贯穿身体的黑纹和尾巴边缘的粗黑线条，看上去如同燕子，因此它又被称为珍珠飞燕。

❖ 考氏鳍竺鲷与一群幼鱼

考氏鳍竺鲷又名珍珠飞燕、泗水玫瑰、巴厘天使、峇里天使、长鳍玫瑰、大眼玫瑰等，它是天竺鲷科中的明星，和大多数天竺鲷科鱼类一样，它不难饲养，但是不容易开口吃颗粒饲料，喂养时可使用虾肉等荤食。

考氏鳍竺鲷有较强的领地意识，和其他品种混养时，应该合理选择小型鱼类。

考氏鳍竺鲷因其外形独特而备受水族贸易和饲养者追捧。因此，自然环境中的种群数越来越少，水族市场上见到的基本上都是由人工饲养的。

圆竺鲷族

显 得 花 枝 招 展

圆竺鲷族的鱼身体宽且短，略显圆润，部分品种显得花枝招展，是十分有魅力的海水观赏鱼品种。

❖ 异鳍天竺鲷

考氏鳍竺鲷在圆竺鲷族中独树一帜，不仅因为它们的外观独特，其繁殖方式也独具特点。虽然考氏鳍竺鲷和其他天竺鲷科的鱼类一样，是以"口孵"的方式繁殖下一代，但是其他天竺鲷科的鱼产的卵又多又小，而考氏鳍竺鲷产的卵却是又少又大，一窝最多不过 20 枚，每枚直径约为 2.5 毫米。此外，考氏鳍竺鲷的卵孵化后，幼鱼还会继续生活在雄鱼的大嘴中，直到高度发育后才会离开父母。

鳍天竺鲷属

异鳍天竺鲷是鳍天竺鲷属的唯一品种，其体长为 12 厘米左右，背鳍、腹鳍和臀鳍宽而大，整条鱼看上去显得很大。其全身深黑色至深棕色，有时背部会有白色斑块。此外，在求偶时，它们的体侧也会出现白色斑块。

异鳍天竺鲷名字中的"异"是指其第二背鳍有 15 个鳍条（1 个硬棘和 14 个软条），而大部分天竺鲷科的鱼的第二背鳍的鳍条一般都少于 10 个。

异鳍天竺鲷主要分布在西澳大利亚北部的海岛或群岛附近，栖息在浅海区的珊瑚礁洞穴和海底岩壁的石缝中。

圆竺鲷属

圆竺鲷属一共包括两个品种，分别是丝鳍圆竺鲷和环纹圆竺鲷，因外形轮廓呈圆形而得属名。

❖ 丝鳍圆竺鲷

丝鳍圆竺鲷的体长为7厘米左右，头部黄白色，红色眼睛中间是黑眼珠，第一和第二背鳍有长长的拉丝，第一背鳍下方有一道黑色宽条纹纵向穿过身体，黑色宽条纹后方是白底暗红斑点。整体看上去，丝鳍圆竺鲷的体形和色彩都非常具有观赏价值。它们主要分布于西太平洋至印度洋近岸水深约10米的岩礁斜坡和潟湖中，白天则形成大群栖息于枝状珊瑚之间。

❖ 环纹圆竺鲷

环纹圆竺鲷虽然与丝鳍圆竺鲷属于同一属，体型大小也相似，但是其体色灰暗，在水族市场上的价格远不如丝鳍圆竺鲷。

环纹圆竺鲷的体长为7厘米左右，体色灰暗，体侧有一道黑色粗纹由第一背鳍向下穿越腹部，一直延伸至腹鳍边缘，黑色粗纹后面有凌乱的灰黑色斑点。它们体形优美，但是色彩单一，与丝鳍圆竺鲷相比，它们在水族市场中逊色不少。环纹圆竺鲷主要分布于西太平洋、印度洋，常栖息于红树林和港口的浅水区。

❖ 拟天竺鱼属：红拟天竺鱼

在拟天竺鱼属20多个品种中，红拟天竺鱼的颜色最特殊，其体长为4厘米左右，通体红色，色泽光亮，主要活跃于深水区。

❖ 红眼银口天竺鲷

银口天竺鲷属是圆竺鲷族中的大属，有十几个品种，它们大多生活在深水区，身体为灰色和白色，体侧覆盖红色和棕色斑纹，其中红眼银口天竺鲷是最具代表性的品种。

❖ 多带圣天竺鲷

圣天竺鲷属中的鱼最显著的特点就是尾鳍宽大，体色有灰色、棕色、褐色等，大部分品种体侧都有纵纹。如多带圣天竺鲷，其分布于印度—西太平洋区，栖息于近岸到外海以及潟湖的岩礁和岩洞中，夜晚则活动于珊瑚礁区。

其他的品种

圆竺鲷族中除了以上 3 个属的品种的色彩和体形比较突出外，其他几个属的品种虽然也各有特色，但是相比之下，在水族市场上的需求热度要小很多。

黑腹天竺鲷是圆竺鲷族、黑腹天竺鲷属中的唯一品种，其体长一般很少有超过 3.5 厘米的，全身呈半透明奶油色，带有微微的橙色，与管竺鲷属的鱼长相近似，但是却没有管竺鲷属的鱼典型的腹部管状发光器官。

❖ 黑腹天竺鲷

狸天竺鲷族

透 明 有 银 色 光 泽

狸天竺鲷族的鱼身体透明度很高，而且体侧有银色反光，是天竺鲷科中有名的观赏鱼品种。

狸天竺鲷族包括两个属，分别是线天竺鲷属和狸天竺鲷属，两属一共不足10个品种，大部分品种都生活在印度洋、西太平洋，每个品种的身体都是半透明，又各有千秋。

线天竺鲷属

线天竺鲷属的鱼与狸天竺鲷属的鱼的外形区别不大，但是线天竺鲷属的鱼的背鳍有明显拉丝，体侧还有醒目的黑线纹，而狸天竺鲷属的鱼的这些特征都不明显，线天竺鲷属的鱼显得更飘逸。

线天竺鲷属的鱼不仅生活在潟湖，还常活跃于河口，有时甚至会进入淡水生活。

狸天竺鲷属

狸天竺鲷属的几种鱼类的身体半透明，形态都大同小异，体色略有不同，腹部的颜色也各不相同，有蓝色、绿色、红色、绿色至蓝色等，但是都有银色光泽。它们白天主要成群栖息于水深清澈的潟湖或岩礁水域，夜间则各自分散在海底砂石区域觅食。

❖ 线天竺鲷属：弓线天竺鲷

线天竺鲷属一共有3个品种，分别是弓线天竺鲷、侧线天竺鲷、条腹线天竺鲷，它们的体长比狸天竺鲷属鱼类的略长，体侧有明显的黑线纹。

❖ 狸天竺鲷属：含泪狸天竺鲷

狸天竺鲷属的鱼类的体长一般为6厘米，其主要的3个品种的区别如下：含泪狸天竺鲷的腹部有白色或银蓝色的反光；弱棘狸天竺鲷的腹部为绿色至蓝色，身体有黄色和蓝色的狭窄垂直条纹；绿腹狸天竺鲷的腹部有蓝色反光。

❖ 多鳞天竺鲷属的成鱼

多鳞天竺鲷属的鱼类主要栖息于太平洋、印度洋以及红海等海域，其成鱼主色调为红色，体长一般为17厘米，它们的幼鱼各不相同，但是成鱼外观大同小异。

多鳞天竺鲷族

如 同 绽 放 的 玫 瑰

　　多鳞天竺鲷族成鱼的体色为红色、粉色、棕红色和褐红色等，如同玫瑰绽放在海底和水族箱中，非常漂亮。

　　多鳞天竺鲷族包括一个属，即多鳞天竺鲷属，其包括4个品种，分别是美身多鳞天竺鲷、细鳞多鳞天竺鲷、纳塔尔多鳞天竺鲷和阿曼多鳞天竺鲷。本属鱼类的成鱼颜色为红色、粉色、棕红色和褐红色等，侧线鳞片比其他的天竺鲷鱼类多。本属的幼鱼与成鱼体色相差很大，而且各品种幼鱼的颜色也不同，但是成鱼的体色和外观非常相似。

鹦竺鲷族

品 种 繁 杂 ， 形 态 、 色 泽 各 异

鹦竺鲷族的品种繁杂，形态、色泽各异，该族虽然并非主流的海水观赏鱼品种，但也是水族市场中的一大品类。

鹦竺鲷属是鹦竺鲷族下唯一的属，其包括 90 多个品种，有很多分类不明显的天竺鲷科品种也被归入本属，因此，鹦竺鲷属很多品种之间的差异性很大，不过，它们有一个统一的特性，即有发达的吻部，且上、下颌边缘有参差不齐的牙状锯状结构，用以撕咬捕食，这也是本属名和族名的由来。鹦竺鲷属的品类纷杂，以下几种鹦竺鲷属鱼类的色泽鲜艳，具有本属代表性的特点。

❖ 条纹玫瑰

条纹玫瑰又名横纹鹦竺鲷，体长仅 5 厘米左右，其体色为红色至棕色，体侧有白色条纹和斑点，极具观赏价值。

九带鹦竺鲷

鹦竺鲷族的鱼大多分布于印度洋—太平洋海域，很多品种都和巨牙天竺鲷族的品种很相似，体侧由头部向尾部有多条横纹，吻部有参差不齐的凸出牙齿。它们大多生活在珊瑚礁岩底，有些品种非常稀有，如九带鹦竺鲷一般生活在受保护且隐蔽的珊瑚礁区，在水族市场难得一见。

锈斑鹦竺鲷、耙鹦竺鲷

鹦竺鲷族的鱼除了体侧长有横纹的品种之外，还有体侧有斑点纹的，如锈斑鹦竺鲷；体侧有竖纹的，如耙鹦竺鲷；身体呈黄色、半透明青色的等。

九带鹦竺鲷的体长一般为 9 厘米，夜间体色会变深，将自己隐藏在夜色之中。

❖ 九带鹦竺鲷

❖ 锈斑鹦竺鲷

锈斑鹦竺鲷属于夏威夷群岛西北部的特有品种，其体长一般不超过 14 厘米，常成大群藏匿于海底岩壁架和洞穴附近。锈斑鹦竺鲷一般体色为淡棕色，身体上有深色斑点，斑点相连并形成多条横纹。

❖ 耙鹦竺鲷

耙鹦竺鲷的体长为 7 厘米左右，一般生活在印度洋浅海，全身为银灰色，体侧有浅棕色横纹和 4~5 条竖纹，在腹部相交成"耙"，也因此而得名。

金黄鹦竺鲷

　　金黄鹦竺鲷的体长为 9 厘米，全身呈金黄色，口鼻处有一道深色短条纹，眼睛上、下各有一条细白线。这样的外观在鹦竺鲷族中并不少见，如科莫多鹦竺鲷、黄身鹦竺鲷、羊角鹦竺鲷、小斑鹦竺鲷等，它们的外观相近，仅体色略有差别。

❖ 金黄鹦竺鲷

❖ 羊角鹦竺鲷

❖ 科莫多鹦竺鲷

巨牙天竺鯛族

拟 态 有 毒 的 鱼 类

巨牙天竺鯛族最醒目的标志是身体上布有多条横纹，而且部分品种会拟态靠毒牙称霸海底的稀棘鳚属鱼类的体色和花纹，以混淆捕食者来保护自己。

巨牙天竺鯛族仅一属，即巨牙天竺鯛属，全属已知 14 个品种，它们广泛分布于印度洋、太平洋，如红海海域，不同海域的同品种之间的体色略有差别，有些尾柄有黑色斑点，有些则没有。所有品种的体侧都有多道黑色、褐色、红色或白色等颜色的横纹贯穿身体。此外，巨牙天竺鯛属的鱼还有一口巨大的犬牙，它们依靠这口巨大的尖牙在浅海珊瑚礁岩海域猎食和抵御捕猎者。

巨牙天竺鯛属中有 3 个比较特别的品种，即黑带巨牙天竺鯛、副条巨牙天竺鯛和带纹巨牙天竺鯛，它们会拟态靠毒牙称霸海底的稀棘鳚属鱼类的体色和花纹，以混淆捕食者来保护自己。

❖ 巨牙天竺鯛属鱼类的巨牙

桃色巨牙天竺鯛是巨牙天竺鯛属的品种之一，体长为 14 厘米左右，与其他巨牙天竺鯛属品种一样，生活在不同海域的桃色巨牙天竺鯛的体色略有不同，有些在尾柄处有黑色斑点，有些则没有。

❖ 桃色巨牙天竺鯛

黄腹稀棘鳚

带纹巨牙天竺鲷

❖ 带纹巨牙天竺鲷

带纹巨牙天竺鲷常会收起各鳍，模仿黄腹稀棘鳚恐吓捕食者。

黑带巨牙天竺鲷常会模仿黑带稀棘鳚恐吓捕食者。

鱼类的拟态常出现于幼鱼期间，但是巨牙天竺鲷属中的鱼类却是成年后依旧保持着拟态模式，让捕食者很难区分它们是巨牙天竺鲷属还是鳚科稀棘鳚属的鱼类。

笛鲷

笛鲷雌鱼和雄鱼的体色相近,大部分品种为经济鱼类,但也有部分品种的体色和体形颇具吸引力,是不错的海水观赏鱼。

笛鲷广泛分布于太平洋、大西洋和印度洋的热带及亚热带海域,多数品种生活在沿岸中上层或近海底层,少数品种可在淡水水域生活。

笛鲷属于夜行性肉食鱼类

笛鲷属于夜行性鱼类,白天喜欢成大群在珊瑚礁或沿岸礁区附近游荡,也有部分喜欢独居或者成小群活动;夜间则分散至附近的沙地上觅食,多以鱼类、甲壳类、软体动物等为食,也有靠滤食浮游生物生存的。

笛鲷雌鱼和雄鱼的体色相近,雄鱼体型略小,成鱼后通常会集成群,雄鱼会在雌鱼群中穿梭并轻撞雌鱼,然后雌鱼会和雄鱼一起如跳舞般地盘旋着上升至水面,排精排卵,而且这种行为在繁殖期可多次发生。

笛鲷的受精卵在海面上漂流一两天即可孵化成仔鱼,仔鱼早期靠吸收卵黄囊的营养成长,当卵黄囊消失后,仔鱼便开始随波漂流,捕食浮游生物,约6周后,它们开始洄游至岸边,在较浅的珊瑚礁区成长。

❖ 黄背梅鲷

黄背梅鲷是笛鲷科、梅鲷属的品种之一,其体长一般为27厘米,背部黄色、中间蓝绿色、下部灰白色,非常具有观赏价值。

斑点羽鳃笛鲷是一个比较长寿的物种,最长纪录能活到80岁。

❖ 斑点羽鳃笛鲷

幼鱼

成鱼

189

❖ 黑带鳞鳍梅鲷

黑带鳞鳍梅鲷的身体细长，它是笛鲷科、鳞鳍梅鲷属成员，其背部为棕褐色，腹部为灰褐色，全身有金属光泽。其最大的特点就是能快速改变腹部至尾部的颜色，由灰褐色变成红褐色。

笛鲷科的鱼类多生活于沿海，但是黑带鳞鳍梅鲷却能进入河口或淡水中生活，特别是幼鱼时期更是常见。笛鲷科鱼类中的红笛鲷、五带笛鲷、金带笛鲷、紫红笛鲷、马拉巴笛鲷等也能进入河口或淡水中生活。

由于有些笛鲷有成群活动的习性，过去渔民常会使用爆炸的方式捕鱼，但是这种方式对生态环境破坏很大，尤其是对珍贵珊瑚礁的破坏更大，如今这种捕鱼方式已经基本被世界各地禁止了。

笛鲷的品种众多，一般寿命可达 4~21 年，有些品种可活 40~50 岁，甚至有斑点羽鳃笛鲷活到 80 岁的纪录。

不易捕获的经济鱼种

笛鲷因肉多、味美，在所有笛鲷分布的国家都是十分重要的经济鱼种。根据联合国粮农组织（FAO）的估计，每年全球的笛鲷产量约在 15 万吨。然而，由于笛鲷常活动于珊瑚礁区周围，大部分品种很难用拖网或围网大量渔获，只能使用传统的捕鱼方式抓捕，如垂钓、小型网笼、潜水射标等，捕获的数量少。因此，无论是在海鲜市场还是观赏鱼市场上，其特定的品种的价格都很高。不过，如今有一些品种已经开始进行大规模的人工养殖，因此缓解了餐桌和水族市场的需求。

大部分笛鲷品种的幼鱼的体色比较鲜艳、亮丽，是不可多得的观赏鱼品种，随着成长，部分品种的成鱼体色会变得单一，失去了观赏价值，从而沦为人们餐桌上的一道美食。

最常见的笛鲷观赏品种多为笛鲷属、帆鳍笛鲷属、长鳍笛鲷属和羽鳃笛鲷属的鱼类。

笛鲷属：笛鲷科中最大的一属

笛鲷属是笛鲷科中最大的一属，其成员众多，它们和大部分笛鲷科其他属的成员一样，在成长过程中体色会不断发生改变，有些品种的体色单调，观赏价值并不高，是纯粹的食用鱼；但有些品种在幼鱼期和亚成鱼期的体色非常亮丽、醒目，如千年笛鲷等，具有非常高的观赏价值，成鱼后体色会变得单调；也有一些品种，如孟加拉笛鲷等，其幼鱼期至成鱼期的体色都具有观赏价值。

笛鲷属和笛鲷科中的其他很多成员一样，它们的幼鱼比较弱小，常会依附在海胆或蓑鲉身边，以抵御捕食者，长大后则会变得巨大，体长可达100厘米以上，身体很强壮。

帆鳍笛鲷属：背鳍有长长的拉丝

帆鳍笛鲷属的鱼类生长迅速，幼鱼期和亚成鱼期的背鳍宽大如帆，并且有长长的拉丝，股鳍、尾鳍宽大且长，非常适合作为观赏鱼饲养在水族箱中。虽然成鱼后体色会逐渐变得单调，背鳍的长拉丝会消失，

幼鱼

亚成鱼

成鱼

❖ 黑体羽鳃笛鲷

羽鳃笛鲷属的成鱼一般可以长到50厘米，有些品种能超过70厘米。它们生活在沿岸珊瑚礁向海面陡坡区水深不超过100米处。其幼鱼并不喜欢集群，反而更喜欢独处，成鱼后则会三两成群，觅食小型鱼类和甲壳动物。黑体羽鳃笛鲷又名黑背笛鲷、浮水花旦、黑衣天使等，是笛鲷大家族中最有名的观赏鱼品种之一。

成鱼

亚成鱼

幼鱼

❖ **丝条长鳍笛鲷**

丝条长鳍笛鲷又名曳丝笛鲷，是长鳍笛鲷属的品种之一，它是一种大型热带鱼，主要分布在澳大利亚及西太平洋热带海域。

笛鲷科的鱼类大都很容易饲养，但会吃掉鱼缸中的小鱼，饲养的时候最好与体型相仿或者更大的鱼类混养。

笛鲷科部分种类的体色会随着日夜变化而改变，有些种类还会根据活动水域拟色成环境色，从而实现伪装，逃避天敌或者提高捕猎机会。

❖ **帆鳍笛鲷**

帆鳍笛鲷又名丽皇，一般体长能达到40~50厘米。

但是总体来说，依旧具有一定的观赏价值。

帆鳍笛鲷属的鱼很容易饲养，它们和其他观赏鱼能和平共处，不过，它们背鳍上的拉丝很容易因被一些鱼类当成食物而被啃食；同时，笛鲷科的鱼类会啃食水族箱中的观赏性甲壳动物。

羽鳃笛鲷属：幼鱼黑白分明

羽鳃笛鲷属的鱼类在幼年或未成年时，黑色身体上有醒目的白色斑纹，黑白分明，模样非常可爱，因此常被当作观赏鱼。随着成长，其身体上的黑白色调会相互融合成暗色和灰色，失去了观赏价值。

成鱼　亚成鱼

❖ 千年笛鲷

千年笛鲷是笛鲷属中最具观赏价值的品种之一，主要分布于印度洋及太平洋海域，我国南部沿海也很常见。其主要生活在沿海岩礁及砂质海域，有时会进入河口觅食。

千年笛鲷幼鱼和亚成鱼的体色为纯白色，体侧有3道条状黑色斑纹，形如"爪"字，随着成长，"爪"字会变成深红色，成鱼后白色会消失，变成通体鲜红色。

幼鱼

丝条长鳍笛鲷：有毒的观赏鱼

　　大部分笛鲷都是无毒的，但是也有些品种有毒，并且有致人死亡的记录，如长鳍笛鲷属中的丝条长鳍笛鲷，它们的体内含有雪卡毒素，食用时需要小心谨慎。

　　长鳍笛鲷属的鱼类与帆鳍笛鲷属的外观很像，尤其是背鳍的拉丝和体色都非常接近，不过，长鳍笛鲷属的鱼类要比帆鳍笛鲷属的大很多，最大体长能达到100厘米左右。

一些珊瑚礁鱼类（苏眉鱼、红斑鱼等）因大量摄食剧毒藻类而在体内积累大分子聚醚神经毒素，其毒性非常强，比河豚毒素强100倍，是已知的危害性较严重的赤潮生物毒素之一。在它们体内已发现3类雪卡毒素，即太平洋雪卡毒素、加勒比海雪卡毒素和印度雪卡毒素。

孟加拉笛鲷的体长一般为28厘米，广泛分布在印度洋和太平洋海域。其幼鱼时期体侧有多道明亮的横纹，体色鲜艳，成鱼后则会变得黯淡。

❖ 孟加拉笛鲷

海鳗和海鳝

海鳗和海鳝的身形相似，似蛇非蛇，看上去能让人惊起一身鸡皮疙瘩，它们中有些品种非常可爱，是观赏鱼市场上的抢手货。

❖ 海鳗

"鳗"的性别会受环境和数量的影响，当数量多、食物不足时就会变成雄鱼，反之变成雌鱼。比如，我国台湾地区的河流中由于鳗鱼数量很少，食物充足，所以雌鱼的数量就远大于雄鱼。

❖ 看上去十分凶恶的鳗鲡目鱼类

海鳝和海鳗是同属于鳗鲡目的鱼类，全世界共有13属200多个品种，因为鳗鲡目的鱼类大多有细长的身子，品种之间很容易混淆，因此很多品种既被称为"鳝"，也被称为"鳗"。

鳗鲡目的鱼类大多样子像蛇，口大、牙坚利，看上去十分凶恶，是凶猛的捕食者，它们的存在是其他各种鱼类的噩梦，但是，有些品种看上去却又非常可爱，如各种花园鳗，它们将自己"种"在海底，随着水波荡漾；也有些品种不善捕食鱼类，如蛇鳝属的部分品种，它们性情温和，一般靠觅食行动缓慢的甲壳类动物生存；还有些品种看上去不仅不吓人，反而非常吸引人，如彩带鳗，它们游动起来时如同飞舞的彩带，完全能让人忘记它们凶残的本性；除此之外，还有些品种非常亲近人，如豹纹海鳝，一旦饲养在水族箱中，就会像狗一样喜欢有人"撸"它。

鳗鲡目中的一些可爱、温顺和色彩斑斓的品种往往会被饲养在水族箱中，在人造岩石缝隙或沙底过着隐居生活。

❖ 在海底游动的彩带鳗（雄性）

彩带鳗

像　飞　舞　的　彩　带

彩带鳗是一种非常奇特的鱼，拥有迷人的外表、曼妙的舞姿，是水族箱中不可多得的观赏鱼，除了漂亮之外，它们还能在成长过程中多次改变颜色和性别，让人为之惊叹。

彩带鳗是一种热带鳗鱼，也称五彩鳗、七彩鳗、大口管鼻鳝、蓝体管鼻鳝，主要分布于太平洋西部海域，常栖息于珊瑚礁的小沙沟崖壁。

❖ 彩带鳗幼体（黑色）

多次改变颜色和性别

彩带鳗在幼小时为黑色，当它长到 50~100 厘米长时就变成雄鱼，身体也会变成黑蓝色或蓝色；当长到 100~133 厘米长时，又由蓝色变为蓝黄色的雌鱼；直到长成 130 厘米长的成鱼后变成金黄色。在整个成长过程中，彩带鳗会经历 4 次颜色变化和 3 次性别变化，直到长为金黄色的雌鱼。

❖ 彩带鳗雌鱼（黄色）

彩带鳗的嗅觉非常发达，它们进化出两个管状的外鼻孔，用来捕捉水中的血腥味。

彩带鳗的两个管状外鼻孔是它们健康的标志，没有外鼻孔的个体可能受到了伤害或有疾病。

❖ 彩带鳗雄鱼（多彩）

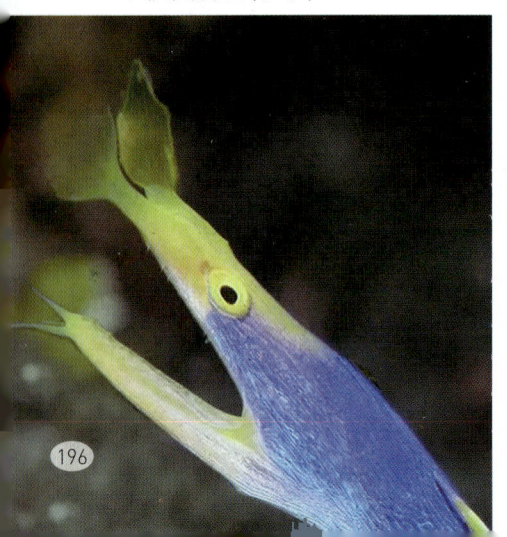

彩带鳗的颜色多为黄色和蓝色，是一种形似蛇的生物，身体长而薄，背鳍高，常常雌雄同穴，将身体藏在泥沙和岩穴中，捕食时仅会从巢穴中伸出半个身体，啄食浮游生物、小鱼及甲壳类等。

饲养彩带鳗的注意事项

尽管彩带鳗看起来很漂亮，但它们的脾气有点暴躁，即便是饲养在水族箱中，也不要过分逗弄它们，尤其不要用手直接与它们接触，否则有可能会遭到它们的攻击。除此之外，彩带鳗还是凶猛的捕食鱼类，它们会在水族箱中捕食其他小鱼，所以它们无法和体长小于 10 厘米的鱼饲养在一起，也不要与蝴蝶鱼、神仙鱼和倒吊鱼等混养，因为这些鱼喜欢啄咬，彩带鳗裸露在外的皮肤会被它们啄咬伤。当然，人们只要耐心地饲养，就能养出一条颜色鲜艳、好动，游动时像艺术体操运动员手中挥动的彩带那样曼妙的彩带鳗。

饲养彩带鳗时必须为它们提供躲藏的洞穴，没有隐蔽处的水族箱会造成它们因紧迫而绝食。可在水族箱中准备一段直径为 2~3 厘米的水管。

彩带鳗幼鱼很少能在人工环境下出现成体那样的美丽颜色，如果喜欢蓝色和金黄色的彩带鳗，可直接购买成鱼。

在饵料营养不充分的时候，雄性彩带鳗身上绚丽的蓝色会逐渐褪去，每周要多喂一些蛤肉和虾肉才能维持这种颜色。

有些彩带鳗刚入住水族箱时，不会轻易摄饵，需要用活小鱼和小虾慢慢逗、诱，让它们有争食的欲望，不过也无须担心，因为对彩带鳗的驯饵一般都会成功。

花园鳗

海　底　的　舞　者

花园鳗的身体颜色美丽，呈长条形，喜欢将身体埋在海底沙土中，只露出上半身，随着水流荡漾，好像从花园里生长出来的植物一样随风摇摆，因此而得名。当成群的花园鳗在同一个海域翩翩起舞时，场面颇为壮观，令人震撼。

花园鳗主要分布于热带至亚热带的大洋，栖息在珊瑚礁沙质海底。

靠尾巴挖洞

花园鳗的身体呈管状，成年体长约为40厘米，体形细长，常年插在约10米深的海底洞穴中，只露出上半身随海流晃动，借晃动捕食浮游生物。

花园鳗藏身的海底洞穴不是靠它们的嘴巴，而是靠尾巴挖出来的。它们选择好栖息地后，便会将尾巴插入沙子，然后不断地扭动、抖动，缓慢下"挖"，使沙子上出现一个适合身体大小的孔，同时，花园鳗还会分泌黏液，加固孔洞壁的沙子。洞穴挖好后，花园鳗便会将身体插入洞穴，然后留身体的1/3及头部在外面，像从水底长出的植物一样。

天生胆小

花园鳗往往喜欢成群在一个水域筑巢，而且巢穴一个挨着一个，离得非常近，成群的花园鳗在海底随着水流翩翩起舞，场面非常壮观。花园鳗的胆子非常小，而且戒心非常高，只要稍有风吹草动，它们便会迅速缩进洞穴，直到危险解除后才会小心地探出脑袋，左顾右盼，确定安全后，伸出身体继续随着水流起舞。

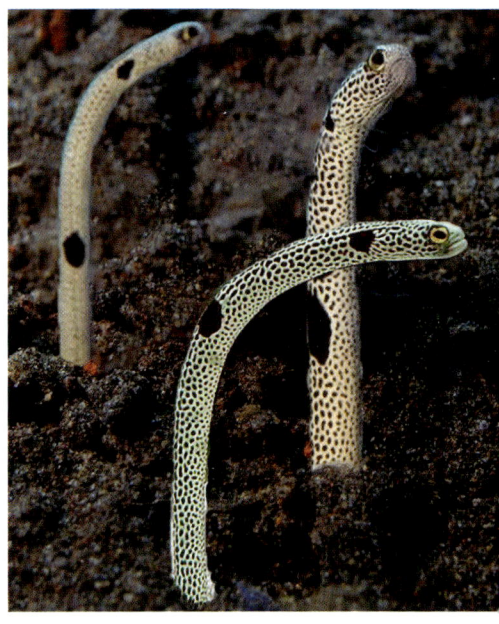

❖ 翩翩起舞的花园鳗

潜水员要想观看花园鳗翩翩起舞的场景，只能悄悄地潜到附近，远远观看或远距离拍摄，否则一定会惊吓到它们。

❖ 悄悄探出脑袋的花园鳗

❖ 两只吵架的花园鳗

建议用 500 升以上的水族箱饲养花园鳗，可以多放几条，并提供足够厚的底砂。不要与凶猛的鱼混养，要加盖防止其逃跑。可以饲喂丰年虾和薄片等动物性饵料。

❖ 花园鳗面包

花园鳗以其可爱的形象而受到人们的喜爱，尤其是日本人对花园鳗更加喜爱，大街小巷中充斥着各种与花园鳗有关的玩偶、工艺品，甚至有花园鳗形象的面包。

❖ 哈氏异康吉鳗

有一种花园鳗叫作哈氏异康吉鳗，它们的头部纹理和颜色黑白相间，遍布大小斑点，时尚感十足，与日本犬种"狆"很像，因而又得名"狆穴子"。

❖ 横带园鳗

横带园鳗是花园鳗中颜值最高、名气最大的一种，又被称为"锦穴子"，其最大的特征就是身上有一圈圈橙白相间的条纹，使它们看起来好像圣诞节的"Candy Cane"（拐杖糖）一样。

搞笑的吵架方式

有传言，花园鳗可能会因为突然受到惊吓或强烈的闪光而紧张地死去，如此胆小的它们却有非常强的领地意识，它们几乎每天都会因离邻居太近而互相吵架，它们不仅吵架，甚至还会"拉帮结派"，但很少见到花园鳗真正打架，它们吵架只是为了通过警告、威慑、抗议等相对理性的方式来解决领土争端，整个吵架过程显得格外搞笑。

当你看到两条花园鳗缠绕在一起时，别以为看到了难得一见的花园鳗之间的战争，因为那不是打架，而是在交配、繁衍后代呢！

蛇鳝

海鳝和海鳗是凶猛的捕食者，然而蛇鳝却有点另类，它们属于温和的品种，很少会主动捕食鱼类，而且能与鱼类和平共处。

蛇鳝形似黄鳝，有毒，为鳗鲡目、鯙亚目、鯙科、蛇鳝属的统称，在东、西太平洋都有分布，主要生活于浅海潟湖至深水礁坡水域，栖息在岩石底质的潮间带岩石潮池中，为底栖性鱼类。

体色变化大

蛇鳝的身体呈圆柱状，尾部侧扁，头长，口大，无胸鳍及腹鳍，背鳍、臀鳍与尾鳍相连；身披厚皮，无鳞，且分泌有黏液，因此，它们穿梭在岩石缝隙和珊瑚礁中时不容易被划伤。此外，蛇鳝最大的特点是皮肤上的色素细胞多且密集，体色变化大，有单色、细点、圆点、不规则花纹及条纹等，使它们隐藏在岩石缝隙中时不容易被发现。

甲壳动物杀手

大部分蛇鳝种类属夜行性鱼类，它们白天躲在岩石缝隙中或将身体埋在沙底之中，仅探出头部，微微张开嘴，露出锐利的牙齿。夜晚外出觅食，蛇鳝和其他鳗鲡目的"鳝"和"鳗"不同，它们并不善于捕猎鱼类，反而对鱼类比较温和，因为蛇鳝的行动不够灵活，很难抓住灵活的鱼类，但是它们对甲壳动物却非常凶猛，有些蛇鳝甚至会登陆猎杀螃蟹等。由于它们对鱼类友善的特点，一些体色亮丽的蛇鳝品种，如斑纹蛇鳝等被放入水族箱，成为珊瑚礁鱼类的伙伴。

❖ 蛇鳝

蛇鳝和大部分鳗鲡目的鱼类一样很容易饲养，但它们喜欢逃跑，因此水族箱需要有足够的活石及密封的盖防止其逃跑，数据显示，鳗鲡目鱼类死亡的大部分原因都是盖没有盖好。

蛇鳝和其他种类的鳗鲡目鱼类一样会转变性别，大部分能转换性别的海洋鱼类都是由幼鱼首先长成雌鱼，然后再转变成雄鱼，而蛇鳝不仅有先雌鱼后雄鱼的品种，还有的品种是先雄鱼后雌鱼。

蛇鳝中脾气最温和的品种是斑纹蛇鳝，它又被称为斑马蝮、条纹裸蛇鳝，斑纹蛇鳝的条纹像斑马身上的条纹一样迷幻。

蛇鳝属于肉食性动物，主要以螃蟹、龙虾、贝类等为食，偶尔倒霉的鱼类也会成为它们的食物，因此在水族箱中饲养时，不能将它们和太小的甲壳动物混养，也不能和活动迟缓的小鱼一起混养，否则后者很容易成为蛇鳝的食物。

❖ 豹纹海鳝

豹纹海鳝

鳗鲡目中的"二哈"

豹纹海鳝的面貌丑陋，生性凶残，但它们被圈养后往往会变成观赏鱼中少有的像"二哈"（哈士奇）一样的生物，喜欢被人"撸"，这与它们的形象和性格完全不吻合。

裸胸鳝属的鱼类是重要的珊瑚礁鱼类，在水产市场上，豹纹海鳝和其他一些裸胸鳝属鱼类都被称为"油锥"，即指它们的肉很肥美，而且有刺，属于美味的经济鱼类。

豹纹海鳝又名石鳗、虎鳗，是鳗鲡目、海鳝科、裸胸鳝属的鱼类，主要分布在印度洋和太平洋的大部分热带及亚热带海洋珊瑚礁附近地区，在我国南部沿海也有大量分布。

海洋中的狠角色

豹纹海鳝属于大型鳗鲡鱼类，体长一般可以长到1米，它们体形似鳗，较侧扁，无胸鳍，白色身体上布满了如豹纹一般的花纹。在海洋世界中，大部分长有豹纹的海洋动物都非常可怕，如连鲨鱼都不敢惹的豹鳎、满身金钱豹纹的蓝环章鱼等，它们都是海洋中的狠角色。豹纹海鳝也不例外，它们生性凶猛，且不惧强敌。在海洋中，哪怕是大型章鱼，只要被豹纹海鳝盯上了，也很难逃脱纠缠，最后只能缺胳膊少腿地逃跑。

❖ 蓝环章鱼

蓝环章鱼的个头虽小，但分泌的毒液足以在一次啮咬中就夺人性命，而且目前还没有解毒剂，它是已知的最毒的海洋生物之一。

会协同包抄猎物

豹纹海鳝虽然凶猛，但是却不善游泳，只精通于在珊瑚礁区猎杀小鱼，因此，猎物往往只要逃出珊瑚礁区，进入开阔水域便安全了。为了更好地捕猎，豹纹海鳝会和一些鳃棘鲈属的鱼类结盟，如和豹纹鳃棘鲈一起围捕猎物，因为豹纹鳃棘鲈善于在珊瑚礁区的开阔水域捕猎，所以，每当豹纹鳃

豹鳎指的是比目鱼中的鲽形目、鳎科的石纹豹鳎和眼斑豹鳎等，是地球上仅有的几种有毒的比目鱼。

❖ 豹鳎

棘鲈在珊瑚礁区的开阔水域追捕猎物时，豹纹海鳝就会协同捕猎，而且在长期的合作过程中，彼此之间已经有了一定的默契，无论是哪一方一个摆尾或一次身体的晃动，都能让对方明白包抄猎物的意图，因此，无论猎物是逃入珊瑚礁缝隙还是开阔水域，都难免一死。

求"撸"的水中"二哈"

豹纹海鳝是鳗鲡目中的大型经济鱼类，在观赏鱼市场上很少见，反而在很多海产市场中可以发现它们的踪影。

豹纹海鳝非常聪明，而且智商很高，它们虽然是凶猛的捕食者，但是一旦被养入水族箱，它们能很快认清形势，做一个听话的"乖宝宝"。尤其是从小就开始饲养的豹纹海鳝更容易成为理想的宠物，只要坚持从小不断抚摸它们，当豹纹海鳝长到 50 厘米左右的时候，就会开始变得格外亲近人，它们经常会浮出水面，像"二哈"一般求你抚摸它们的脑袋，被摸舒服了还会在水族箱中来个大翻身，搞得水花四溅，而且不会伤害到你。

饲养豹纹海鳝需 250 升以上的水族箱，并提供足够多的活石。它们很凶猛，会吃掉任何可以吞掉的鱼及甲壳动物，不要与其他海鳗混养，除非水族箱超过 600 升，并且豹纹海鳝尺寸相差不大及同时入缸。

豹纹海鳝对水质要求不高，可以接受人工投喂的鱼肉，一般一周投喂两次即可，如果食物充足，它们的生长速度非常惊人。

豹纹海鳝卵孵化后，变成狭头型的幼鱼，身体长且透明。豹纹海鳝幼鱼会在开阔水域生活较长时间。

❖ 豹纹海鳝

海马和海龙

海马是海龙科数种小型暖水海洋鱼类的统称，体长为5~30厘米，有些特殊的品种的体长仅有20毫米，因头部弯曲与体近直角，呈马头状而得名，它们主要分布在大西洋和太平洋等海域，大多生活在浅海多海藻的地区，全世界有近50种，我国已知有7种。

古人对海马的认识

我国很早就有关于海马的记载，古时候称其为水马，晋代葛洪编著的道教典籍《抱朴子》中记载："水马合赤斑蜘蛛，同冯夷水考矣。"其中的水马即指海马。

❖ 蒙地贝罗海马

蒙地贝罗海马的体长一般为10厘米，主要产地为印度洋东部，其形态特征明显，全身有黑白相间的花纹，与非洲草原的斑马非常相似，很容易与其他种类的海马区分。

海马

酷 似 骏 马 的 海 洋 鱼 类

海马大多生性懒惰，游动缓慢，常常用尾部勾住珊瑚，身体直立水中，姿势十分优美，尤其是体型较小的品种更可爱。

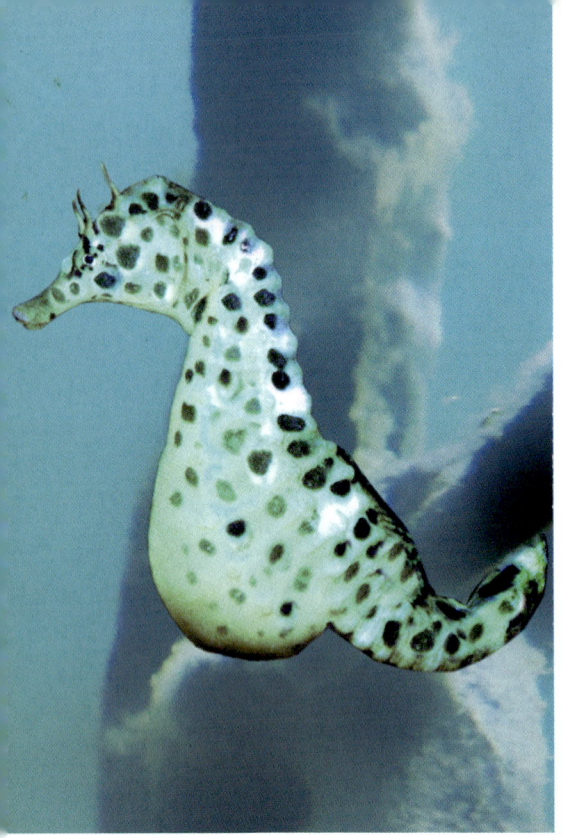

海马身子弯曲，大腹便便，没有尾鳍，大多数品种游动速度慢。它们通常像海草一样，以卷曲的尾巴系在海草、珊瑚和枯枝上。它们有一对凸起且可以独立活动的眼睛，能轻松地发现猎物，并且能很有效率地捕捉到行动迅速、善于躲藏的桡足类生物。

魏晋南北朝时期的《南方异物志》中描述："海中有鱼，状如马头，其喙垂下，或黄或黑。海人捕得，不以啖食，曝干即此也。"我国古代众多古籍曾详细地描述过海马的外观、捕捞方式和药用价值等，但是对海马的观赏价值少有提及。在古人的认知中，海马的颜色很单一，如宋朝太医院编的《圣济总录》中记载："海马，雌者黄色，雄者青色。"随着潜水员、生物学家、海底探索者等不断地探索，发现海马不仅有黄色的、青色的、黑色的，还有长满斑点的膨腹海马、满身斑马纹的蒙地贝罗海马、红得艳丽的花海马等，更有可爱的豆丁海马。

❖ 膨腹海马

膨腹海马又名大腹海马、大肚海马，它的体长可达 35 厘米，是所有已知海马中最大的一种，体灰白色，在头部与躯干上有深色的斑点与污点，最鲜明的特点是肚子肥大。

膨腹海马主要分布于西南太平洋、澳大利亚及新西兰海域，与大多数海龙科鱼类不同，它擅长游泳，为了觅食一天可以游几百米。它们大多时间栖息在较深的海底，据记录最深可达 109 米，偶尔也会在浅海的海藻、海草和岩礁海区活动。

应选择高度超过 45 厘米的水族箱，100 升水中不超过 4 只海马为宜；海马对水质要求很高，容易受细菌感染，需配备紫外线杀菌灯。水族箱中最好有活石或葡萄藻等，如果没有悬挂物，海马会因感到紧迫而紧张。

❖ 花海马

花海马产于日本附近海域，如今已被世界自然保护联盟列为濒危物种，因此无法在水族市场上见到它们，但是在一些大型的海洋馆和水族馆中依旧可以看到它们的踪迹。花海马的体长为 5~6 厘米，雌性略大，成体颜色红得艳丽，也有品种的体色为暗褐色，它们的幼体颜色单一并呈黄色。花海马的管状嘴吸力很大，能轻松吸住 1 厘米长的河虾，并将它们撕碎。

豆丁海马

豆丁海马的体长大约为 1 厘米，它是海马家族中的矮个子，被潜水员们称为"侏儒海马"，主要分布在北纬 20° 到南纬 20° 之间。

豆丁海马的种类很多，它们主要攀附在柳珊瑚上，体色会随着寄宿的柳珊瑚的颜色不同而拟态成不同颜色，如红色、灰色、黄色、白色等，如今，最常见的豆丁海马有瘤豆丁、平豆丁和棘豆丁。

豆丁海马能随时改变体色，隐藏在攀附的柳珊瑚枝杈中，因此很难被发现，即便被天敌发现，它们也能第一时间逃入珊瑚的枝杈中，消失得无影无踪。

豆丁海马的体型实在太小，在茫茫大海中很难遇到另一半，所以为了更好地繁衍后代，豆丁海马一般从很小就开始成对或成群地栖息在一株柳珊瑚上。

豆丁海马的繁殖方式和其他海龙科的鱼类一样，由雄性海马孵卵。不过，豆丁海马全年都有繁殖现象，一般一对海马只能孵化出三四只幼体，它们的外观就是缩小版的成体海马，幼体海马不会获得父母的特殊照顾，它们从小就要靠自己捕食。

海马行动缓慢，进食也比较慢，因此不要和鱼类混养。

❖ 豆丁海马

❖ 攀附在柳珊瑚上的豆丁海马

全世界第一只豆丁海马是在 1996 年被发现的，它们攀附在柳珊瑚上，发现者是大洋洲水族馆研究人员乔治·巴吉班特，因此以他的姓氏命名为"巴氏豆丁海马"。

豆丁海马和其他海龙科的鱼类一样，捕食对象也以桡足类动物为主，这种动物的逃跑速度很快，所以极难捕捉。

别看豆丁海马长得迷你可爱，它们可是凶狠的捕食者，一旦发现目标，它们就会悄悄地、好像海扇珊瑚的断肢一样，随水流漂近猎物，然后突然发起攻击，一击制胜。除了主动攻击外，豆丁海马还会利用柳珊瑚的枝杈组成如蜘蛛网一样的陷阱，然后咬破柳珊瑚的一点枝杈，枝杈的伤口会流出一些汁液，这便是豆丁海马的诱饵，做好这一切准备工作后，豆丁海马便会潜伏在柳珊瑚中，坐等猎物入网。

在生存压力极大的大海中，萌萌的豆丁海马不得不利用柳珊瑚做掩护，在危机四伏的大海中谋求生存和繁衍生息之道。

❖ 攀附在柳珊瑚上的一对豆丁海马

单株柳珊瑚上发现豆丁海马数量的最高纪录为 28 只。

❖ 捕食中的豆丁海马

海龙

比 海 马 外 观 更 加 飘 逸

海龙因头细长、常具有突出的管状吻并形如传说中的龙而得名。

海龙也称为杨枝鱼、管口鱼，是海龙科中的一属，约有200个品种，我国约有25个品种。

清代草药专著《百草镜》中记载："海龙乃海马中绝大者，长四、五寸至尺许不等，皆长身，而尾直不作圈，入药功力尤倍……"清代医学家赵学敏在《纲目拾遗》中记载："海龙，产澎湖澳，冬日双跃海滩，渔人获之，号为珍物。"我国古籍中对海龙的描述并不十分准确，海龙属的鱼类身体较长，尾部细长，臀鳍很小，常与背鳍相对，有胸鳍，无腹鳍，有些有尾鳍，有些如海马一般无尾鳍。

整体来说，海龙要比海马的外观更加飘逸，观赏性更高，在自然环境中，很多品种的海龙都是非常活跃的清洁工，如形如鳗鲡鱼的蓝带海龙、多带海龙、黑环海龙等，还有形如利箭的强氏海龙等，它们会像"鱼医生"一样，成天忙碌着给天竺鲷或雀鲷等珊瑚礁鱼类清理身体上的寄生虫等。

除此之外，还有尾部如海马的尾巴一样卷曲的棘刀海龙、鳄鱼海龙等，以及本科最有名的品种草海龙和叶海龙，它们仅存于大型海洋馆和水族馆中，平时难得一见。

海龙由于外形看起来既像海藻叶，又像传说中的龙而得名。

海龙行动缓慢，不能和其他观赏鱼或无脊椎动物混养，否则容易被抢食；有时会被珊瑚蜇伤或被大型珊瑚吃掉。海龙只对活的食物感兴趣，喜欢吃海水小虾、小鱼，在饲养初期可训练其接受冷冻丰年虾，但不吃饲料。

蓝带海龙又名蓝带矛吻海龙、黑胶海龙、非洲蓝纹海龙、红海矛吻海龙等，体长为12厘米左右，广泛分布于印度洋，以及整个中太平洋到美洲西部沿海，一般生活在岩石、珊瑚和岩壁下的缝隙中，也存在于潟湖和向海的珊瑚礁中，给往来的天竺鲷和雀鲷等珊瑚礁鱼类清洁身体，偶尔在遇到危险时会隐藏在海胆刺中。蓝带海龙体形修长，如同鳗鲡目的鱼类，由一道蓝色横纹贯穿橙色身体，有圆形的大尾鳍，看起来像极了一根长长的孔雀羽毛，非常赏心悦目，经常用于水族贸易，在亚洲市场上常会作为药品或小件稀有物品出售。

❖ 蓝带海龙

多带海龙

黄多带海龙

黑环海龙

❖ 多带海龙、黄多带海龙、黑环海龙

多带海龙又名多环斑节海龙、多环矛吻海龙、多带矛吻海龙等，主要生活在西太平洋的珊瑚礁海域，给往来的天竺鲷和雀鲷等珊瑚礁鱼类清洁身体。

多带海龙的体长为15厘米左右，金黄色的鱼体上分布着密集红褐色的纵向环纹，宽大而椭圆形的尾鳍中央有一块亮眼的白色斑纹，形如孔雀的羽毛，非常赏心悦目。多带海龙是海龙属中比较难养的品种之一，需用150升以上的纯海水水族箱饲养，不能与带刺须的无脊椎动物混养，刚入缸时，要用活的盐水虾诱其开口，其后用活饵料喂养。由于其管状嘴很小，进食很慢，每天至少要喂3次。多带海龙与黑环海龙、黄多带海龙的配色方式相近，仅颜色略有不同。

黑环海龙的黄绿色鱼体上分布着黑色纵向环纹，尾部有一块红色斑块；黄多带海龙的褐色鱼体上分布着黄色纵向环纹，尾部为亮红色。它们的身体修长，如同鳗鲡目的鱼类，整个鱼体加上宽大而椭圆形的尾鳍，形如在海中漂荡的孔雀羽毛。

❖ 强氏海龙

强氏海龙又名强氏矛吻海龙，体长为13厘米左右，鱼体细长，纤细无鳞，鱼头、鱼尾呈蓝紫色，鱼体中部为橙色，看上去像一支离弦之箭。它们通常在大片的珊瑚下方并有海绵的洞穴附近生活，它们是天竺鲷与雀鲷的清洁鱼，因此常会在天竺鲷与雀鲷出没的珊瑚礁附近设立专门的"清洁站"。

❖ 鳄鱼海龙

鳄鱼海龙的体长不足30厘米，其尾部可以卷曲并缠绕在其他物体上，它是最常见的被作为中药的海龙品种之一。

棘刀海龙是刀海龙家族中的最大成员，体长接近40厘米，身体呈粉红色、橙黄色，并带有浅黄色斑纹，它和海马属的其他鱼类一样，有一条可以卷曲并固定身体的尾巴。

棘刀海龙体色鲜艳，是海龙属中最具代表性的品种，因而成为各类介绍海洋生物的杂志、书籍、海报上面最常见的模特之一。

❖ 棘刀海龙

草海龙与叶海龙

草海龙和叶海龙主要分布于南澳大利亚南部及西部海域，通常生活在水深4~30米的礁沙混合的暖海区。澳大利亚有关部门已将它们列为保护动物，特别是外表细致华丽的叶海龙更是相当稀少珍贵。

草海龙和叶海龙的体长都为30~45厘米，雌性稍大，它们都是海洋生物中杰出的伪装大师，身体由骨质板组成，并向四周延伸出一株株海藻叶一样的瓣状附肢，体色会因个体差异以及栖息海域的深浅而从绿色到黄褐色各不相同，雄性的体色较雌性的更深。此外，叶海龙比草海龙的瓣状附肢更多，也更大，如果它们漂浮在水中不动，就像一株漂浮在水中的藻类。

草海龙和叶海龙都属于独居动物，常成单或成对一起行动，大部分时间都待在海藻中，它们只有在摆动小鳍或转动眼珠时才会暴露行踪。

岌岌可危的生存现状

草海龙和叶海龙虽然不像其他神秘的海洋动物那样难觅踪影，但能亲眼见到它们的人变得越来越少了。

由于环境污染和工业废物流入海洋，海龙的生存受到很大的威胁，加上海龙不善游泳，以及极高的观赏价

❖ 草海龙

草海龙又称为澳洲叶海马鱼。

❖ 叶海龙

❖ 草海龙

草海龙和叶海龙都以小型甲壳类、浮游生物、海藻、糠虾、海虱和其他细小的漂浮残骸为食。然而它们却没有牙齿，靠长得像吸管一样的嘴巴将食物吮吸进肚子。

叶海龙属于顶级世界珍稀奇异海洋生物。目前，我国除大连外，只有成都有两只叶海龙，而国内叶海龙的总数不超过5只。

叶海龙和草海龙从产卵、受精、孵化到存活的概率都很低，仅有5%，因此，澳大利亚有关部门已将草海龙列为重点保护珍稀动物。

值，使这一类珍稀动物遭到大肆捕捉，特别是外表细致华丽的草海龙和叶海龙更是变得相当稀少，已濒临灭绝，在观赏鱼市场上根本见不到，只有潜水或者在一些大型水族馆中才能见到它们。

除了草海龙和叶海龙外，海龙科中也有部分品种会出现在观赏鱼市场和一些小型的水族馆中，可供对它们感兴趣的人们去购买或者参观。

草海龙和叶海龙都不善于游泳，每年都能够在南澳大利亚的海滩上发现被冲上岸的草海龙。

❖ 澳大利亚海岸线上的草海龙浮雕

剃刀鱼

惊 艳 的 海 底 拟 态 鱼

剃刀鱼的身上布满彩色的花纹，颜色鲜艳，它们有巧妙的变色市领，能随时改变体色，伪装成树叶、海草、珊瑚、羽毛等，完美地与周围环境融为一体。

剃刀鱼又名鬼龙鱼、花彩剃刀鱼、彩点刀鱼、刀口鱼，原产于太平洋西部、印度洋的热带海域。它和海马、海龙是亲戚，都是海龙目的鱼类，因此也被称为假海龙。

剃刀鱼与草海龙长得很像，只是体型小很多，只有10厘米长，其从嘴吻到躯干布满须状突起，吻很长，呈管状，口小而斜，背鳍、臀鳍、腹鳍和尾鳍多姿多彩，锯齿形的边缘形如树叶。

剃刀鱼的性情温和，经常成对出现，有时离群独居，偶尔也有小群聚集，通常生活在有藻类的珊瑚礁区，拟态成珊瑚、枯叶、水草或者漂浮物，伺机捕食小鱼、小虾、蚊子幼虫和水蚤等，因体型很小，而且体色会变色成环境接近色，所以很难被发现。

剃刀鱼哺育下一代的方式和草海龙很像，都是通过育婴囊哺育下一代。但不同的是，草海龙的育婴囊在雄草海龙的尾部，而剃刀鱼的育婴囊是由雌性的左右腹鳍结合形成，因此，哺育幼鱼的任务是由雌性剃刀鱼独立完成的。

剃刀鱼因体色多彩、行为古怪而作为海龙目鱼类中的观赏鱼品种，在水族市场上占有一席之地，不过，它们和海龙科的鱼类一样，饲养难度大。

剃刀鱼可以在150升或以上的水族箱中与其他海龙或海马混养，需要足够的躲藏地点，如洞穴或岩石缝。水流要弱，要有沙底，食物主要为小的活脊椎动物，如海虾等。

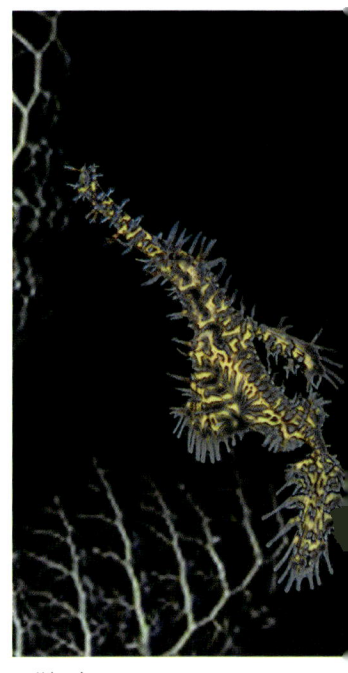

❖ 剃刀鱼

剃刀鱼的种类很多，最常见的剃刀鱼品种包括有白底、黄底、黑底和红底。

❖ 藏在珊瑚中的剃刀鱼

躄鱼

躄鱼的身体色彩艳丽，它们生活在热带珊瑚礁及海藻繁茂的海底，不太会游泳，但会使用胸鳍和腹鳍行走，也会随周围环境变化而改变体色，还会使用珊瑚、海葵或海草伪装自己。

躄鱼的大嘴可以吞食比自身大1倍的动物，但是由于躄鱼没有牙齿，如果猎物体积过大，它们也只能眼睁睁地看着到嘴的猎物逃跑。

躄鱼在自然环境中能吞食大量食物，但是在人工饲养时不适合吞食鱼类，否则很容易被撑死。

中国产5种躄鱼，即三齿躄鱼、毛躄鱼、钱斑躄鱼、驼背躄鱼、黑躄鱼。

❖ 躄鱼

躄鱼又叫跛脚鱼，在国外的海水观赏鱼圈中也被称为青蛙鱼，是鮟鱇目、躄鱼科鱼类的统称，为暖水性近岸底层小型鱼类，分布于印度洋、大西洋和太平洋的热带及亚热带海域，也见于红海，少见于地中海。

丑成一坨

躄鱼丑成一坨，以高明的伪装技术而出名。海洋中的躄鱼科鱼类超过100种，但能够分辨的只有50种左右。

躄鱼体型小，头大，体稍侧扁，腹部膨大，皮肤粗糙，大部分品种不能作为经济食用鱼类，仅少部分品种，如迷幻躄鱼、条纹躄鱼、玩具五脚虎、海草鱼等具有一定的观赏价值，其他大部分品种被捕捞后的命运多是被打碎后作肥料使用。

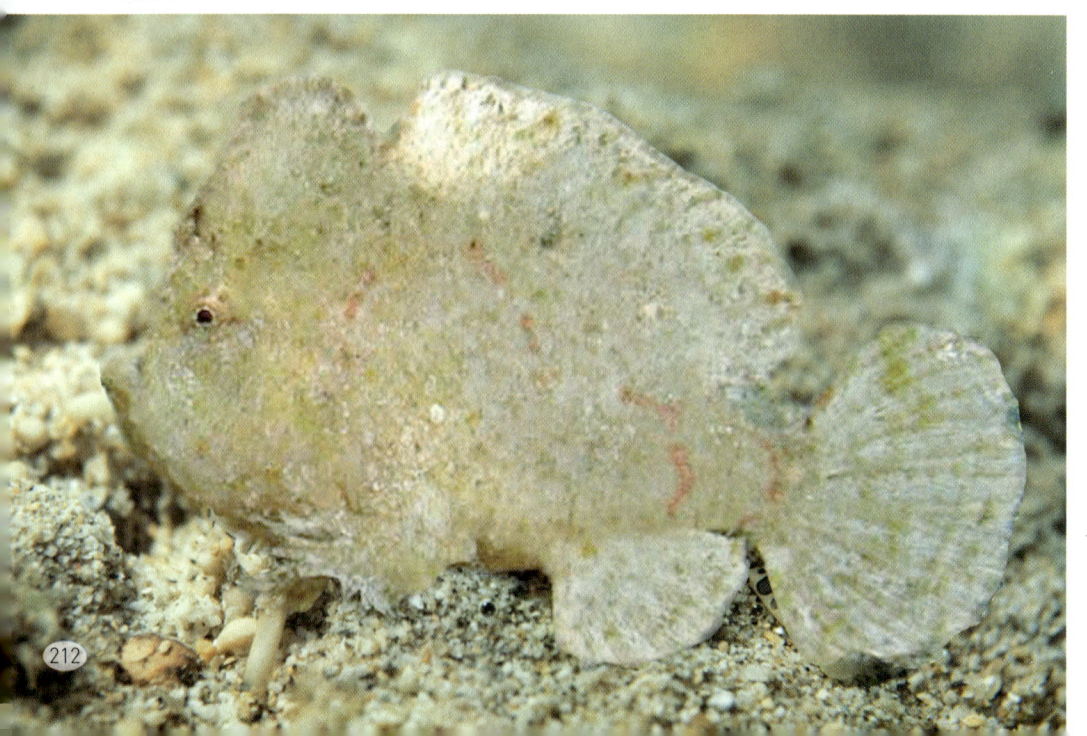

行走的躄鱼

躄鱼是一种不太"称职"的鱼，不太会游泳。首先，它们的体内没有鱼鳔，无法轻松地控制自己的浮力；其次，它们的胸鳍向下生长，很难在游泳时保持平衡。因此，躄鱼要想移动身体，就得靠一对胸鳍和一对腹鳍交替运动，尾鳍保持身体平衡，像四足动物那样在海底爬行。它们可以同时同方向移动胸鳍，将重量转移到腹鳍后向前挪动。无论使用哪种方式前进，每次都只能前行很短的距离。

伪装大师

海底擅长伪装的生物非常多，躄鱼却独树一帜，是一个伪装大师，它们拥有绚丽的外表，全身无鳞，通过改变外表的颜色来伪装。躄鱼的伪装不同于变色龙、乌贼和章鱼，躄鱼不能快速改变身体的颜色或纹理，它们需要花几个星期才能让自己融入周围的环境，甚至达到逼真的效果。因为它们不仅会改变自身的颜色，还会利用环境躲藏，它们会在改变颜色后再在身上覆盖一些遮挡物，如一团杂草、海绵或珊瑚，和周围的环境完全融为一体，使猎物或天敌都无法发现它们的存在。

❖ 行走的躄鱼

❖ 双斑躄鱼

双斑躄鱼的体长约为12厘米，分布于西太平洋，包括菲律宾、印度尼西亚、巴布亚新几内亚、所罗门群岛、帕劳和我国台湾等海域。

康氏躄鱼的体长为30~38厘米，鱼体似扁球状，表皮粗糙，具小棘。体色随环境变化而变化，口大并布满细齿。

❖ 康氏躄鱼

❖ **珊瑚手䲁鱼**

珊瑚手䲁鱼分布于印度洋—太平洋海域，从圣诞岛、帕劳、斐济至夏威夷、社会群岛海域，栖息深度2~21米，栖息在潮池、外海礁坡，有毒。

拟态成珊瑚的样子

拟态成骨化后的白色珊瑚骨架的样子

❖ **隐刺薄䲁鱼**

隐刺薄䲁鱼常拟态隐匿于珊瑚之中，有时甚至会拟态成骨化后的白色珊瑚骨架。

凶残的捕猎高手

䲁鱼虽然行动迟缓，但不妨碍它们成为凶猛的捕食者。"䲁"是扑倒的意思，而䲁鱼正是用"扑倒"的方式捕食。䲁鱼是以其他鱼类、甲壳动物为食的肉食性动物，因此，它们在国内观赏鱼市场中常被称为"五脚虎"，有的地方也把它们称为鱼类中的"食人族"。

䲁鱼伪装好后，会静候猎物从身边路过，或者晃动头部突出的伪鳍开始钓鱼，这就是它们的鱼饵，只要有足够的耐心，就能引诱来毫无防备的猎物，一旦猎物到达䲁鱼的捕捉范围内，它们就会像青蛙一样迅速跃起，将猎物扑倒，然后第一时间张开能扩大12倍的口腔，仅需6毫秒，就能用巨大的嘴将猎物和海水一并吸入，猎物被吞下之后，水从鳃中流出，这个猎食过程速度非常快，以至于猎物都感受不到这一切的发生。

7倍体长的距离都是䲁鱼的扑倒范围，因此䲁鱼更喜欢躺在海底静静地等待猎物上门。

䲁鱼对水质要求较高，人工饲养时，应保持水质清洁和稳定；应提供足够的藏身地点和伪装物，以满足䲁鱼的伪装需求；可以喂食活体食物或冻干饲料。

❖ **长竿手䲁鱼**

长竿手䲁鱼的体身长约为5厘米，分布于西北太平洋日本高知县柏岛海域，栖息深度可达45米，栖息在岩架底层水域。

迷幻躄鱼

外　星　人　之　脸

迷幻躄鱼和其他种类的躄鱼一样，不太会游泳，靠胸鳍和腹鳍在海底行走，因全身遍布迷幻般的粉色、桃红色或黄褐色和白色的放射条纹而得名，它因独特的外观被科学家们称为"外星人之脸"。

迷幻躄鱼又名拟态薄躄鱼，属于躄鱼科、薄躄鱼属家族中的一员，主要生活在印度尼西亚的安汶岛和巴厘岛附近的水域，隐藏在海底五颜六色、有毒的珊瑚丛中。

大多数种类躄鱼的皮肤呈胶状，显得肥胖、肉质厚而松软，丑成一坨，而迷幻躄鱼全身呈黄褐色或桃红色，因全身遍布迷幻般的粉色和白色条纹而得名。

迷幻躄鱼的伪装变色能力相较于其他种类的躄鱼略逊一筹，不过它们身披迷幻的色彩，更容易混在珊瑚和海葵环境中，即便是猎物或天敌都很难一眼就发现它们的存在。迷幻躄鱼的奇特之处在于它们不仅善于隐藏，还可以通过喷射水流作为推动力来逃避危险，它们的身体具有可塑性，可以将面部像喇叭一样扩张后再收回，身体可以像皮球一样从海底弹起。

迷幻躄鱼喜欢成双成对地活动，它们经常会隐藏得非常好，只有当潜水员在海底碎石中仔细地观察才会发现它们的踪迹。一旦被发现，迷幻躄鱼就会立即试着脱离潜水员的视线范围，进入海底岩石裂缝中，或扭曲自己的身体钻进某个小洞中。

❖ 迷幻躄鱼

迷幻躄鱼于 2009 年在印度尼西亚安汶岛的近海被发现。它是一种黄褐色或桃红色的躄鱼，面部的外轮廓可能有一种感官结构，如同猫的胡须一样具有灵敏的感知能力，能够感知一些海底洞穴内部石壁的状况，便于在珊瑚礁之间狭小的空间进行探索。

迷幻躄鱼虽然行动缓慢，但是一旦遇到危险，它们可以通过喷射水流作为推动力来躲避。

❖ 迷幻躄鱼（外星人之脸）

迷幻躄鱼下颚长着 2~4 排不对称的小牙齿，可用于咀嚼更小的鱼类、虾及其他海洋生物。

条纹躄鱼

毛 茸 茸 的 伪 装 大 师

条纹躄鱼有毛茸茸的身体，常静静地待在海底，伪装成礁石、海草等，头顶伸出钓竿，诱惑猎物上钩。

❖ 条纹躄鱼

条纹躄鱼擅长伪装。它的体色会随环境改变而不断改变。它身上毛茸茸的可不是毛发，而是小刺，常在礁石间静止不动，拟态成石块，借机吞食附近的生物。

尽管条纹躄鱼的体型很小，但它们却是相当凶猛的肉食性动物，并且有时会同类相食。

条纹躄鱼是所有脊椎动物中啃咬东西最快的生物，它们嘴巴张开的速度可以达到步枪子弹发射速度的0.22倍，而且是在比空气的密度高800倍的海水中的张嘴速度。

❖ 条纹躄鱼

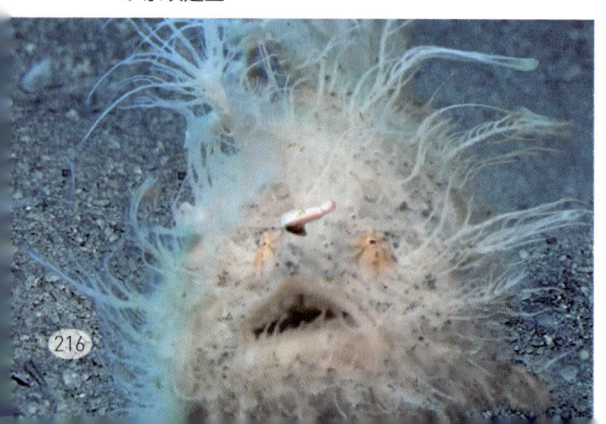

条纹躄鱼又名条纹五脚虎，属于躄鱼科、手躄鱼属家族的一员，分布于全球的亚热带水深40~210米的海域，包括我国台湾南部、北部及东部海域，生活在浅水区、沙质区域或岩石和珊瑚礁深处。

条纹躄鱼能像其他种类的躄鱼一样，靠胸鳍和腹鳍在海底行走和伪装变色，而且条纹躄鱼的变色能力堪称躄鱼界的王者，它们的体色能随着环境改变而不断改变，它们常隐藏在礁石间静止不动，伪装成石块，甚至连身上的斑块也能模仿得和环境一致，堪称鱼类中的"高级化妆师"。

条纹躄鱼的身体呈扁球状，表皮粗糙，有些甚至衍生出毛状的皮瓣。它们的体色多变，但以黄褐色最多见，口大并布满细齿，鳃孔小。

条纹躄鱼张嘴巴的速度是躄鱼家族中最快的，能吞食比自己还大的食物。它们靠伪装狩猎，同时还能通过晃动由背鳍进化而来的拟饵进行钓鱼。一旦有鱼类被拟饵吸引进入它们的捕猎范围，它们便会突然张开大口，狼吞虎咽地把猎物吃掉。

躄鱼很难人工饲养，非常容易在进食鱼后暴毙，可以用虾喂养，在训饵后躄鱼可能会进食虾肉，在这之前只吃活虾。

玩具五脚虎

玩具五脚虎有扁平的体形、微小的眼睛，身体上的大色块能使它完美地与环境融合，它成天翘着嘴巴，看上去像一个行走的"哭丧着脸"的表情包。

玩具五脚虎又名大斑蟾鱼、五脚虎、大斑青蛙鱼，主要分布于印度—西太平洋区，栖息在水深1~15米、有遮蔽的岩礁区。

玩具五脚虎巨大的脑袋看上去十分卡通，所以得名"玩具"。玩具五脚虎的最大体长为15厘米，它们通常躲在海绵中，体色会随着躲避的海绵和环境的颜色改变而改变，从乳黄色、黄色、褐色一直到黑色均有，身体上还会分布深色、粉色和赭红色等圆形斑点、鞍状斑，拟态后非常像石头或珊瑚的一部分。

玩具五脚虎的捕猎方式最让人称奇，它们的皮肤上有很多瘤状的突起，都拟态成了"小饵球"，它们的第一背鳍进化成了一根"鱼竿"。玩具五脚虎常会以身上的"小饵球"以及晃动的"鱼竿"吸引小鱼前来觅食，然后趁小鱼靠近，像青蛙一样迅速跃起将猎物扑倒，然后吞食。

玩具五脚虎和其他蟾鱼一样，适合在珊瑚缸中饲养，它们不会伤害珊瑚，但是会捕捉水族箱中的鱼、虾，甚至是同类。除非你能随时补充它们的食物，让它们永远处于吃饱的状态，否则尽量不要将它们和其他小型海水鱼和虾类一起混养。

❖ 玩具五脚虎"哭丧着脸"的表情

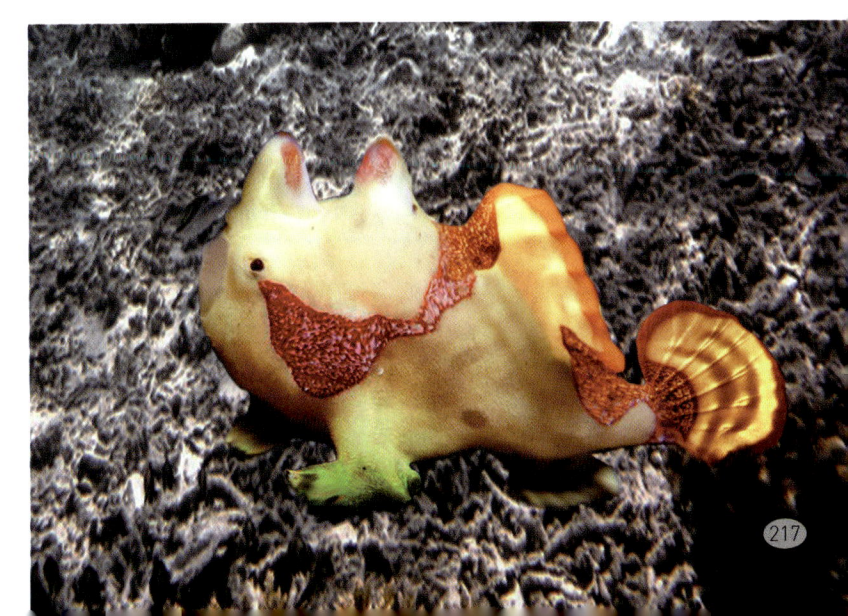

❖ 玩具五脚虎

❖ 海草鱼

海草鱼又名裸躄鱼、藻躄鱼、斑纹光躄鱼，主要生活在全世界的热带和温带海洋中。

隐藏在海藻丛中的职业杀手

海草鱼是躄鱼科中最有名气的一个品种，其体长一般为5~10厘米，属暖水性小型鱼类，也是唯一能生活在远海的躄鱼。它们常年跟随着大片海草（大部分是马尾藻科的藻类植物）在海面上漂浮，体色则拟态成海草的黄色，身体上的疙疙瘩瘩增强了其伪装效果。海草鱼将海草当成猎场，晃动用背鳍进化而成的"鱼竿"，引诱捕食小鱼和小虾，或者伏击前来水草中觅食或休息的小鱼。因此，海草鱼又被称为隐藏在海藻丛中的职业杀手。

海草鱼

海 藻 丛 中 的 职 业 杀 手

海草鱼的体色是褐色及灰色的混合色，支起各鳍时像海草一样，它比别的躄鱼更会隐藏，如果静止不动，它看上去就像一片海草，根本让人看不出是一条鱼。

躄鱼中最善于游动的品种

海草鱼几乎终生都跟随着海草四处游荡，有些个体终生都不会离开海草下到海底，它们与其他种类的躄鱼一样，不善于游泳，但是却能利用近似"肢"状的胸鳍抓住海藻快速爬行，也可用漏斗状的鳃孔喷水在水草中游动，海草鱼是躄鱼大家庭中最善于游动的品种。

消化系统功能强

海草鱼的性情比较凶猛，与其他种类的躄鱼一样，不太适合与小鱼、虾等一起混养，它们可以饲养在珊瑚缸中，而且要在水中放入一些漂浮的水草供其躲藏。

海草鱼是拟态高手，体色变化大，它们在水草上生活的时候体色是黄色的，而在珊瑚上活动的时候，体色就会变成黑黄斑驳的样子，几乎完全与环境融合，一般很难被发现。

海草鱼的消化系统功能较其他躄鱼更强，在水族箱中能够相对安全地接受鱼类作为食物，不至于被撑死。

饲养海草鱼时，至少需 120 升的水族箱，这种鱼能将和自己大小差不多的鱼吞掉，有时甚至会吞食同类。

人工饲养海草鱼时，可以喂食小鱼和虾，注意不要让它们吃得太多。

❖ 海草鱼在珊瑚上活动时的体色

红唇蝙蝠鱼

妖 艳 辣 眼 的 长 相

在电影《九品芝麻官之白面包青天》中有一个人物——如花，她是一个抠着鼻子的女人，涂抹着艳丽口红的嘴唇周围长着一圈茂密的胡须……在海底也有一种生物——红唇蝙蝠鱼，它不仅有醒目的红唇，还有让人无法忍受的白色胡子。

红唇蝙蝠鱼属于鮟鱇目、蝙蝠鱼属，与躄鱼是近亲，在水族圈中常被视为躄鱼的一种。它是加拉帕戈斯群岛的特有物种，喜欢栖息在沙滩或海底，主要以底栖蠕虫，虾、螃蟹等甲壳动物，以及腹足类或双壳类为食。

烈焰红唇

红唇蝙蝠鱼的身体扁平，体长约为25厘米，头平扁、宽大，形如趴在海底的蝙蝠，脸上有一张醒目的烈焰红唇，周围还长有白色的"胡子"，因此而得名。

海底长有红唇的鱼比较少见，仅蝙蝠鱼属的部分蝙蝠鱼长有红唇，红唇蝙蝠鱼与其他有红唇的蝙蝠鱼不同，它的红唇四周还有一圈白色的胡子，更显得妖艳、辣眼。

红唇蝙蝠鱼的红唇四周长着一圈毛茸茸的白胡子，背上的皮肤像砂纸一样，上面还长着小刺。

❖ 红唇蝙蝠鱼

加拉帕戈斯群岛的商家们会将红唇蝙蝠鱼做成各种玩偶和玩具，作为当地的旅游纪念品。

❖ 蝙蝠

靠胸鳍和腹鳍在海底自由行走

自然界中的鱼类绝大部分是靠"游"来活动的，可红唇蝙蝠鱼却和蟾鱼一样，靠胸鳍和腹鳍在海底行走。

红唇蝙蝠鱼的胸鳍发生了变化，像"手臂"一样，被称为"假臂"。假臂末端的鳍可以向前弯折，这样这对胸鳍就变成了一对胳膊，而它们的腹鳍生长在喉的位置，两对胸鳍和两对腹鳍就像四肢一样支撑起它们的身体，使它们能在海底自由行走，而且它们的行走能力强于蟾鱼。

观赏鱼中的奇葩

红唇蝙蝠鱼因其奇特的红唇而成为观赏鱼中的奇葩，被很多水族玩家喜爱，因而成为水族箱中的一员。

红唇蝙蝠鱼的适应能力强，不过饲养时需要有宽阔的沙面以供它们活动。它们不适合与甲壳动物一起混养在小型水族箱中，因为它们有捕食虾或螃蟹等甲壳动物的习惯。

❖ 停留在沙床上的红唇蝙蝠鱼

红唇蝙蝠鱼习惯在沙床中停留，并且能够很好地与沙质洋底融合，将自己伪装起来不被猎食。

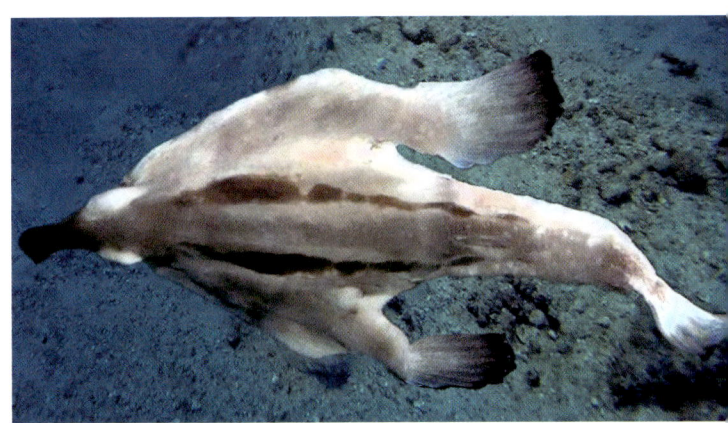

❖ 红唇蝙蝠鱼游泳的样子

红唇蝙蝠鱼偶尔也会游泳，虽然游泳的样子有点笨拙，但是它们并没有完全丢弃这项技能。

大部分生物的身体特征都是为了满足某种需要，如捕食、繁殖等，而红唇蝙蝠鱼娇艳的红唇，科学家却未能发现它有什么作用。首先，它们生活在漆黑的海底，红唇给谁看？其次，它们捕食时靠的是背鳍的触手，而不是红唇。因此有人推测，它的红唇仅仅是因为自我感觉良好。

❖ 红唇蝙蝠鱼背鳍的触手

鲀鱼

虽然有部分品种的鲀鱼的体色绚丽多彩，但大部分品种
体色暗淡，与其他的观赏鱼相比，它们在体色方面
没有优势，不过，鲀鱼大多长得稀奇古怪，有
方形的、圆形的、各种菱形的、长角的，
还有一些难以说清的几何形状，正是
这些古怪的外观为它们在观赏鱼
领域谋得了一席之地。

❖ 鳞鲀科、黄鳞鲀属：黑带黄鳞鲀

❖ 鳞鲀科、黄鳞鲀属：蓝点炮弹
鳞鲀科的鱼类常被视为鲀形目的观赏鱼类的形象代表。

❖ 箱鲀科、三棱箱鲀属：坦克牛角

鲀形目为辐鳍鱼纲、鲈形总目的其中一
目，共计 4 亚目 11 科 92 属几百个品种，它
们均被称为鲀鱼。它们主要分布于太平洋、
印度洋和大西洋的热带和亚热带暖水水域，
少数分布于温带或寒温带。它们大多为海洋
鱼类，只有少数生活在淡水中，或在一定季
节进入江河繁殖。

演化上与刺尾鱼的祖先十分接近

鲀形目最古老的代表种类化石见于始新
世，在演化上与鲈形目的刺尾鱼的祖先十分
接近。它们的体粗短，皮肤裸露或骨化鳞
片、骨板、小刺，无肋骨、顶骨、鼻骨及眶
下骨。上颌骨常与前颌骨相连或愈合，牙圆
锥状、门齿状或愈合成喙状牙板。有 1 个或
2 个背鳍，腹鳍胸位或亚胸位，或连同腰带
骨一起消失。鳔和气囊或有或无。

鲀鱼的猎食与御敌

鲀形目的鱼属于特殊的真骨型鱼，在观
赏鱼市场上的常见品种有炮弹鱼、河豚、箱
鲀、革鲀等，大多数为近海底层鱼类，少数
为中上层鱼类。它们大多数是脾气暴躁的肉

食性动物，以甲壳类、贝类、小鱼等为食，有些品种的牙齿锋利、坚硬，能咬碎坚硬的食物，如啃咬珊瑚礁、撕碎无脊椎动物等。

　　鲀形目中的鱼类大部分游动能力弱，在躲避敌害、危险和受到惊吓时会释放毒素，或吞空气和水，将胸腹部膨大成球状；另一些品种，如炮弹鱼的游动速度快，它们几乎没有什么天敌，在遇到危险时会躲进洞穴，然后撑起背鳍，将自己卡在洞穴之中；还有一些品种，如翻车鱼，它们的行动缓慢、笨拙，在遇到敌害时，根本无法逃脱，于是凭借庞大的体型任由捕食者撕咬，等对方吃饱离开后，自己就安全了。

有些品种饲养起来很麻烦

　　鲀形目中可以作为观赏鱼的品种很多，大多数品种十分容易饲养，可以适应很低的盐度，能很快接受人工环境和饲料。不过，它们中的许多品种不太适合与其他观赏鱼同缸饲养，因为它们会捕食水族箱中的甲壳类、贝类、小鱼、小虾等，还有可能啃食水族箱中的珊瑚等；有些品种适应环境后，很喜欢与人亲近、互动，会隔着玻璃跟随着人的手指游动；有些品种，如箱鲀，受到惊吓后，会释放毒素，它们的毒素能很轻松地杀死水族箱中的生物。因此，在选择饲养鲀鱼的时候，应该先了解该品种的特性，以防止给水族箱造成毁灭性的灾难。

❖ 革鲀科、单棘鲀属：垂腹单棘鲀

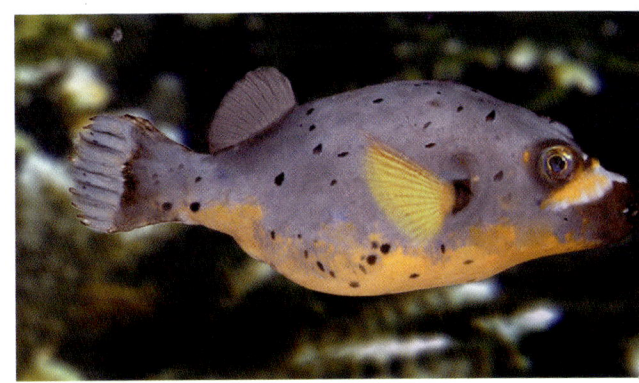

❖ 四齿鲀科、叉鼻鲀属：黑斑叉鼻鲀

鲀形目中不同的品种的体内拥有的毒素不同，其中最常见的毒素为河豚毒素、箱鲀毒素等，人、畜误食后会引起中毒甚至死亡。

鲀形目中许多种类会在春季和夏季向近海移动，在沿岸海区产卵，少数种类会进入淡水江河中繁殖，它们的怀卵量一般为十余万粒至数十万粒，而翻车鲀可怀卵多达3亿粒，为鱼类中怀卵量最高者。

❖ 四齿鲀科、尖鼻鲀属：珍珠尖鼻鲀

炮弹鱼

最 有 吸 引 力 的 大 型 观 赏 鱼 类

炮弹鱼是一种头脑聪明、色彩丰富且鲜艳、好养且最有吸引力的大型观赏鱼类之一。

❖ 钩鳞鲀属：黄纹炮弹

炮弹鱼遇到强敌时会迅速躲入珊瑚礁洞或者岩石穴中，然后支起背脊上高耸的背鳍棘以及腹鳍棘，将自己卡在洞穴之中，以防止被猎食者捕食。此外，在夜晚休息的时候，它们也会将身体卡在洞穴中。

疣鳞鲀属的炮弹鱼与大部分炮弹鱼不同，它们常会进入深海和远海。

❖ 疣鳞鲀属：雪花炮弹

炮弹鱼是鲀形目、鳞鲀科11个属约40个品种的统称，大部分品种体长为30~60厘米，属于大型海水观赏鱼。

名字的由来

炮弹鱼一般晚上睡觉，白天活动，通常分布于世界各地的热带海域，包括地中海、大西洋、太平洋和印度洋，多数炮弹鱼偏好浅水珊瑚礁区，也有一些物种，如疣鳞鲀属的鱼类等会进入深海和远海。

炮弹鱼的鱼体呈卵圆形，嘴部黄色，眼睛长在背部的中间，头大并呈圆锥状，像个炮弹头，它们游动的速度也几乎像发射的炮弹一样快，因而得名。炮弹鱼隆起的背脊上有高耸的背鳍棘，可以像枪上的扳机一样收缩，因此又被称为扳机鱼。

炮弹鱼的主要品种是鳞鲀科的鱼类，然而鲀形目中的革鲀科（单棘鲀科）、前角鲀科和单角鲀科的一些品种也被称为炮弹鱼。

❖ 拟鳞鲀属：小丑炮弹

不同品种的炮弹鱼的性格不同

炮弹鱼属于肉食性动物，拥有无比锐利的牙齿，而且非常贪食。不同品种的炮弹鱼的性格不同，选择获得食物的方式也不同。

大多数炮弹鱼的性格暴躁，它们为了食物甚至会主动攻击比它们更大的生物，如拟鳞鲀属和锉鳞鲀属的鱼类；红牙鳞鲀属、角鳞鲀属和黄鳞鲀属的鱼类则性格相对温和，不会主动攻击比自身大的生物；黄鳞鲀属的鱼类的性格更加温和，它们从不会攻击其他鱼类，只是捕食一些无脊椎动物，甚至连医生虾和枪虾都是安全的。

不仅如此，即便是同品种、不同海域的炮弹鱼，它们的个性差异也很大，选择和获取食物的方式也相差很大。

❖ 拟鳞鲀属：泰坦炮弹

海胆的克星

炮弹鱼很喜欢吃海胆，被称为海胆的克星。虽然炮弹鱼的体长一般不足30厘米，但是它们的头部有粗糙的革质，可以抵御海胆的棘刺。当炮弹鱼发现海胆后，会游至海胆附近，先巧妙地朝海胆吐口水，欲通过水流使海胆翻身；如果连续几次吐口水都不能使海胆翻身，炮弹鱼便会小心地用嘴叼起海胆的一根长刺，然后再扔下去，就这样一提

❖ 锉鳞鲀属：三角炮弹

❖ 红牙鳞鲀属：魔鬼炮弹

❖ 角鳞鲀属：黑炮弹

❖ **炮弹鱼发达的牙齿**

炮弹鱼的牙齿很发达，而且这些牙齿像老鼠的牙齿一样，终生不停地生长，因此它们经常需要靠啃食珊瑚等磨牙。

一扔，连续几次，海胆的身体就翻转了过来，将最柔弱的嘴巴露出来，炮弹鱼就会飞快地咬住海胆的柔软部位，再慢慢地品尝美食。

领地意识不强

炮弹鱼的领地意识不强，同品种之间很少为了争夺领地而互相争斗，但是大部分品种却会攻击其他鱼类，尤其是在缺乏食物的时候，它们会毫不犹豫地追赶其他鱼类。如果是在水族箱中，它们则会捕食游泳速度慢的鱼类，如神仙鱼、蝴蝶鱼等小型鱼类，因此，它们不适合与小型鱼类以及一些无脊椎动物混养。

在繁殖期，炮弹鱼为了护巢会和一切靠近的生物战斗，而且攻击速度极快，它们连鲨鱼都毫不畏惧，鲨鱼甚至会被它们的拼命行为震慑。

炮弹鱼天生好奇，如果遇到潜水员，它们会主动跟随，然后趁潜水员不注意，像炮弹一样冲上去啄一口，这虽然不会对潜水员造成太大的伤害，但是却让潜水员很头疼，因为炮弹鱼的牙齿很锋利，一不小心潜水服就会被啄破。

炮弹鱼是最好养的海洋鱼类之一，它们能适应各种鱼缸和水质，而且很容易开口鱼粮，但是它们的成鱼却是珊瑚缸的噩梦，它们会毫不费劲地啃食活石和珊瑚。

❖ **锉鳞鲀属：红海毕加索炮弹**

❖ **鳞鲀属：女王炮弹**

❖ **鸳鸯炮弹**

大多数炮弹鱼喜欢独居，常躲在岩石丛中，终日躲藏而不敢见人；也有一部分炮弹鱼喜欢成群活动，如女王炮弹和鸳鸯炮弹等，如果水族箱太小，会造成水中钙含量不足，从而导致它们的体色变淡。

革鲀

嘬 着 搞 笑 滑 稽 的 嘴

革鲀支棱着"独角"，一副与任何靠近者决斗的姿态；又嘬着长长的嘴，好像在海底到处索吻，如此憨傻呆萌的独特造型，看上去非常幽默搞笑。

革鲀是鲀形目、单棘鲀科（或革鲀科）31 个属 95 个品种的统称，它们广泛分布于大西洋、印度洋和太平洋海域。

有毒的第一背鳍

革鲀身上布满坚硬、细小的鳞毛，形成强韧如鞣皮的皮肤，因此得名"革"。革鲀的嘴和其他鲀类的一样小，牙齿尖锐且强健有力。它们最醒目的特点是第一背鳍，它比鳞鲀科鱼类的稍长，而且有毒。这个背鳍不仅能使它们像鳞鲀科的鱼类一样将身体卡在洞穴之中休息，还能在遇到危险时竖起第一背鳍，仿佛一只独角，用以抵御侵犯的敌人。

让自己完全消失

革鲀和很多鲀形目的鱼类一样，其体色会随着环境改变而变化，有些革鲀的皮肤上还长有小皮瓣，当它们躲藏在海藻、海鞭或珊瑚丛中后，体色就会随之变成环境色；有些品种，如拟须鲀会拟态成海笔、海鞭、红树林的根等，并躲藏在其中，让自己完全消失。

❖ 锯尾副革鲀

锯尾副革鲀属于革鲀科、副革鲀属的鱼类，其体型较小，体长仅 10 厘米左右。

革鲀的种群在澳大利亚水域最丰富，我国拥有 23 个属 58 个品种，占全世界已知品种的一半以上。

大部分革鲀幼鱼营大洋性生活，经常可在漂流物的下方发现它们，成鱼营独立生活或成对生活。

❖ 革鲀科前角鲀属：粗尾前角鲀

227

❖ **派氏板齿革鲀**

派氏板齿革鲀属于革鲀科、板齿革鲀属的鱼类，其体长一般为 10 厘米，体色几乎和环境色一模一样，如果不注意根本发现不了它们。

❖ **拟须鲀**

拟须鲀的体长为 33 厘米左右，它是革鲀科中外观最独特的，看起来简直不像革鲀科中的物种，其体形修长，带有长长的下巴触须骨和尾鳍，它们常拟态成海笔、海鞭、红树林的根、细长的海绵、绳索和漂浮的红树林芽。

革鲀属于杂食性鱼类，主要以底栖性无脊椎动物为食，有些品种，如玉米炮弹等会以珊瑚或浮游动物为食，它们的变色能力不仅能使它们有效地躲避天敌，还能使它们的捕食变得轻松。

看起来搞笑滑稽

大部分革鲀的体形与鳞鲀科鱼类的相似，呈卵圆形或长椭圆形，眼睛长在背部的中间。革鲀的嘴部细长，看起来好像噘着嘴在索吻一般，十分滑稽可爱。它们在观赏鱼市场上除了被称作"革鲀"外，还被称为"鳞鲀"，有些品种还被称为"炮弹鱼"，有些被称为"马面鱼"，还有些品种被称为"角鲀"等。

❖ **玉米炮弹**

玉米炮弹的体长为 10 厘米左右，是革鲀科、尖吻单棘鲀属的鱼类，其身体上布满黄色斑点，看上去像玉米一般，样子非常可爱，是革鲀科中最热门的品种，物美价廉，但是它们却不容易饲养，因为它们只爱吃鹿角珊瑚，虽然有部品种能开口吃其他食物，但是绝大部分都只吃鹿角珊瑚，否则只能活活饿死。它们不会吃除鹿角珊瑚以外的珊瑚，可以放心地将它们放入没有鹿角珊瑚的水族箱。

❖ **缰纹似马面单棘鲀**

缰纹似马面单棘鲀是革鲀科、似马面单棘鲀属的鱼类，其长相与马面鲀属的鱼类相似，但是比马面鲀属的鱼类更大、更鲜艳，它的体长可达到 45 厘米以上，身体中部有马蹄形标记，雄鱼比雌鱼颜色鲜艳得多。

❖ **黄鳍马面鲀**

黄鳍马面鲀属于革鲀科、马面鲀属，其体较侧扁，呈长椭圆形，与马面相似，马面鲀属中的大部分品种都是产量甚高的海产经济鱼类之一。

河豚

腹 部 会 膨 胀 成 圆 球 的 怪 鱼

河豚的体形呈长椭圆形，当其愤怒、紧张或者遇到天敌时，腹部会膨胀成大大的圆球，因此它们又常被称为气球鱼、气泡鱼、吹肚鱼等。它们也因为这些怪异行为而成为水族箱中的一大看点。

河豚又名河鲀，是鲀形目中的四齿鲀科、三齿鲀科、二齿鲀科等的鱼类的俗称，总计大约有18属95个品种，分布于全球各大海域，栖息地包括珊瑚礁、海草床、河口、沙泥地，有些品种生活在淡水河流及湖泊之中。

能发出类似猪叫的声音

河豚最醒目的特征是上、下颌与颚骨完全愈合，中间有细缝将其分成2~4片的喙状，成为四齿状、三齿状、二齿状，所以也称为四齿鲀、三齿鲀、二齿鲀。它们可以靠牙齿或咽齿的摩擦或者震动鳔发出类似猪叫的声音，因此得名河豚。

河豚的鳞片多埋在皮下，因此体表看起来光滑无鳞，有些品种，如二齿鲀科中的河豚体表有短棘刺。

人工饲养河豚时应保持环境安静，因为河豚的胆子较小，受惊吓后会出现身体膨胀和拒绝进食的情况。河豚是杂食性鱼类，可以投喂动物性饵料。

❖ 河豚

河豚在我国民间有很多名字，如气鼓鱼、乖鱼、鸡抱、龟鱼、街鱼、蜡头、艇鲅鱼等。

河豚大多都有毒，它们中只有二齿鲀和四齿鲀的身体会鼓胀成球。

刺瓜属于二齿鲀科、刺鲀属的品种，二齿鲀科的河豚绝大部分都满身棘刺，遇到危险时，鼓起肚子后，棘刺更加直挺，看上去很威武。常成为水族馆中的观赏鱼。

❖ 二齿鲀科：刺瓜

❖ 三齿鲀科：长鳍三齿鲀

长鳍三齿鲀是三齿鲀科下唯一属三齿鲀属下的唯一的现存鱼类，其身体呈圆柱形，腹鳍膜特大，呈扇形，它是鲀形目中唯一具有尾鳍前鳍条的品种。

《山海经》是记载食用河豚最早的出处，但在书中却没有关于第一个吃河豚的勇士的详细记载。

河豚家族中的东方鲀属中的鱼类虽毒素很强，但肉味鲜美，蛋白质含量高，营养丰富，在日本、朝鲜和我国不少地方都非常受欢迎，但有危险性，须处理得当。白珍珠狗头是东方鲀属的一种，体长为13厘米左右，其除了拥有河豚该有的特征之外，还能在繁殖时成大群登陆，并将卵产于高潮带。

❖ 东方鲀：白珍珠狗头

拼死吃河豚

"拼死吃河豚"是我国一句广为流传的谚语，这句话中蕴含了美味的享受和致命的危险。

河豚虽然看起来憨态可掬，但是众所周知，河豚有剧毒，不过人们却无法抵挡这种美味的诱惑。早在春秋战国时期，中国人就开始食用河豚，并知道它有毒，先秦古籍《山海经》中介绍河豚为异兽"赤鲑、肺肺"，在描述"敦水"的文中说"多肺之鱼，食之杀人"。据明朝李时珍在《本草纲目》中记载，虽然河豚肉味美，但是河豚的卵巢、眼睛乃至血液中都有毒，如果烹饪不当的话，吃了会死人。然而，吃河豚的历史却一直延续至今，中毒事件时有所闻，却依旧未能阻止人们吃河豚。这种吃河豚的习惯还流传到了日本和韩国等，日本的古典短诗俳句更是将河豚描述成可解失恋之苦的美味。

超强的御敌能力

河豚没有腹鳍，它们只能靠胸鳍和臀鳍划水，因此游动速度很慢。它们基本上无须担心天敌，因为猎食者都知道它们有毒，所以大部分猎食者都会对它们敬而远之。但是也有例外，有些猎食者会对河豚造成威胁，在遇到威胁、惊扰时，大部分河豚会迅速将水或空气吸入极具弹性的胃中，在短时间内膨胀成数倍大小，吓退猎食者。棘鲀科的河豚在膨胀时全身甚至会竖起刺，使猎食者难以吞食。除此之外，有些品种的河豚在遇到威胁时，还会主动向水中分泌毒素，使猎食者不敢靠近。

❖ 四齿鲀科：月尾兔头鲀

在所有河豚中，四齿鲀科、兔头鲀属（俗称鲭河豚）的河豚毒性最强，而兔头鲀属的月尾兔头鲀（俗称白规）是毒性最强的品种。月尾兔头鲀的体长为40厘米左右，鱼体背部灰青色，腹部银白色，鳃孔白色。尾鳍月形，上叶黄色，下叶白色。它是被各国完全禁止食用的品种，其皮肤、精巢、鱼肉和内脏均有河豚毒素，仅偶尔会在水族馆中供人们观赏。

钻纹狗头又名网纹叉鼻鲀，属于四齿鲀科、叉鼻鲀属，其体长一般为40厘米。它们会啃食碎珊瑚、虾、蟹、贝类，以及棘冠海星、海胆等棘皮动物的硬壳。本属的品种大都因外表覆盖绚丽的网纹和斑点而成为河豚家族中有名的观赏鱼品种。

❖ 四齿鲀科：钻纹狗头

河豚的食性相当广泛，有些品种会啃食海藻或海草；有些品种则以生活在礁区、行动缓慢、带有硬壳的无脊椎动物为食；有些品种则会啃食或咬碎珊瑚、虾、蟹、贝类或海星、海胆等棘皮动物。

箱鲀

长 得 像 盒 子 的 鲀 鱼

箱鲀虽然脾气温和，却是个狠角色，在遇到攻击和不爽的时候，就会毫无顾忌地释放毒素，不惜与周围的水族生物同归于尽。因此，在水族箱中饲养箱鲀时不要惹怒它，否则后果就是整个水族箱内所有的水族都会遭殃。

❖ 古画中的箱鲀

❖ 福氏角箱鲀

箱鲀是鲀形目、箱鲀科和六棱箱鲀科 2 科 13 属约 30 种鱼类的统称，广泛分布于印度洋、西太平洋的热带和温带珊瑚礁海域。

盒子鱼

箱鲀科与六棱箱鲀科是近缘关系，又被称为盒子鱼，它们最大的特点是身体除眼、口、鳍及尾部外，其他部位被坚硬粗糙的盒状骨架包围着，可以抵御天敌，因此，箱鲀也被称为铠鲀。

箱鲀的盒状骨架是由骨板愈合而成的，其断面会因品种不同而不同，箱鲀科的品种略呈三角形、方形或五角形，而六棱箱鲀科多为六角形，少数为五角形或七角形。

❖ 箱鲀科的明星——牛角箱鲀

牛角箱鲀又名黄角仔，也被称为"水中金牛"，体色为鲜绿带黄。

箱鲀的长相非常怪异，大部分箱鲀体色鲜艳，一般为鲜绿色、黄色、黄褐色，头部有白色或蓝色的点与条纹，身体上有蓝纹，有些品种的头部具有牛角状的长突棘，因此又常被称为"牛角"，其中最常见的品种为箱鲀科的牛角箱鲀、线纹角箱鲀和棘背角箱鲀，以及六棱箱鲀科的丽牛角箱鲀等。

在自然环境中，箱鲀一般可以长到 30 厘米以上，最大体长不超过 50 厘米，幼鱼时常常隐藏在海藻中随波漂流，成年后箱鲀科的鱼类会在沿岸浅的海岩礁区或海藻丛中生活。而六棱箱鲀科中的大多品种会集中在深水区，有的甚至会生活在超过 200 米深的海域。

无论是箱鲀科，还是六棱箱鲀科的鱼类，它们一般不结群，单独过着底栖生活，靠背鳍和臀鳍缓慢地游动，主要觅食各类有机质碎屑、海鞘、海绵、软珊瑚、甲壳类等，也有一些品种以藻类为食。

狠起来以命相拼

箱鲀的鳃盖无法活动，因此呼吸频率很高，静止不游动

❖ 线纹角箱鲀
线纹角箱鲀也叫花牛角。成鱼身体为黄色或褐色，还有亮蓝色的斑点杂乱地分布在全身。

❖ 棘背角箱鲀
棘背角箱鲀的身体为褐色，腹面色较浅。体甲散布一些不规则的褐色条纹，头部和尾柄上有小黑点。尾鳍淡色，且有 6 条褐色横纹。

丽牛角又名丽饰六棱箱鲀、丽六棱箱鲀等，它是六棱箱鲀科中最绚丽的品种，体长一般为 13 厘米左右。

❖ 丽牛角

❖ 牛角箱鲀工艺品

箱鲀身体内具有闭合的骨骼，它们的身体摸起来非常坚硬，即使死去也不会变形，常被晒成干尸当作工艺品出售，如果环境干燥，这些干尸可以保存许多年而不坏。

箱鲀和河豚一样，其肉味美，但是有毒，烹饪时需要小心，否则容易误食中毒。

在被捕获、触摸和运输的过程中，箱鲀常会放出一种有毒物质，能毒死在一起的其他鱼类。

箱鲀在饲养过程中，常会因营养不良而体色变淡，出现这种情况时，添加一些新鲜的饵料，便可使它们的体色变得鲜艳起来。

饲养箱鲀时最好养在水温适合的环境中，水流应平稳且不能过大，环境不能过于混杂，不能饲养在商场之类的公共开放的环境中，否则它们会很生气，后果很严重。

时每分钟可达 180 次，游动时其呼吸频率更高。它们性情温和，但却是个狠角色，其盒状骨架可以抵御猎食者进攻。除此之外，在遇到攻击或伤害时，它们会释放毒素，不仅毒死对手，甚至连自己都一起毒死。

箱鲀从不主动攻击人类，但是人类要想抓住它们也并非易事，曾经有渔民将几只箱鲀追赶至海滩上，箱鲀对着渔民发出如同老牛叫的"哞、哞~"声，不一会儿，整个海滩聚集了上千只箱鲀，它们集体释放毒液，以命相拼，一时间海滩上大片箱鲀翻肚皮自杀身亡，吓得渔民赶紧逃上了岸。

在水族箱中最好不要混养

箱鲀的毒属于剧毒，加上它们常常表现"不要命"的精神，使海洋中的大多数猎食者，以及人类不敢轻易去招惹它们。但是，箱鲀由于特殊的外观和较萌的游姿，成为观赏鱼市场上的宠儿。

箱鲀饲养起来并不困难，它们对食物不挑剔，一般喂食虾肉或鱼粮即可，但是饲养时最好不要和其他鱼类混养，以免它们受到刺激后分泌毒素，将其他鱼都毒死。

❖ 化石中的宋氏始角箱鲀模样

这是一块古老的化石中的宋氏始角箱鲀的模样，它是如今的箱鲀的近亲，其额部有一只多出来的小角，比如今的角箱鲀更长、更夸张。

翻车鱼又称翻车鲀，是鲀形目、翻车鲀科的鱼类的统称，它们常栖息于各热带和亚热带海洋以及温带或寒带海洋。翻车鱼的身体圆、扁、大，像个大碟子，身形偏短而两侧肥厚，体侧呈灰褐色，腹侧则呈银灰色，看上去就好像被人用刀切去了一半一样。翻车鱼的身体像鲳鱼那样扁平，天气好的时候，翻车鱼经常像侧睡在海面上一样，一面向上翻躺在水面，随波逐流，因此，渔民以"翻车"来形容翻车鱼。

翻车鱼利用扁平的体形悠闲地躺在海面上，借助吞入空气来减轻自己身体的比重，若遇到敌害时，就会潜入海洋深处，用扁平的身体劈开一条水路逃之夭夭。但是，翻车鱼靠背鳍及臀鳍摆动来前进，所以游泳技术不佳且速度缓慢，而且嘴很小，一旦被猎食者盯上，基本上无法逃脱。因此，翻车鱼如果来不及逃跑，即便是被天敌咬住了，也不会去反抗，任由其撕咬，本着对方吃饱了就会自行离开的心态。除此之外，翻车鱼还常因游泳技术笨拙、行动缓慢而被渔民的渔网捕获。

❖ 翻车鱼

翻车鱼的分泌物质能治疗鱼类的伤病，其原因目前无法解释，但是这却是被海洋科学家确认的事实。

翻车鱼骨多肉少，剥皮后鱼肉约为体重的 1/10，都是精华，我国台湾地区有一道名菜"妙龙汤"，即以翻车鱼的肠子为原料，食之既脆又香。

翻车鱼拥有令人难以置信的厚皮，它的皮由厚达 15 厘米的稠密骨股纤维构成。19 世纪时，渔民的孩子们会把厚厚的翻车鱼皮用线绳绕成有弹性的球玩。

翻车鱼

形 状 最 奇 特 的 鲀 鱼

翻车鱼是硬骨鱼中最大、形状最奇特的鱼之一，整条鱼好像只有一个大脑袋，上面长着极不相配的小嘴、小眼，没有身体、尾巴，长相呆萌蠢笨，性情非常温和，行动缓慢，是看上去最不像鲀鱼的品种。

❖ 第一次有记录的发现翻车鱼

这是一条于1910年捕获的翻车鱼，估计重量为1600千克。当时的人们并未发现过这么大的硬骨鱼，所以都争相与之合影。

翻车鱼的体长可达3~5.5米，重达1400~3500千克，它们的肉质鲜美、色白，营养价值高，蛋白质含量比著名的鲳鱼和带鱼的还高。除此之外，翻车鱼的皮熬制成明胶或鱼油后，可以作为精密仪器和机械的润滑剂，它们的鱼肝也是炼制鱼肝油和食用氢化油等的原料。

翻车鱼的体型过大，而且身体上常寄生着各种寄生虫，除了海洋馆会将其作为展示品种外，一般不会被水族爱好者作为观赏鱼饲养。

❖ 躺着晒太阳的翻车鱼

一条雌性翻车鱼一次可产2500万~3亿粒卵，它被称为海洋中最会生产的鱼类之一。然而，因为捕捞等，目前翻车鱼已经在《世界自然保护联盟濒危物种红色名录》中被列为"易危"等级。

翻车鱼最常见的种类有4种，分别是普通翻车鱼、拉氏翻车鱼、矛尾翻车鱼、斑点长翻车鱼。

❖ 翻车鱼的种类

普通翻车鱼　　　　拉氏翻车鱼　　　　矛尾翻车鱼　　　　斑点长翻车鱼

鲨鱼

大型鲨鱼大多是凶悍的海中霸主，让人望而却步，水族爱好者无法饲养，不过，一些中小型鲨鱼可以作为个性十足的"海宠"饲养在水族箱中供人欣赏。

鲨鱼是一种凶猛且桀骜不驯的海洋生物，有一些品种可以作为观赏鲨饲养在水族箱中，

不过仅限于中小型鲨鱼，如猫鲨科、角鲨科、天竺鲨科、虎鲨科、铠鲨科、长须鲨科等中的部分中小型鲨鱼，一些体型大的鲨鱼，如铰口鲨等，虽然性格较为温顺，但是通常不适合饲养在家庭水族箱中。

观赏型的鲨鱼虽然体型较小，成体一般很少超过150厘米，但是它们依然威风凛凛、霸气十足，它们在自然环境中大部分生活在珊瑚礁和岩礁地区。

饲养观赏鲨时，首先，需要准备一个大型的水族箱，否则，即便是小型鲨鱼在里面也活动不开；其次，鲨鱼只接受海水养殖，因此需要专门购买海水，还需要养水，否则它们会很不适应；第三，在投喂饲料时应该以冻鱿鱼、活海虾以及鱼类等各种动物饵料为主，因为鲨鱼都是凶猛的猎食者，别指望它们能接受素食；最后，鲨鱼在食物充足的情况下，身体长度和体重增长得很快，因此，日常饲养时需要控制食物供给，以免它们长得过快，否则只能换更大的水族箱。

鲨鱼凶猛强壮，能彰显饲养者的独特性格，因此备受鱼友们的欢迎，不过，在饲养鲨鱼的过程中还有很多困难和问题，需要饲养者在饲养过程中逐渐发现和解决。

大部分品种的鲨鱼的饵料中长期缺少碘和维生素时，它们可能会出现甲状腺肿大的症状，因此饲养鲨鱼时需要长期给它们服用碘化钾，这样可以预防和治疗鲨鱼的甲状腺疾病。

❖ 铰口鲨

铰口鲨常被称为灰护士鲨，因为其头部形状类似护士帽而得名，铰口鲨的体长为3米、体重达100千克以上。它虽然外形憨态可掬、性情温顺，是中大型水族馆中常见的鲨鱼品种之一，但是却因为体型太大而很少被养在家庭水族箱中。

铰口鲨小群活动，在很大程度上是一种夜间生物，白天通常躺在沙质海底或躲进洞里休息，夜间出来捕食。

鲨鱼的食量比较大，要注意定期和定量投喂食物。

饲养鲨鱼最好的水是它们生存环境的海水，因此这笔费用不小，目前水族市场上的海水价格为每吨1000元左右，如果纯净一点的会更贵。此外，在将鲨鱼放入水族箱前，需要进行过水处理。

鲨鱼体型大，它们需要更多的氧气，因此饲养鲨鱼的水族箱需要监控氧气含量，随时需要用增氧泵补充氧气。

鲨鱼入缸之后，需要10~15天来适应环境，之后就可以慢慢正常饲养了。

❖ 猫鲨科斑鲨属：白斑斑鲨

白斑斑鲨是观赏鱼市场上最常见的猫鲨科鲨鱼，它们的身体细长，一般体长很少超过 80 厘米，性情温和，主要生活在印度洋和西太平洋的珊瑚礁区。

猫鲨

长 有 猫 眼 睛 的 鲨 鱼

　　猫鲨有像猫一样竖着的瞳孔，它们如细长的树叶形状，在光线的照射下会变得闪闪发光。猫鲨常趴在水底，伺机捕猎无脊椎动物和小鱼。

　　猫鲨是猫鲨科鱼类的统称，它们属于中小型鲨鱼，分布很广，在热带、温带、寒带到北极的沿海水域至大洋深处都有它们的踪迹。

品种很多

猫鲨科鱼类一般为卵生或卵胎生，它们将产有鞘的卵在海底孵化。

　　猫鲨科的品种有很多，是鲨鱼中最大的一科，全球有 15 属 100 种以上，不同品种的猫鲨间的体态差异较大，最大的品种有 4 米多长，最小的品种体长不超过 40 厘米。其中，部分体长不超过 2 米的品种可以作为观赏鱼饲养。

网纹猫鲨的体长一般为 40 厘米，它们身体上有网纹状的花纹，主要生活在冷水水域，如果水温超过 10℃，它们就会下潜到更深的水域。

❖ 猫鲨科猫鲨属：网纹猫鲨

　　猫鲨科的鱼类大多身体呈延长的圆柱形，头形稍尖，眼睛则呈横向的纺锤形、卵圆形或裂缝状，猫鲨的牙齿颇为发达，上、下颌的齿形相似，通常具有小齿尖。背部有两个背鳍，无硬棘，尾鳍下叶通常不太明显，甚至根本没有下叶。

❖ 猫鲨科光尾鲨属：加州光尾鲨

猫鲨科的鲨鱼并不都是观赏鲨，有些属的鲨鱼虽然体型很小，但是因为饲养和捕捞难度大，所以很少被作为观赏鱼饲养，如猫鲨科光尾鲨属的大部分品种的鲨鱼，虽然它们的体长一般为 50 厘米，但是它们因为栖息在深海，捕捞难度大，加上对它们的生活习性不够了解，所以目前很少出现在观赏鱼市场上。

拥有和猫相似的行为

猫鲨不仅长着和猫科动物类似的眼睛，同时还拥有和猫科动物一样的夜视能力，对光十分敏感，即使是在黑暗的海底也能看到猎物。此外，猫鲨还和猫一样灵活，具有攻击性，它们不仅具备捕食鱼类的能力，有些品种还具备诱捕飞鸟的能力。它们会将身体浮在水面，一动不动，使过往的飞鸟误以为是一根朽木或一块礁石，只要鸟儿停在上面休息，便会被猫鲨轻松捕食。

❖ 猫鲨科绒毛鲨属：真阴影绒毛鲨

绒毛鲨属的鲨鱼一般分布于 5~690 米深的海域，在水族市场并不多见。绒毛鲨属的鲨鱼体长为 30~100 厘米，它们都属于凶猛的猫鲨，常以鱼类为食，在紧张或遇到危险和捕猎者时，它们会大口吸水使身体膨胀起来，让捕猎者无法吞咽。

饲养猫鲨科的观赏鲨品种时，水族箱中需要底沙，但是底沙不能太粗糙，否则容易磨伤其腹部。可喂食带壳的贝类、淡水虾、鱿鱼及冻的蚌类等，只要控制好食量，它们一般不会长得很大。

长须猫鲨属的鲨鱼一般生活在温暖水域，从潮间带到 256 米深处都有分布，它们常见于岩石、珊瑚海域，主要以鱼类、章鱼、多毛类蠕虫等为食。

❖ 猫鲨科长须猫鲨属：虫纹长须猫鲨

角鲨

尖 尖 的 脑 袋 如 锐 角

角鲨有尖尖的、扁扁的脑袋，如同锐角一样，充满杀气，它们是水族市场上最常见的鲨鱼品种之一。

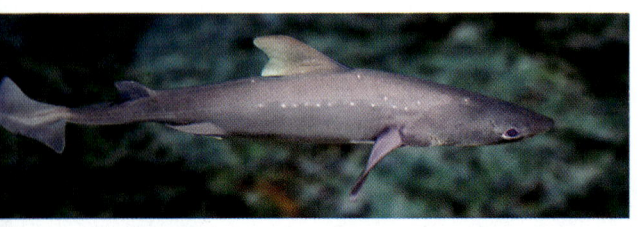

❖ 白斑角鲨

白斑角鲨被认为是全球海域现存数量最多的鲨鱼品种，它们除了北太平洋之外，几乎遍及其他所有海域，甚至连北极圈、河口地区等都曾发现过它们的踪迹。

白斑角鲨有毒，它们的背鳍中有一根毒刺与毒腺相连，捕捞或者饲养时需要小心它们的毒针。

白斑角鲨的寿命很长，一般可达到50年以上，最长可达70年以上。如果有幸饲养一条，它或许会陪伴你一辈子。

长吻角鲨又名丰胴棘鲛，主要分布在热带及亚热带海洋的大陆棚、岛基台及大陆坡水深950米处。长吻角鲨一般体长为75厘米，其吻部比其他种类的角鲨长。

❖ 长吻角鲨

角鲨是所有角鲨目、角鲨科鲨鱼的统称，角鲨科中一共有10属70多个品种，常见的有白斑角鲨、长吻角鲨和短吻角鲨等。它们分布于世界各地的温水、冷水或深海区，主要栖息于沙质海底，以小型鱼类，如鳕鱼、鲱类、鲷类、鲭类，以及软体动物、甲壳类、环节动物、水母等为食。

角鲨属于卵胎生，卵大，卵黄管粗短，根据不同海区和不同品种，雌鱼的妊娠期不同，一般为6~22个月，每条雌鱼每次可产数条至十余条仔鱼，多至30条仔鱼。

角鲨的体长一般可达到1米以上，其头平扁而长，头宽比头高大，眼大，鼻孔距口远，吻长，两侧向前狭小，整个头部看起来如同一个锐角，因此而得名。此外，角鲨尾部细长，有两个背鳍，各有一根硬棘。

角鲨比较喜欢6~14℃的水温，它们中的大部分品种会随着季节变化，自南向北或自北向南洄游，以及自浅向深或自深向浅移动，此外，它们还有昼夜垂直移动的习性，以昼沉夜浮来适应水温。

角鲨的肉质鲜美，肝可制油，部分体型大的品种的鳍还可制翅，因此，它们属于经济鱼类，常被大肆捕捞，部分种类，如白斑角鲨，因被过度捕捞而成为"世界十大最受贸易活动威胁的物种之一"。

天竺鲨又被称为天竺鲛，是
天竺鲨科（天竺鲛科）鱼类的统
称，全球已知仅长尾须鲨属和斑
竹鲨属2属17个品种，主要分
布于马达加斯加、北印度洋及西
太平洋的热带海域，生活于潮间
带、潮池或近海的珊瑚礁及岩石
区，以小鱼及底栖无脊椎动物为
食，有些品种几乎不吃鱼和虾。

❖ 长尾须鲨属鲨鱼嘴下的短触须

天竺鲨

常 与 猫 鲨 混 淆 的 小 型 观 赏 鲨

天竺鲨正如它的名字一样，外观少了点鲨鱼该有的霸气和杀气，有些品种甚至看上
去还有点呆萌、憨厚。

我国台湾海域的天竺鲨通常被当地人
称为狗鲨。

❖ **滩涂上的顶级猎食者：斑点长尾须鲨**
斑点长尾须鲨是长尾须鲨属中的明星，
它们又被称为金钱鲨、肩章鲨等，是一
种生活在热带水域的小型鲨鱼，平均体
长为1米左右，体色呈米色或褐色，全
身布满深褐色的斑点，在胸鳍上方有一
个特别明显的大斑点，看起来像肩章，
又像一枚钱币，因此得名金钱鲨、肩章鲨。
斑点长尾须鲨虽然是鲨鱼，但是其长相
看上去更像蝾螈，胸鳍和臀鳍宽而圆，
具有十分强壮的肌肉，它们依靠胸鳍和
臀鳍出没于珊瑚礁的浅水带，尤其是水
深50米以下的潮汐池及浅水区域，它
们可以在退潮后，靠鳍在滩涂之上"爬"
行，用嘴下的触须探测猎物，加上坚硬
的牙齿，很容易就能捕捉到螃蟹、贝
壳、环节类和其他无脊椎动物，并在滩
涂以及潮汐池内大开杀戒，斑点长尾须
鲨是滩涂上无可争议的顶级猎食者。

❖ 斑点长尾须鲨的"肩章"

肩章鲨家族成员最大的特点就是有一个标志性大斑点，即"肩章"。

在交配时，长尾须鲨属的雄性鲨鱼会咬住雌性鲨鱼的身体，甚至咬住鳃，从而很好地掌控雌性鲨鱼。

长尾须鲨属的鲨鱼属于卵生，一般雌鱼会产 7~8 枚卵，孵化期为 120~130 天，7 岁以后性成熟。

长尾须鲨属的鲨鱼习惯慢慢品尝它们的美食，有时候会咀嚼 5~10 分钟才会咽下，它们的牙齿也可以磨碎一些贝壳类食物，然后用心慢慢地品尝美食。

长尾须鲨属

长尾须鲨属的鲨鱼一般体长为 1 米，其显著的特点是嘴下有长长的触须，看上去并不像大多数人心目中的鲨鱼形象，反而更像是蝾螈，有点呆萌、憨厚的感觉。

长尾须鲨属共有 9 个品种，分别是印尼长尾须、行走鲨、巴布亚长尾须鲨、哈马黑拉长尾须、亨利长尾须鲨、米尔恩湾长尾须鲨、斑点长尾须鲨、斯氏长尾须鲨和项斑长尾须鲨，其中，在观赏鱼市场上最常见的品种是斑点长尾须鲨。

日本动画片《铁甲小宝》中的鲨鱼（辣椒）虽然可以在陆地上自由行走，但是它却非地球上的生物，而是高原寺博士制造的一个鲨鱼机器人。然而，在现实中，长尾须鲨属的鲨鱼可以离开海水，在陆地上捕食。它们常活跃于浅水、潮汐池、潮间带，已进化出能适应低氧环境的捕食能力，有些品种如行走鲨、斑点长尾须鲨等还能直接脱离海水，在潮间带上依靠胸鳍和臀鳍支撑起身体"行走"，上岸追捕猎物。

斑竹鲨属

斑竹鲨属的鱼类最显著的特点是幼鱼时期身体上的斑纹非常醒目，成鱼后身体上的花纹变得十分模糊。本属共有 8 个品种，分别是阿拉伯斑竹鲨、缅甸斑竹鲨、蓝点斑竹鲨、

斑点长尾须鲨的大脑负责嗅觉的组织占 62%，比大部分鲨鱼的比例高不少，而视顶盖只有 21%，比其他鲨鱼还要低，说明它是靠嗅觉捕食的鲨鱼。

❖ 肩章鲨

灰斑竹鲨、南亚斑竹鲨、印度斑竹鲨、条纹斑竹鲨和点纹斑竹鲨（又称狗鲨）。它们的体长一般不足1米，属于小型底栖鲨鱼，常常趴在水底悄悄捕猎，很容易被误认为是猫鲨。

很多斑竹鲨属的鲨鱼品种在水族市场上较为常见，如条纹斑竹鲨的价格低廉，在水族市场最为常见，有时甚至能在水产市场看到它们。

2002年，在美国底特律一家水族馆里，一条雌性条纹斑竹鲨6年时间内没有和雄性接触过，却产卵并孵化出3条幼鲨，这是首次观察到条纹斑竹鲨的孤雌生殖现象。

大多鲨鱼品种饲养时都很费钱，而饲养斑竹鲨属的鲨鱼却能相对节省费用，尤其是条纹斑竹鲨等，它们本身价格便宜，而且不会伤害鱼、虾和珊瑚，是养鲨鱼者的入门选择品种。

条纹斑竹鲨为卵生，卵的孵化期14~15周。

❖ 条纹斑竹鲨

条纹斑竹鲨俗名狗鲨，常见于印度—西太平洋区，其最大体长不足1米，有黑色条纹并夹杂白色和黑色斑点，由于体型较小，而且它们主要以甲壳类等为食，很少攻击观赏虾和鱼，也不会伤害珊瑚，因此可以和各种观赏鱼、虾类混养，是最常见的观赏鲨。

点纹斑竹鲨的体长一般为1米，常见于印度—西太平洋区，其幼鱼黑白相间，如同斑点奶牛，非常可爱。成鱼的体色、纹路不再清晰。它们的生活习性和条纹斑竹鲨相同，也是比较适合饲养在水族箱中的观赏鲨。

❖ 点纹斑竹鲨幼鱼

❖ 鼬鲨属：虎鲨

真鲨亚目、真鲨科、鼬鲨属的鲨鱼是鲨鱼家族中体型仅次于大白鲨的凶猛残忍的食肉动物，被喻为"海中老虎"，俗称"虎鲨"。

虎鲨

性 情 温 和 的 猎 杀 者

虎鲨科的鲨鱼虽然体型较小，性情温和，不及真鲨科、鼬鲨属的虎鲨那么凶残，但是它们也是不折不扣的威猛生物，会猎杀水族箱中的其他观赏鱼。

虎鲨有两种：一种是真鲨亚目、真鲨科、鼬鲨属鲨鱼的统称，此属的虎鲨体型巨大，平均体长达4米以上，最长能达到9米以上，性情凶猛且贪婪，几乎可以吃海洋中的任何动物，是北极熊的天敌，被称为"最危险的鲨鱼之一"，因此，不适合作为观赏鲨。另一种是虎鲨

佛氏虎鲨的体长一般为1米，它们不会对珊瑚等造景造成伤害，但是却会悄悄捕食水族箱中的各种虾、蟹、贝壳和鱼类。

❖ 虎鲨属：佛氏虎鲨

虎鲨全身黄色并有黑色横纹，这是避免敌害的警戒色。

目、虎鲨科、虎鲨属的 9 种鲨鱼的统称，它们体型较小，一般体长为 50~150 厘米，主要以生活在海底的海星、贝壳、蟹、虾等为食。它们便是在观赏鱼市场上常被提及的虎鲨品种。

虎鲨科的鲨鱼的体型较小，身体粗而短，头高，近方形，眼小，为椭圆形，吻短钝，鼻孔具鼻口沟。它们主要分布在太平洋、印度洋的各热带与温带海区。我国现有两种，即宽纹虎鲨和狭纹虎鲨。

根据化石记录，虎鲨目的鲨鱼最早的祖先出现在侏罗纪早期，古生代石炭纪也有化石记录，至中生代时虎鲨目的鲨鱼最为繁盛，到新生代渐衰落。

现存的虎鲨目的鲨鱼与侏罗纪时期的虎鲨非常相似，并且为同属鲨鱼，它们的共同特点是有两个背鳍，背鳍前部各有一根刺，依靠背鳍棘抵御敌害。

虎鲨目的鲨鱼生性凶猛，一般开始很难适应水族箱的生活，但它们的适应性很强，经过耐心饲养后，一旦适应环境，它们就会开始悄悄捕食水族箱中的任何鱼类、贝类及软体。它们属于夜行性鱼类，夜幕降临后，它们会在夜色的掩护下，搜寻水族箱中休息的观赏鱼，然后冲上去一口吞掉。

澳大利亚虎鲨又名杰克逊异齿鲨、杰克逊异齿鲛等，它是虎鲨属中最大的品种，一般能长到 1.3 米以上，最大能长到 1.65 米。

虎鲨每次产两枚卵，卵具螺旋瓣的圆锥形角质囊，卵囊末端曳有长丝，借以固着于附着物上。

铠鲨

小 到 能 打 破 人 们 对 鲨 鱼 的 认 知

铠鲨中最小的品种的体长才20厘米，完全打破了人们对鲨鱼的认知，而且，有些铠鲨品种不仅无法靠武力称霸海洋，还需要过寄生生活。

铠鲨是角鲨目、铠鲨科18属50余种鲨鱼的统称，主要分布于印度洋、太平洋、大西洋，如墨西哥湾、北海、地中海等海域，它们不成群，常单独行动，生活在温带、热带大陆架和岛屿斜坡37~1800米的海洋深处，但常见于200米附近的水深处，以底栖硬骨鱼、头足类及甲壳动物等为食。

最另类的一类鲨鱼

铠鲨是鲨鱼大家族中最另类的一类鲨鱼。它们中的很多观赏鲨品种的体长都不足50厘

宽尾拟角鲨又名小抹香鲛，一般体长不足20厘米，据有关文献记载，其最大体长仅22厘米，是世界上最小的鲨鱼品种之一。别看它个头小，它可不是个善茬，它是凶猛的肉食性动物，主要捕食头足类和小鱼。它们有时为了捕食猎物，会跟随猎物，如灯笼鱼科、钻光鱼科和奇棘鱼类等，做垂直洄游。

阿里拟角鲨一般体长不足20厘米，最大体长不超过22厘米，是世界上最小的鲨鱼品种之一。其所有习性和宽尾拟角鲨几乎一样。

❖ 世界上最小的鲨鱼品种：没有一本书长的鲨鱼

铠鲨科拟角鲨属：宽尾拟角鲨

铠鲨科拟角鲨属：阿里拟角鲨

米，最小的品种，如拟角鲨属的一些品种的体长仅 20 厘米。此外，有些品种像海洋寄生虫一样，如达摩鲨属的鲨鱼，它们会用嘴吸附在大鱼身上，然后用剃刀一样的利齿割破大鱼的皮肉，寄生在大鱼身上，它也是鲨鱼中唯一一属能体外寄生的品种。有些铠鲨的身上具有发光器，可以帮助它们在深海中诱捕猎物等。

铠鲨产于深海，饲养难度大

铠鲨的体形有修长的，也有粗壮的，它们的头部多半呈锥形或稍扁，最大的特征是臀鳍消失，两个背鳍大多不具硬棘。胸鳍多半呈宽大或钝圆形，部分品种的尾鳍上叶末端有缺刻。

铠鲨各属品种之间的体型相差很大，适合饲养在水族箱中的有小鳍鲨属、拟角鲨属、拟小鳍鲨属、达摩鲨属中的鲨鱼，它们是整个鲨鱼大家族中最小的一些品种，不过，由于铠鲨主要产于深海，因此想要获得它们比较难，饲养的难度也比较大。

饲养铠鲨时不需要特别注意水质，它们自身具有强大的免疫系统，几乎很少患病，但是作为深海鲨，它们一般不喜欢太亮的环境，更喜欢黑夜或光线黑暗的角落。

铠鲨和其他种类的鲨鱼一样很能吃，但饲养时不要让它们吃得太饱，过度肥胖会使它们生许多疾病。

❖ **达摩鲨属：小齿达摩鲨**

小齿达摩鲨又名巴西达摩鲨、雪茄达摩鲨、雪茄鲨等。它是一种小型鲨鱼，体长一般不足 40 厘米。达摩鲨属一共有两个品种，分别是小齿达摩鲨和大齿达摩鲨，它们身体上有发光器，属于体外寄生性捕食的鲨鱼，无论是大型的大白鲨、须鲸，还是个头与自身相仿甚至比自身更小的鱼类，只要被缠上，就会被它们的嘴吸住，然后用牙齿在猎物身上挖肉吃。达摩鲨属的鲨鱼的攻击性很强，除了鱼类会遭到它们攻击之外，连海底光缆、潜艇，甚至潜水员等都曾有遭到它们攻击的记录。

小齿达摩鲨比大齿达摩鲨更常见，但是在观赏鱼市场并不常见，此类鲨鱼属于深海鲨，饲养难度比较大。

小鳍鲨属中的白边小鳍鲨属于比较常见的铠鲨科成员，它们一般体长为 30 厘米。

铠鲨的体鲛属、黑鲛属等一些鲨鱼品种肝脏颇大、油脂丰富，是提炼鱼肝油的主要鱼种。

铠鲨和其他种类的鲨鱼一样，在人工饲养环境中几乎不接受人工饲料，必须用冻着的鲜鱼肉喂养它们。

盲鲨

它 们 的 眼 睛 并 不 瞎

盲鲨并不瞎，它们的眼睛视力很好，之所以被称为"盲鲨"，是因为它们每当被捕捉时都会闭着眼，让人误认为眼睛瞎。

盲鲨是长须鲨科（又称盲须鲛科）唯一属的蓝灰色长须鲨、瓦氏长须鲨两种鲨鱼的统称，它们分布于西南太平洋的亚热带及澳大利亚东海岸昆士兰海域。

盲鲨与猫鲨、天竺鲨等一样，属于底栖类鲨鱼，通常生活在岩石海岸水深 110 米以内的珊瑚礁浅海处，夜晚开始在浪很大的岩石礁区附近捕食无脊椎动物和小鱼等。

盲鲨的体长通常为 60~80 厘米，蓝灰色长须鲨比瓦氏长须鲨略大，属于易危物种，很难在水族市场上看到它们，只能偶尔在大型水族馆中看到它们。瓦氏长须鲨则常见于各种水族馆，而且由于体型略小，它们也常出现在家庭和一些企业的水族箱中。

❖ 盲鲨的长须
长须鲨科的鲨鱼的触须比须鲨科的略长。

盲鲨和大部分鲨鱼一样，需要水族箱中有更高的溶氧量及更强的水流，而且最好在水族箱中提供一些岩石、珊瑚礁的造景供它们躲藏，食物以小鱼、贝类、虾、蟹等为主，投喂的食物尽量别太单一，这样才能保证它们营养均衡。

盲鲨能离水存活较长时间，它能和长尾须鲨属的鲨鱼一样，短时间离开海水上岸追捕猎物。

盲鲨属于夜行性鲨鱼，但是它们能很快适应水族箱生活，经过一段时间驯化后，它们能在白天或者灯光下接受食物。

❖ 盲鲨

鳐、虹和鲼均属于软骨鱼纲、鳐总目，鳐总目下包括鲼形目、鳐形目、电鳐目、锯鳐目，从分类学角度来看，鳐总目中除了鲼形目的鱼类之外，其他品种均可称为"鳐"，而鲼形目中又包含了虹和鲼。

❖黑鳐

黑鳐虽然名字中有"鳐"字，实际上它是虹科的鱼类，鳐总目中很多品类的名称比较混乱。

鲼

鲼是鲼形目中的大个子，它们大多分布于东大西洋，在整个地中海中也有分布，但是在黑海中却没有分布。鲼的代表生物是蝠鲼，它是潜水员眼中最出名的鳐总目的生物。大部分品种的蝠鲼体型过大，仅只能潜水或在一些大型海洋馆中看到它们。相对于鳐和虹来说，鲼的种类实在太少了，也是相对容易辨别的。

鳐总目的成员基本都有毒刺，有些品种甚至同时拥有 4~6 根毒刺，如识别度很高的蓝点鹰鳐。

鳐、虹和鲼

被统一称为魔鬼鱼的软骨鱼

大部分人很难分清楚鳐、虹和鲼，甚至连名称也常会混淆，它们的外观都扁平，体盘宽大，呈圆形、斜方形或菱形，全身背部多深色，腹部浅色，在海中成群结队捕食，场面颇为壮观。

一般鳐总目的成鱼的毒刺长 5~10 厘米，虹鱼在毒棘的两侧有小锯齿状的突出，刺的外层是外皮鞘，内含腺上皮细胞而形成毒腺。

❖鲼

鲼的尾部极度退化，细长如鞭，头部有一个或者两个明显突出的头鳍或者吻鳍。

❖ 蝠鲼

蝠鲼性情温和，体盘扁平，有强
大的胸鳍，类似翅膀；头部有两
个薄、窄、似耳朵的突起，可以
向口中收集食物；牙齿细小，主
要以浮游生物和小鱼为食，经常
在珊瑚礁附近巡游觅食。

❖ 成群的鲼

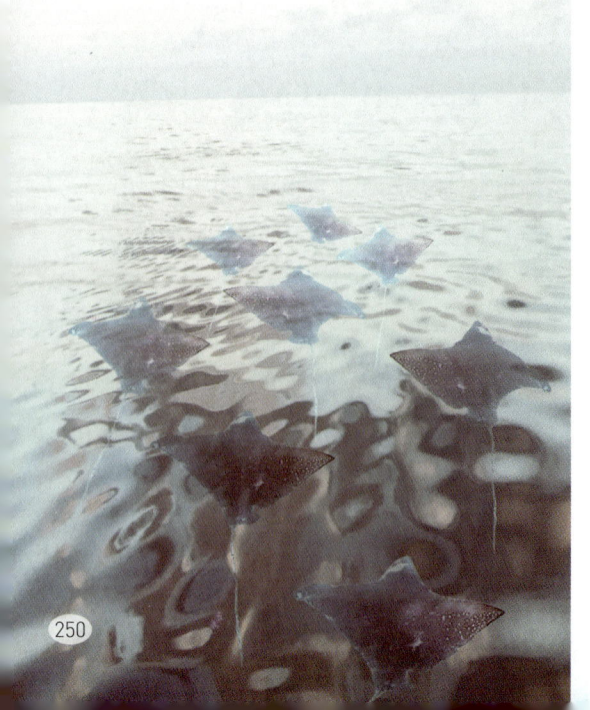

鲼的体盘宽大，大多呈菱形，尾部极度退化，细长如
鞭，尾棘或有或无，有一个小型背鳍。它与鳐、魟的最大
区别是头部有明显突出的头鳍或吻鳍。

鲼具有很强的游动能力，它们可以依靠扇动体盘（胸
鳍），像蝙蝠翅膀一样在水层中"飞舞"，它们很喜欢群
体生活，一般浩浩荡荡地在深水或浅水处如魔鬼般"漂来
漂去"，有时甚至会飞出水面。

魟

魟属于鲼形目中的鱼类，它们大多是
底栖鱼类，与鲼一样生活在温带和热带的
海域，在东南亚潜水时遇见的魔鬼鱼大部
分都是魟或鲼。魟还有部分品种生活在淡
水中。

魟的体盘宽大，呈圆形、斜方形或菱
形，尾部如鲼的一般细长如鞭，通常尾巴
基部还有一个带倒钩并与毒腺相连的刺。

虹与鳐相比，最大的差异就是头部没有突出，而且虹并不能扇动体盘（胸鳍），因为它的体盘只有边缘部分可以灵活运动，所以游动能力较弱，只能像覆于海底的荷叶，波动着前进，不能进行长距离游动；或者依靠晃动体盘潜伏在海底沙中伺机捕食。

❖ 虹

虹的尾部如鳐的一样，细长如鞭，尾巴基部的尾刺是很危险的武器，挥舞起来很容易对敌人造成创伤。其运动完全靠体盘（胸鳍）边缘，波动前行。

虹是一种很古老的鱼类，它们的再生能力很强，因此，饲养的虹，一般外伤若未受到感染，很快就能愈合，不需添加任何药剂，只需保持水质正常即可。

鳐

鳐是鳐总目中除了鳐形目的鱼类之外所有鱼类的统称，它们主要生活在纬度相对较高和较深的海域，而且适宜水温要比鳐和虹生活的水域低很多，因此在东南亚潜水时很难见到它们。

鳐同样体盘宽大，呈圆形、斜方形或菱形，除了无刺鳐科的鳐的尾巴像虹和鳐的一样细长如鞭外，其余的鳐尾部均粗壮有力，如同鲨鱼的尾部一般，其体盘（胸鳍）无法活动，完全靠尾巴摆动向前移动，有时也会摆动腹鳍在海底前行，有点像须鲨一样，"走"得比较慢，而且看上去有点笨拙。

鳐的尾部粗壮有力，如同鲨鱼的尾部一般。

鳐和虹常会躲藏在靠近礁石和珊瑚礁的沙子和碎石里，利用沙子和水草隐藏自己，利用伪装躲避天敌，或猎食靠近的甲壳动物和软体动物。

❖ 鳐

鳐、虹和鳐的繁殖方式不同

除了外形上的区别外，鳐、虹和鳐的繁殖方式也不同。

虹和鳐是卵胎生，其卵会在雌鱼体内发育成幼鱼后，由雌鱼生产出来，看上去和胎生动物一样。虹的体型较小，刚出生的幼鱼也小，而鳐的体型大，因此产下的幼鱼更大，也更活泼。

❖ 鳐的卵

鳐和虹、鲼不同，它们和大部分鱼类一样属于卵生，但并非人们印象中的鱼卵的模样，它们的卵和鲨鱼的卵长得很像，是一个由长方形革质壳保护的卵鞘，里面住着鳐的宝宝。这种卵鞘被称为"美人鱼的钱包"，常会被海水冲上海滩，如果捡到它可以带回家，静等小鳐破卵而出。

鳐和虹能和各种其他海洋观赏鱼一起混养，但是一些喜欢啄咬的鱼类却是它们在水族箱中的克星，如狐狸鱼、神仙鱼、刺尾鱼、蝴蝶鱼等，因为这些鱼会啄咬鳐和虹的皮肤，而鳐和虹又不够灵活，所以常会被啄破身体。因此，混养时，应尽量避开喜欢啄咬的鱼类。

可作为观赏鱼的品种并不多

鳐总目的鱼类的祖先最早出现在中生代的侏罗纪，为了适应环境并更好地防御敌害和捕猎等，它们由珊瑚群落或海底的远古鲨鱼渐渐演化成如今这样扁平的身体，因此，它们与鲨鱼都有近缘关系。与鲨鱼一样，它们可作为观赏鱼的品种并不多，仅鳐和虹两大类中的少数品种可以作为观赏鱼饲养。

鳐总目的鱼类和鲨鱼一样，在饲养时需要宽阔的大缸，除了保持水质清澈之外，还需要在缸底铺上沙子，因为鳐和虹都喜欢沙质底。

饲养鳐和虹时，可以投喂鱿鱼、泥鳅、虾等，其幼鱼则可以用面包虫、赤虫、小虾等喂养。另外，值得注意的是，在投喂小虾时，需要提前将虾脑袋上的虾箭拔除，以免刺伤它们的胃，尤其是喂养幼鱼时更要小心。

鳐和虹平时总像大扁片似的趴在水族箱底部不动，当遇到喜欢吃的鱿鱼、泥鳅和虾肉时，它们会主动进食，但是它们不接受人工饲料，必须用冻鲜的鱿鱼、泥鳅和虾肉等喂养。

虹和鳐的尾刺一般仅用于防御，很少用于捕猎或主动发起攻击，若人工饲养，捞取时要特别注意。

❖ 圆虹
圆虹是鲼形目、扁虹科的一员，体长为50厘米左右，身体呈深褐色至棕色，带有浅黄色斑点。

镰鱼

经 久 不 衰 的 观 赏 鱼 品 种

镰鱼是一种经久不衰的观赏鱼品种，拥有黑、白、黄三大色块，它们的游动姿势像镰刀一样，高高竖立的背鳍使它们透出一种不凡的气质。

❖《海底总动员》中镰鱼吉哥

镰鱼别名为角镰鱼、角蝶鱼、神仙、海神像等。镰鱼属于暖水性鱼类，主要分布于印度洋和太平洋的浅水礁盘、潟湖、珊瑚礁岩区，在我国台湾、西沙群岛和南沙群岛等地均有分布。

镰鱼天生胆小，哪怕是在海洋中，遇到任何风吹草动，它们都会第一时间躲进岩石缝隙或洞穴之中。

❖ 镰鱼

色彩明快、优雅美丽

镰鱼色彩明快、优雅美丽，它们的外形与蝴蝶鱼家族中的黑白关刀、长翅关刀、红海关刀和羽毛关刀等非常相似。

镰鱼在水族箱中能和一些特定的鱼类，如光鳃鱼和雀鲷的一些品种组成鱼群。

镰鱼的体色对比鲜明，其最大的特点是体形，体长为 8~20 厘米，身体扁薄，体高大于体长，总体略呈菱形，体色呈淡黄色，带 3 道醒目的黑色垂直条纹；吻部突出，和蝴蝶鱼一样呈管状；背鳍末端延长为丝状，随着年龄的增长而逐渐变短；尾鳍为黑色，具有白色边缘，看起来像月牙。镰鱼游动起来飘逸洒脱，仙气飘飘，侧面轮廓如同飞翔的燕子。

镰鱼的成长变化

镰鱼幼鱼全身透明，腹部有一块银白色，过着漂流的生活，靠捕食浮游生物生存，这个时期的镰鱼又被称为"灰镰鱼"，随着长大，镰鱼的外观和栖息环境也会发生改变。

幼鱼长到 40 毫米左右，便不再过漂流的生活，而是随着海流成群进入珊瑚礁区生活，当长到 75 毫米时，镰鱼的额部逐渐突出，仿佛长了一只角，因此，镰鱼又被称为"角镰鱼"。成鱼后，镰鱼主要靠捕食无脊椎动物和海藻生存。

❖ **镰鱼面部**
古时候，欧洲人认为镰鱼的面部像被当作巫师处死的摩尔人的脸。

镰鱼的嘴太小，无法抓住能挣扎、灵活的猎物，它们主要捕食海绵和藻类，也吃贝类、被囊类以及各种小型无脊椎动物等，此外，有些镰鱼群会以近岸排污口中各种漂浮的碎屑和有机杂质为食。

镰鱼是海洋鱼类中忠贞爱情的典范，只要配对成功后，镰鱼"夫妻"一般一辈子都不会背叛对方，除非配偶死亡，才会另寻新欢。

❖ **镰鱼"夫妻"**

不易饲养，却备受欢迎的观赏鱼

镰鱼因独特的外观一直是水族市场上备受追捧的观赏鱼。电影《海底总动员》中的镰鱼吉哥叛逆、不受拘束、向往自由，现实中的镰鱼也是如此，很难饲养。

镰鱼是一种胆小并且容易紧张的鱼，在自然环境中，常成小群活动，偶尔也会形成上百条的大群，在珊瑚礁岩以及海底悬崖边缘翩翩起舞，一旦受到惊吓，便会迅速逃入礁盘洞穴或各种岩石缝隙中，将自己隐藏起来。镰鱼还有一种保护自己的能力：晚上它们的体色会变暗，在海底睡眠时不易被敌人发现。

由于镰鱼很容易紧张，人工饲养它们时需要一个足够大的水族缸，水族缸内应有各种造景，而且需要成群饲养镰鱼，一般不能少于 5 条或 6 条，否则它们就会因紧张而不进食。

新的镰鱼群刚入缸时，它们会相互追逐、撕咬，以至于遍体鳞伤，直到确定首领才会停止。镰鱼的首领并非最强壮的，也并非体型最大的，而是最能适应人工环境的那一条。

首领鱼是整个鱼群的精神领袖，它会带着镰鱼群在水族箱中的礁岩环境中到处巡游、进食。如果将首领鱼捞出，其他的镰鱼便会几天不进食，然后重新争夺首领位置。如果鱼缸内的镰鱼数少于 5 条或 6 条，它们便会因紧张而不进食，直至慢慢死去。

❖ **镰鱼装饰图案**

镰鱼因美丽的外观而成为海洋观赏鱼的代表，它的形象常装饰在各处。

镰鱼虽然形象很优雅，但是它们却会用口中尖利的牙齿啃食脑珊瑚。

镰鱼是一种对药物敏感的鱼，而且十分容易患寄生虫类疾病，这也是它们很难饲养的一个重要原因。

镰鱼幼鱼背鳍末端的丝状非常细长。

❖ **镰鱼的幼鱼**

圆鳍鱼

超 萌 的 观 赏 鱼

圆鳍鱼的体态圆润，憨态可掬，是一种外观超萌可爱的海水观赏鱼。

❖ 北海道真圆鳍鱼

北海道真圆鳍鱼的主要产地为西北太平洋，体长一般为 10 厘米。

圆鳍鱼是肉食性鱼类，主要以虾类、蟹类、软体动物、小型鱼类等为食。

圆鳍鱼是卵生型鱼类，产卵期多在春季，卵为黑色，由雄鱼看守直至孵化。

饲养圆鳍鱼时，应为它们提供附着物，并保持清洁、稳定的水质，定期更换水。

圆鳍鱼又名浪浦斯鱼、海参鱼、海参斑等。整个圆鳍鱼家族约有 30 个品种，除少数品种外，普遍分布于北极寒冷地区水深 200 米以内的海底岩礁带。

圆鳍鱼的雌鱼体型大于雄鱼，身体呈球形，尾短小，侧扁，皮肤光滑，无颗粒小棘或骨质瘤突；眼上侧位，口中大、前位，上颌稍突出；两颌具绒毛齿群，犁骨及腭骨无齿；背鳍两个；臀鳍与第二背鳍相对；胸鳍宽大，基底向前，向下伸延；腹鳍已经进化成一个圆形吸盘，用以吸附在物体表面。

圆鳍鱼属于纯野生种，不同种类的颜色不同，幼鱼与成鱼的颜色也不相同。圆鳍鱼具有极高的食用价值，是餐桌上的一种美味。不过，其中的个别品种，如太平洋真圆鳍鱼、北海道真圆鳍鱼、雀鱼、眶真圆鳍鱼等，因体态圆润、色泽光鲜而成为独具特色的观赏鱼。

雀鱼的主要产地为西北太平洋的黄海和日本东岸，体长一般为 8 厘米。

❖ 雀鱼

幼鱼

成鱼

❖ 星斑蓝子鱼
星斑蓝子鱼又名点蓝子鱼、星蓝子鱼、金点狐狸鱼，体长为25厘米左右，全身拥有优雅的橙色斑点，斑点又融合成藤蔓状花纹。

蓝子鱼广泛分布于印度洋和太平洋西部，我国产于南海和东海南部地区，是沿海常见的暖水性近海小型鱼类，常栖息于岩礁或珊瑚丛中。

众多稀奇古怪的俗名

蓝子鱼目前已知有约29个品种，它们同属蓝子鱼科的唯一属——蓝子鱼属，因大多数品种的身体上或多或少分布着蓝色系的斑点或花纹而得名。此外，蓝子鱼还拥有众多稀奇古怪的俗名，如臭肚、象鱼、树鱼、象耳、臭都、猫花等。

蓝子鱼因肉质鲜美、味道可口而深受广大食客的喜爱，在我国南方的沿海城市非常畅销，它们在一些海鲜市场中通常被称为乌子婆或泥猛鱼。同时，部分品种的体色花纹特别漂亮，具有极高的观赏价值，在观赏鱼市场上其名字常带有"狐狸"两字。

❖ 狐蓝子鱼
狐蓝子鱼又名狐面蓝子鱼、罗蓝子鱼、黄狐狸等，体长为20厘米左右，身体亮黄色，头部黑色、蓝色、白色相间，是蓝子鱼中最知名的观赏鱼品种。

蓝子鱼

有 毒 且 备 受 喜 爱 的 观 赏 鱼

蓝子鱼不仅有毒，还长有多种寄生虫，但是人们并没有敬而远之，它们因脾气温和、颜色鲜艳而备受水族爱好者喜爱。

❖ 蠕纹蓝子鱼

蠕纹蓝子鱼的体长一般为 25~45 厘米，体侧布满不规则的棕色线条，如同迷宫一般，成鱼偶尔会出现在半淡半咸水的河口，觅食浮游生物和藻类。

蓝子鱼主食藻类

蓝子鱼在世界范围内的热带和亚热带海域沿岸浅海都很常见，它们很少出现在海洋深水区域，大多在水深不足 30 米的珊瑚礁、潟湖、海草床觅食。幼鱼则会生活在更浅的水域，如河流入海口、红树林潮间带，有时也会进入半淡半咸水的河口。成鱼除了蠕纹蓝子鱼之外，很少会出现在半淡半咸水的河口。

蓝子鱼的食谱中 85% 是各种藻类，幼鱼时期主食浮游的藻类或丝状藻类，随着成长，它们选择的藻类也会越来越大，成鱼主食大型藻类。虽然蓝子鱼的主要食物是藻类，但是在食物匮乏或为了尝鲜时，它们也会对甲壳类、桡足类、蠕虫等小型无脊椎动物下手，甚至会捕食一些珊瑚，如皮革珊瑚、纽扣珊瑚等。有些品种的蓝子鱼，如红海的金带蓝子鱼，它们还会主动捕食一些栉水母和钵水母等。

金带蓝子鱼属于纯食用鱼类，其体长一般为 20 厘米，幼鱼主要以浮游微藻类为食，成鱼以大型藻类为食，偶尔也会攻击栉水母和钵水母等，甚至还会成群围攻大型海月水母，然后分食。

❖ 金带蓝子鱼

会变色的外表

蓝子鱼的外观扁平，呈梭形或椭圆形，嘴部细长，口小不能伸缩，以各种藻类为食，同时，因不同海域的藻类不同，蓝子鱼的外观、颜色以及嘴的形状也不同。例如，珊瑚礁区的水藻丰富多彩，生活在这里的蓝子鱼颜色鲜艳；而生活在海草床上的蓝子鱼通常是黄褐色的，因为海床上的水藻往往是绿色和黄褐色的。

平时的模样

通常只在 3 种情况下，蓝子鱼的体色才会变得暗淡：一是死亡后，它们的体色会褪去，变成灰色或灰褐色。另外两种情况分别是夜间休息或受到威胁时，它们会将体色变得暗淡，以便躲藏起来。

独特的关系

大部分蓝子鱼白天觅食，晚上休息，但也有少部分品种昼伏夜出。幼鱼时期，蓝子鱼汇聚成成百上千条的大群一起觅食；成鱼后，蓝子鱼的鱼群会逐渐减小，变得松散，而且鱼群内的鱼会两两配对，这种配对关系会维系很多年，有些则会是一辈子。最奇特的是，它们中有很多是同性配对，同吃同住，几乎不会让对方离开自己的视线，当一条鱼觅食时，另一条鱼就会主动负责警戒，它们会交替觅食和警戒，以防猎食者偷袭。

蓝子鱼的警觉性很高，成群觅食时，只要有一条鱼感受到威胁并做出反应，整群的鱼就会一瞬间同时躲起来。

受惊吓时的样子

❖ 七彩狐狸

七彩狐狸又名大蓝子鱼，体长一般为 18 厘米，属于安达曼海的特有物种。每当遇到惊吓和危险时，体色会迅速变暗。

图中为配对后的两间狐狸鱼，又名大瓮蓝子鱼、双带狐狸鱼、兔仔狐狸鱼等，是水族市场常见的蓝子鱼品种之一。

❖ 成双的两间狐狸鱼

独特的繁殖方式

不同种类的蓝子鱼的繁殖期也不相同，通常都在 3—5 月，而红海和地中海的蓝子鱼的繁殖期则出现在 5—8 月。最奇特的是，当繁殖期到来时，蓝子鱼会成群地回到出生地，然后点蓝子鱼的体长可以达到 35 厘米以上，全身有密集的蓝色斑点。

在人工饲养环境中，蓝子鱼的寿命一般为 8~12 年，在自然环境中寿命会更长。

蓝子鱼的毒素虽然不会对人类造成致命伤害，但会造成剧烈的疼痛，有些人可能会引起严重的过敏反应，因此被蓝子鱼刺伤后应该尽早就医。

蓝子鱼的幼体几乎没有寄生虫，养殖的个体比野生的个体寄生虫少，而且耐受运输，对水族市场来讲，养殖的个体更适应圈养环境，同时也不会将野外的寄生虫带进鱼缸。

❖ 蓝子鱼带毒的鳍棘

汇聚成壮观的大群，互相追逐，集体狂欢，鱼群形成一个旋转的圆圈，这个时期的雄鱼身体上会出现灰色斑块和线条纹理，在鱼群中非常醒目，也格外的活跃。

蓝子鱼这种集体狂欢转圈的行为一般会持续好几天，一直等到满月前夕才会排卵和排精，随后，受精卵会被潮汐带入河口、红树林等半咸半淡水区。蓝子鱼的受精卵仅 0.5 毫米长，一般需要经过 1 天至 1 天半即可孵化成透明的仔鱼，仔鱼在半咸半淡的水域经过大约 20 天的浮游生活后即长成幼鱼，再逐渐汇聚成群，在下一次潮汐的时候，又随着潮汐迁徙到近岸的咸水区，在珊瑚丛或海藻丛中觅食，同时，大部分幼鱼会被其他肉食性鱼类捕食，最后能长到成鱼的只占少数。

有毒的美味食用鱼

蓝子鱼是素食者，它们不轻易招惹别人，但是想要捕食它们也并不容易，因为它们身上的每个鳍棘都是中空的，连接着包含蛋白质毒素的毒腺，一旦它们感到危险或受到捕食者的威胁时，就会立刻停止游动，立起所有的鳍棘，朝向捕食者，如果捕食者继续靠近，那么就很容易被蓝子鱼的鳍棘扎伤，甚至中毒死亡。

除此之外，蓝子鱼的体内还含有雪卡毒素，这些毒素来自它们的食物，因为大量的藻类中都含有各种毒素，这些藻类被它们吃了以后，其中的毒素便会沉积在肝脏和肉中。

据科学家研究发现，蓝子鱼不仅有毒，它们身体上还有大量的寄生虫。即便如此，在"吃货"的嘴里，它们依旧是肉质鲜美的食用鱼。

很容易饲养的观赏鱼品种

蓝子鱼虽然有毒，而且身上有寄生虫，但它们也因脾气温和、颜色多样而受到水族爱好者的喜爱。在饲养蓝子鱼时，需要防止被它们的鳍棘扎伤，同时需要消杀它们身体上的寄生虫，以免把野外的寄生虫带进鱼缸。

蓝子鱼很容易饲养，它们能耐较差的水质，而且不挑食，还能啃食水族箱中烦人的藻类，同时，因为它们具有毒鳍棘，即便是有攻击性的鱼类，一般也不会去招惹它们，它们几乎没有天敌，也不会攻击别的观赏鱼，可以和所有的鱼种搭配饲养。蓝子鱼在新入水族箱时会很警惕，但是经过一段时间的饲养，一旦熟悉了饲养环境，就会变得活泼起来，甚至能和观赏者互动。在水族馆中，它们还能和潜水者一起翩翩起舞。

❖ 三斑蓝子鱼

三斑蓝子鱼的体长为 20 厘米左右，全身奶黄色，体侧有 3 个蓝色椭圆形斑块和密集的浅黄色小点。

在同一个水族箱中，蓝子鱼的数量不宜多，一般一两条为宜。蓝子鱼通常体型较大，适合饲养在大水族箱或者水族馆内，如果饲养空间过小，它们会因精神紧张而盲目地在水族箱中转圈。

因蓝子鱼具有毒性，有一些国家和地区，如美国和德国的很多地区，有法规明令禁止私人饲养，目前我国尚未做出限制。

金鳞鱼

遍 体 红 色 的 廉 价 观 赏 鱼

金鳞鱼遍体红色，鳞片泛金色，圆圆的脑袋配上大大的眼睛，看上去十分可爱，是一种受大众欢迎的观赏鱼品种。

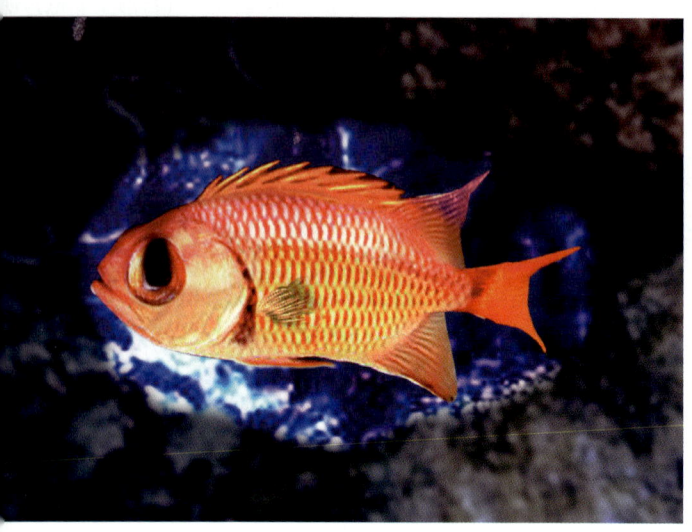

❖ 大目仔

金鳞鱼是金鳞鱼科鱼类的统称（包含锯鳞鱼亚科和金鳞鱼亚科的8属75个品种），广泛分布于大西洋、印度洋和太平洋的热带海域，主要生活在海岸线至水深100米以内的珊瑚礁区。

外表看起来很独特

金鳞鱼属于肉食性动物，有巨大的口裂，可以吞下小型鱼类，其最大体长可达20厘米，身体呈椭圆形或卵圆形，形如松球，因此又名赤鳃松球。它们的体色为亮红色，各鳍有细的白边，眼睛很大，瞳孔是黑色的，因此，有大目仔、艳红等俗称。

金鳞鱼非常容易饲养，对饲养环境和饵料的要求都不高，加上它们的外表看起来很独特，因此深受水族爱好者的喜爱。

❖ 金鳞鱼的大眼睛

属于夜行性鱼类

金鳞鱼属于珊瑚礁鱼类，它们和天竺鲷、笛鲷等一样，白天躲在珊瑚缝隙或岩石洞穴中，夜晚则成群出来觅食，属于夜行性鱼类。金鳞鱼（科）的两个亚属的鱼类，夜间几乎遍及整个珊瑚礁，其中，锯鳞鱼亚科的鱼类夜间会出没于珊瑚岩礁的上方，捕食稍大的浮游生物，如甲壳类的幼虫、浮游的仔鱼等；而金鳞鱼亚科的鱼类则更喜欢在珊瑚礁岩的近底部捕食甲壳类、蠕虫、蛇尾海星以及小鱼、小虾等。

会发出低吼的声音

金鳞鱼平时很安静地成小群活动于珊瑚礁区，一旦有其他鱼类靠近或者遇到威胁的时候，它们就会靠鳔、肌肉和骨头配合，发出"咕咕""喀答"或"隆隆"等类似低声吼叫的声音。生物学界至今未能对金鳞鱼的这种行为做出合理解释，有人认为这是示警行为，有人认为这是示好举动，也有人认为这是各种群之间靠声音辨别彼此。然而，饲养在水族箱中的金鳞鱼在无任何威胁和干扰的时候，有时也会发出这样的低吼声，这让人更难理解，也许是它们在水族箱中待舒服了或烦了，就会发出这样的声音。

金鳞鱼的亮红体色在水族箱中的灯光照射下显得格外鲜亮，而在野外或夜间，金鳞鱼身上的红色却是非常好的保护色，因为在深水中红色光谱会被吸收，所以在深水中的金鳞鱼显示的颜色偏向灰色，而不是人们日常见到的亮红色。

人工养殖金鳞鱼时，需用300升以上的海水缸，缸内应有足够的活石供其躲藏。大多数金鳞鱼不接受人工饵料，最好用虾肉喂养。

❖ 大眼鸡金鳞鱼

❖ 尾斑金鳞鱼

金鳞鱼的捕捞量很大，而且肉质一般，因此不论是作为经济食用鱼类，还是观赏鱼，其价格都非常低廉。

❖ 艳红金鳞鱼

❖ 美国红鹰

美国红鹰的体长不足 10 厘米，其通体红色，背脊有黑色边缘，双眼上方有半圆形黑框，看上去傻傻的、憨憨的。美国红鹰的体色在鹰科鱼类中并不出色，但是它却因奇特的脸而成为水族市场上的宠儿。

鹰鱼刚放入水族箱时，建议不要和抢食速度很快的鱼混养，因为向鹰鱼投喂食物时，需要等投喂的食物在它们眼前晃动一会儿，它们才能知道那些东西能吃。

如果是大的水族箱，饲料充足，鹰鱼可以生长得很快。

鹰鱼是鹟科鱼类的俗称，其分布于大西洋、印度洋和太平洋的热带及副热带海域，主要栖息于潮间带至数十米外的珊瑚礁区。

像鹰一样捕食

鹰鱼的身体呈椭圆形或延长，体长为 10~55 厘米，稍侧扁，口小且端长。它们属于肉食性鱼类，以甲壳类或小鱼为食，平常喜欢趴在岩礁上，利用胸鳍划水保持身体平衡，眼睛不断地四处转动，每当有猎物经过时，它们就会从岩礁上俯冲而下或者一跃而起，像老鹰一般捕食，因此而得名。部分

鹰鱼

像 老 鹰 一 样 捕 食 的 鱼

鹰鱼属于中型食用鱼，但因色彩鲜艳，更适合作为观赏鱼，反而较少被人食用。

鹰鱼在观赏鱼市场中的名字带有"鹰"字，其中最有名的要数美国红鹰、背带鹰等。除此之外，在观赏鱼市场上，部分鹰鱼的名字中带有"格"字，这来自它们体侧的方格、横格等格子形纹路，如尖嘴红格、短嘴格、海豹格、彩虹深水格等。

❖ 背带鹰

背带鹰的外形与有名的三刀鱼很像，主要产地为西太平洋地区，其体长可以达到40厘米以上，肉质鲜美，是高级食用鱼品种，不过因其体侧有多条醒目的黑色斜斑，经常被作为观赏鱼饲养。

很容易适应水族箱环境

鹰鱼大多很强壮、机警，而且极少患病，因此适应能力强，一般的水族箱环境都能接受，但是新入水族箱的鹰鱼很难接受人工饲料，不过，经过一段时间驯养后，它们就会接受人工饲料，在饲养环境中它们更喜欢吃丰年虾和虾肉。

鹰鱼天性机警，如果放入大型水族箱，就很难再捕捉到它们。

鹰鱼的名字也并非都带"鹰"或"格"字，如斑马唇指䲁、穴金鳞等即是使用其体纹命名。

❖ 穴金鳞

穴金鳞在鹰鱼中并不知名，但是其体色非常亮丽，尤其是白色身体上的红色斑纹，非常醒目。

❖ 斑马唇指䲁

斑马唇指䲁价格昂贵，其与背带鹰外形相似，在我国香港地区称为"鱼王"，俗称"斩三刀"或"山刀"。"三刀"这个名字，是因为鱼身较厚，清蒸时难蒸熟，所以过去渔民都会在蒸鱼前在鱼身剖上三刀，让它受热均匀。在我国台湾地区，斑马唇指䲁常被称为咬破布、三康、角刀、石鸡等。

雌鱼　　雄鱼

❖ 彩虹深水格

彩虹深水格是鹰鱼中比较出名的观赏鱼品种，其体长为 20 厘米左右，它与其他鹰鱼一样，体色随着成长而改变。

鹰鱼与大多草莓鱼一样是双性，雌雄同体，通常先雌后雄，并且一条雄鱼配多条雌鱼，具有较强的领地意识。它们虽然很少捕食水族箱中的珊瑚、海螺、雀鲷和小丑鱼等，但是鹰鱼却是水族箱中的"刺头"，平时总喜欢驱赶小型的雀鲷和小丑鱼，以及啃咬珊瑚触手和爬行的海螺等，因此，鹰鱼并不太适合与雀鲷和小丑鱼等观赏鱼混养。

❖ 尖嘴红格

尖嘴红格又被称为长嘴红鹰、尖嘴鹰、长嘴鹰等，它是鹰鱼中最具观赏价值的品种，其体长为 10 厘米左右，体色为白色，体侧有红色条纹交错成格子，很有特点。尖嘴红格有一张又尖又长的嘴，它可以从岩石缝里将蠕虫和甲壳动物捕捉出来，有时还会将躲藏在石缝中的雀鲷和草莓鱼驱赶出来。

虾虎鱼

可 爱 呆 萌 的 精 灵

大多数虾虎鱼身材短小，仅有几厘米长，有些品种的体色丰富，但总体看上去傻头傻脑的，仿佛电影中的精灵"古B"（古比）一样，既有几分可爱，也有几分呆萌。

虾虎鱼是鱼类中最大的家族之一，品种非常多，已知种类达到2000多种，目前至少有30个品种可以经常在观赏鱼市场中见到，它们的名字中常带有"古B"两个字。

分布很广

虾虎鱼的分布很广，除南极、北极外，世界各地水域均有分布，主要密集于印度—西太平洋区，热带和亚热带水域的数量最多。它们生活在近岸潮间带、浅海珊瑚礁、海草牧场、沿海滩涂、红树林湿地和盐沼地，以及河流下游的洞穴和泥沙中，有些品种则完全生活在淡水河流、湖泊之中。

虾虎鱼最爱摄食虾、蟹等，不过它们的食性很杂，但凡比它们小的鱼、虾、蠕

虾虎鱼很容易饲养，但是它们不能接受太高的硝酸盐，否则容易生病，而且虾虎鱼是不耐药的鱼类，患病后不能接受常规的药物治疗。虾虎鱼比较能适应24~28℃的环境温度，否则很容易死亡。

❖ 常见的虾虎鱼
常见的虾虎鱼大多身体上覆盖灰色斑纹。事实上，虾虎鱼的体色多变，尤其是海洋中的虾虎鱼的体色更是丰富艳丽。

❖ 虾虎鱼

❖ 白连膜虾虎鱼

白连膜虾虎鱼又名白天线虾虎鱼，其体长为 5 厘米左右，白色的身体上有几道鲜艳的红色水平条纹，有高高的背鳍，嘴部下面是黑色的，很容易与其他虾虎鱼区分。

❖ 蓝带血虾虎鱼

蓝带血虾虎鱼又名红天堂虾虎、蓝线鸳鸯、火焰虾虎、火焰古 B，其体长为 5 厘米左右，全身通红，体侧有蓝色竖纹。它们通常生活在开阔的岩石区，与海胆为伴，一旦受到威胁，便会撤退到海胆刺的缝隙中。

青柳氏叶虾虎属于叶虾虎鱼属，本属大多个体较小，体长一般为 3 厘米，可以饲养在较大的长有鹿角珊瑚的鱼缸中，它们的胆子小，喜欢躲藏在珊瑚丛中，但是如果缺少食物，它们就会啃食珊瑚。

❖ 青柳氏叶虾虎

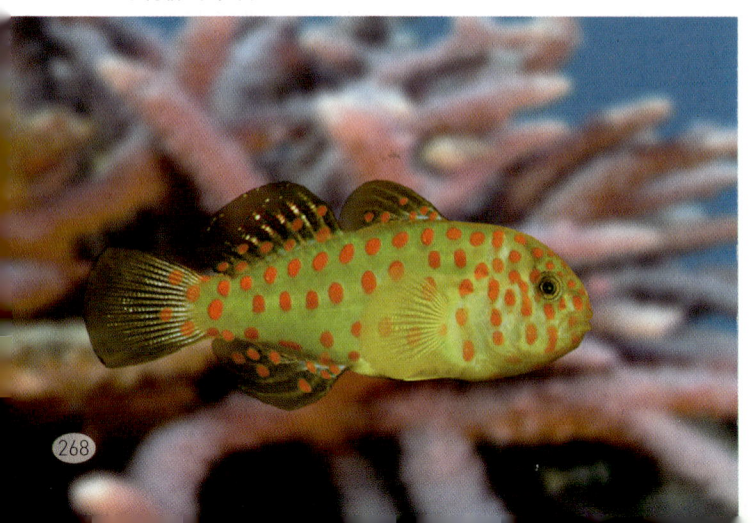

虫、蛤类幼体、其他鱼类的卵都可作为食物；有些品种则摄食底栖硅藻生存；生活在淡水中的种类还会捕食水生昆虫等。

独特的身体结构

虾虎鱼的身体细长，有两条脊鳍，第一条有几根细微的脊骨，头部和两侧有一系列小的感光器官，尾巴呈圆形，身上都有明亮的色彩，还有一些种类呈现透明的色彩，如欧洲的水晶虾虎鱼。

虾虎鱼的生命力很强，离水不易死亡。它们的骨骼和鲈形目鱼类的不同，有许多独特的身体结构，比如，它们的腹鳍愈合成吸盘状，该吸盘的功能与鲐鱼的背鳍吸盘和圆鳍鱼的腹鳍吸盘类似，能吸附在岩石上固定身体，防止被急流冲走。

性成熟期较早

虾虎鱼性成熟期较早，一般肉食性种类一年成熟，素食性种类两年成熟，也有些品种 20 多天即成熟，如微虾虎鱼。虾虎鱼与其他鱼类一样，其繁殖方式为卵生，它们在繁殖期会成群结队地在石砾、泥沙、贝壳或洞穴中产卵。有部分海洋虾虎鱼品种有生殖洄游习性，会进入河川，在隐蔽的地方产卵。每条雌鱼每次产卵 400 枚左右，雄鱼在这个时期会时刻守护在卵的周围，防止卵被猎食者吃掉。

虾虎鱼的卵很快就会变成幼虫，在大海里随波逐流 20 天左右，在近岸潮间带、浅海珊瑚礁、海草牧场等地定居，然后繁殖后代，度过一生。淡水中的虾虎鱼幼虫身体弱小，成活率较低。

最短命的虾虎鱼

虾虎鱼是世界上寿命最短的脊椎动物之一，一般存活 2~3 年，最多 4 年，而 2005 年在澳大利亚大堡礁发现了一种小虾虎鱼，它们的最长寿命仅 59 天，打破了此前一直被非洲齿鲤保持的"脊椎动物最短寿命的世界纪录"——70 天左右的寿命。

最小的微虾虎鱼和最大的拟虾虎鱼

大部分虾虎鱼身材短小，很多小型品种的体长甚至不超过 5 厘米，有一些品种体长仅 1 厘米左右，如矮虾虎鱼的体长为 1.1 厘米、短脂辛氏微体鱼的体长为 1 厘米、微虾虎鱼的体长为 0.8 厘米，因此，它们被誉

❖ 吸血鬼虾虎

吸血鬼虾虎又名横带连膜虾虎鱼、纽纹虾虎、纽纹古 B，一般体长为 8 厘米。

在虾虎鱼世界里，大部分雌性会选择最强、最"帅"的那一只交配，而雄性也会选择最美的那一只雌性交配，因此繁殖期常会看到雌性按大小排列，等待着与雄性交配，如果期间有雌性不按规矩排队，就会被前后的雌性虾虎鱼赶出队伍，对虾虎鱼来说，离开了队伍就等于离开了居住地，也就意味着死亡。

虾虎鱼的品种繁多，而且大多属于丰产物种，但是有一些品种的数量已经日益减少，如生活在海岸潮汐带的虾虎鱼，甚至有一些品种已经接近和属于濒危物种。

❖ 微虾虎鱼：世界上最小的脊椎动物

❖ 火炬虾虎

火炬虾虎又名火炬古B、格氏异翼虾虎鱼，其身体白色，各鳍颜色非常鲜艳，游泳姿势很美，像一团火焰在水中燃烧，它们的体长一般不会超过4厘米，是一种小型珊瑚礁鱼，只分布在红海附近的地区，价格比较贵。

加勒比海的一种小虾虎鱼喜欢和其他动物同巢共穴。它们往往会充当其他大鱼的清洁工，把它们身上的寄生物吃干净。

虾虎鱼拥有顽强的生命力和适应能力，已经成为一些水域的噩梦。在我国云贵高原的一些湖泊中，如抚仙湖，虾虎鱼作为"外来入侵物种"，已成为当地土著物种灭绝的元凶之一。

为"世界上最小的脊椎动物"之一。其中，微虾虎鱼被称为最小的虾虎鱼。大部分小型的虾虎鱼天生胆小，很容易受到惊吓。

除了小型品种外，其他虾虎鱼成鱼的体长约为10厘米，但是也有一些品种的体长超过20厘米，甚至有个别品种的体长可超过30厘米，如拟虾虎鱼。个体较大的虾虎鱼具有一定的攻击性，它们会主动捕食其他小鱼和一些软体动物，还会啃食珊瑚。

虾虎鱼并非都叫虾虎鱼

虾虎鱼的品种繁多，而且很多虾虎鱼的名字并不叫虾虎鱼，如虾虎鱼科的凡塘鳢属、矶塘鳢属、线塘鳢属、钝塘鳢属、钝虾虎鱼属、连膜虾虎鱼属、梵虾虎鱼属等，每属中都有几十上百个品种，其中有很多品种都不叫虾虎鱼，大多数具有鲜艳的色彩，在观赏鱼市场上关注度极高。

叫虾虎鱼的并非都是虾虎鱼

由于虾虎鱼的品种繁多，而且很多品种在观赏鱼市场上人气较高，这也使很多不同的小型鱼类纷纷蹭虾虎鱼

❖ 钝塘鳢属：红带钝塘鳢

红带钝塘鳢又名红粉条虾虎，在国内市场通常被叫作红带虾虎。钝塘鳢属的虾虎鱼身体健壮，有时会争抢食物，但是常会因为食物短缺而饿死，在自然环境中，它们有时和枪虾共生一穴。

❖ 大鳞凡塘鳢

大鳞凡塘鳢又名点带范氏塘鳢、钻石哨兵，属于凡塘鳢属的鱼类，体长一般为 16 厘米，它们属于比较健壮的品种，在水族箱中会和其他鱼类争食，在自然环境中会和枪虾共生在同一洞穴之中。

的热度，在观赏鱼市场上的名字都加上了"虾虎"两个字，如稀棘鳚被称为画眉虾虎；眼点异齿鳚被称为小丑虾虎；双色异齿鳚被称为双色虾虎等。这些名字中带"虾虎"两个字的鱼类，仅形态上与虾虎鱼长得很像，它们和真正的虾虎鱼并没有任何亲缘关系。

海水虾虎鱼价值远超淡水虾虎鱼

常见的海水虾虎鱼通常都属于虾虎鱼科，淡水虾虎鱼类通常属于背眼虾虎鱼科，但是也有一些品种例外，如虾虎鱼科的黏皮鲻虾虎鱼就是淡水鱼；背眼虾虎鱼科中的鲻虾虎鱼属的鱼类绝大多数品种都为海水鱼。

❖ 矶塘鳢属：双月矶塘鳢

矶塘鳢属的鱼个体都很小巧，体长为 1 厘米左右，最大品种的体长也不足 4 厘米，一般为"一夫一妻"制，这在虾虎鱼中很少见。

背眼虾虎鱼科中的吻虾虎鱼属是淡水观赏虾虎鱼中最常见的一类，也是较为便宜的一类，常见的种类有子陵吻虾虎鱼、波氏吻虾虎鱼、溪吻虾虎鱼、李氏吻虾虎鱼、褐吻虾虎鱼、黄脸吻虾虎鱼、雀斑吻虾虎鱼、丝鳍吻虾虎鱼等，其中绝大多数都为我国的原生鱼。

画眉虾虎又名燕尾虾虎、金鳍稀棘鳚，体长为 10 厘米左右，它并非真正的虾虎鱼，而是鳚形目、鳚科、稀棘鳚属的鱼类。画眉虾虎具有毒牙，在防御的时候会主动进攻，其毒液还会引起人类剧痛。

❖ 画眉虾虎

❖ 小丑虾虎

小丑虾虎又名狗鰷、眼点异齿鳚，属于鳚形目、鳚科、异齿鳚的鱼类，其色彩多姿，领地意识强，但是天生胆小，是水族箱中的"怂包"。

双色虾虎又名双色异齿鳚，体长为 10 厘米左右，它们会拟态有毒的画眉虾虎，以此恐吓捕食者。

❖ 双色虾虎

海水虾虎鱼遍及世界各大洋，而淡水虾虎鱼则大多原生于我国境内，仅少部分品种生活在世界各地的河流和湖泊之中。

在观赏鱼市场中，海水虾虎鱼占据整个虾虎鱼品种的 90%，价格也远比淡水虾虎鱼贵，一般价格相差 20 倍以上，有些品种的价格甚至比淡水虾虎鱼贵 100 倍以上。

被迫吞沙，只为活命

部分虾虎鱼的体型小，和其他观赏鱼一起饲养时，常常会因为抢不到食物而饿死，不过大部分虾虎鱼在"缺粮少米"的

东北大帆褐吻虾虎属于冷水性
淡水鱼，体长为6厘米左右，
是比较稀有的虾虎鱼品种。

时候会大口吞沙子，然后将沙子含在口中晃动，以此来滤食
沙子中的生物、藻类以及别的鱼类的"残羹剩饭"，而且为
了能填饱肚子，虾虎鱼需要不停地换沙子吞，虾虎鱼也因为
有这项本领而成为水族箱中勤劳的翻沙工，是水族箱中最受
欢迎的群体之一。

蓝线鸳鸯也被称为蓝线虾虎、
蓝带血虾虎等，体型很小，
体长一般为4厘米，全身红
色，体侧有蓝色竖线。

❖ 蓝线鸳鸯

鳚鱼

鳚鱼与其他观赏鱼一样绚丽多彩，但是它们在水族市场上却最没有存在感，因为人们常将它们误认为弹涂鱼、虾虎鱼以及鱼医生等。

❖ 鳚鱼

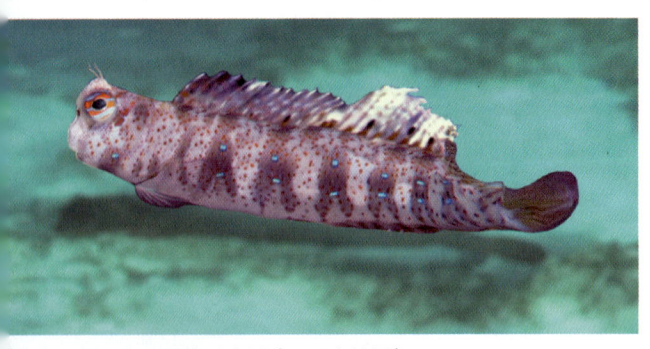

❖ 围眼真动齿鳚（围眼真蛙鳚）

围眼真动齿鳚又名围眼真蛙鳚，体长为 15 厘米左右。

❖ 弹涂鱼

鳚鱼是鲈形目鳚科鱼类的统称，它们主要生活在岩礁或珊瑚礁潮间带，由于不需要经常控制浮沉，它们的体内没有鳔。

既像弹涂鱼又像虾虎鱼

大部分鳚鱼体长在 15 厘米以下，一般为 7~8 厘米，仅有部分品种能长到 30 厘米以上，据有关记载，其最大体长的纪录是 54 厘米。

鳚鱼的身体呈长条状，眼睛接近头顶上方，嘴角上扬，仿佛在微笑，能以跳跃的方式行动，形似生活在红树林和滩涂上的弹涂鱼。细细比较，就会发现它们的身体稍微侧扁，没有弹涂鱼那么圆，而且只有一个背鳍，胸鳍多不分枝，尾鳍与背鳍、臀鳍相连，大多没有鳞片，或是仅有变形的鳞片，头部有形状不一的触角状皮瓣，部分种类还有头冠。有些鳚鱼的整体形象还酷似虾虎鱼，因此，在观赏鱼市场上，它们的名字常带有"虾虎鱼"或"古 B"几个字。

被天竺鲷科的巨牙天竺鲷族拟态

大部分鳚鱼性格暴躁，比虾虎鱼要凶猛，如果同在一个水族箱中，鳚鱼往往会去骚扰虾虎鱼。有些品种具有毒牙，会主动攻击其他鱼类，甚至比自身大很多的鱼类，它们都敢冲上去咬上一口，如稀棘鳚属的鱼。它们的毒牙虽然不至于一口让大鱼毙命，但是却能让大鱼见到它们时心生惧怕，不敢轻易去招惹它们。因此，它们被天竺鲷科巨牙天竺鲷族的一些鱼类和鳚科横口鳚属的一些鱼类拟态，成为它们的保护色。

横口鳚属中的黄横口鳚在水族箱的环境中除了吃鱼鳞外，很难接受其他食物，因此它们是比较难饲养的品种。

❖ **草蟆虾虎**

草蟆虾虎的体长为4厘米左右，其名称中虽然有"虾虎"两个字，但实际上是鳚科、异齿鳚属的巴氏异齿鳚。它们的体型很小，性格活泼，善于跳跃，如果水族箱没有盖子，很容易跳出去。

横口鳚属中的黄横口鳚的体色为明亮的金黄色，它会拟态稀棘鳚属中的黄金鸳鸯，以防御捕食者，黄横口鳚和横口鳚属中的很多品种一样偏好吃鱼鳞，因此它们觅食时会主动悄悄靠近其他鱼类，然后突然一口撕下其他鱼身上的一块鱼鳞。

横口鳚属的鱼这种偏食鱼鳞的行为，在自然环境中对其他鱼类来说无关生死，但是如果在水族箱中，它们的这种行为很容易造成其他鱼类因失去过多鱼鳞而死亡。

❖ **鳚科中两属的鱼之间的拟态**

稀棘鳚属：黄金鸳鸯

横口鳚属：黄横口鳚

带纹巨牙天竺鲷常会模仿稀棘鳚属中的黄腹稀棘鳚恐吓捕猎者。

❖ **带纹巨牙天竺鲷拟态黄腹稀棘鳚**

黄腹稀棘鳚

带纹巨牙天竺鲷

❖ 美国花豹

即使是没有毒牙的鳚鱼也都非常好斗，它们有发达的犬齿，极具杀伤力。

拟态"鱼医生"偷袭大鱼

鳚鱼也并非靠武力赢得天下，有部分品种不仅捕食底栖无脊椎动物和浮游动物，还喜欢吃其他鱼身上的黏液、鱼鳍和鳞片等，如盾齿鳚属、横口鳚属的鱼类。

盾齿鳚属、横口鳚属的鱼类不像稀棘鳚属的鱼类具有毒牙，硬拼大鱼肯定无法得逞，因此，它们靠拟态"鱼医生"（裂唇鱼），并完美地模仿了"鱼医生"的游动姿势，悄悄地靠近大鱼，假装给大鱼做清洁，趁大鱼不备，一口咬下大鱼的鱼鳞或黏液，然后迅速躲入珊瑚区，慢慢享用美食。大鱼被冒名者咬了一口后，往往会很愤怒，于是在海底常可以看到大鱼在追捕这些冒名者的场景。

❖ 与"鱼医生"几乎一模一样的三带盾齿鳚

因为"鱼医生"在鱼群中拥有良好的口碑，而且不会遭到大鱼的攻击，所以三带盾齿鳚就会模仿其形态，甚至连其身上的纹路也几乎和"鱼医生"一模一样，可以说是完美复刻，不仅人们很难分清，连一般的鱼类也无法分辨，这样三带盾齿鳚不仅可避免遭受大鱼的攻击，还可借亲近其他鱼类时趁机偷袭。

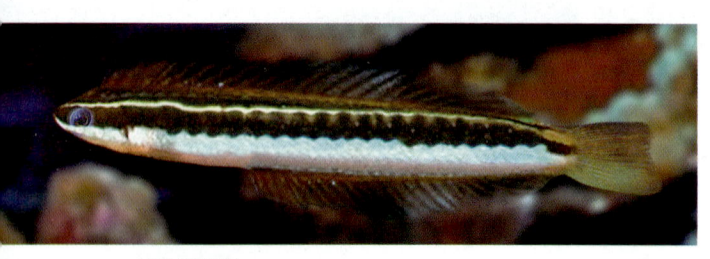

❖ 窄体短带鳚

横口鳚属的鱼类虽然没有盾齿鳚属的鱼类那样像鱼医生，拟态效果也没有盾齿鳚属的鱼类好，但是横口鳚属的鱼类有极具杀伤力的犬齿，它们只要靠近猎物，就必定会狠狠地咬一口。遇到危险时，它们常会躲进管虫的虫管和牡蛎的空壳中。

❖ 顶肩鳃鳚

顶肩鳃鳚是肩鳃鳚属的品种，体长一般为4厘米，它们喜欢住在管状洞穴中，有时还会住在垃圾罐和破瓶中，当它们从"家"中探出脑袋露出萌萌的脑袋时，模样非常可爱。

五彩青蛙并非真正的青蛙，而是一种鱼，其学名为花斑连鳍鲔，俗名七彩麒麟、绿麒麟、青蛙鱼、皇冠青蛙，主要分布于西太平洋印度尼西亚至中国海域、琉球群岛至澳大利亚海域。

五彩青蛙体型娇小，因此又有小型虾虎鱼的美称，其体长为5~7厘米，体表的纹路与色泽、大而突出的眼部以及头部轮廓都酷似青蛙，因而被称作青蛙鱼。它是鼠鲔科、连鳍鲔属中体色最绚丽的品种，是本科鱼类的形象代表。

五彩青蛙属于底栖海水鱼类，不善游泳，喜欢生活在近海珊瑚礁区，多隐蔽于潟湖及近岸礁石附近，或成群结队地聚集于珊瑚礁上，以小型甲壳类、无脊椎动物和鱼卵为食。

❖ 麒麟陶瓷艺术品

五彩青蛙的颜色多样，又多见绿色，与我国古代神话传说中的麒麟神似，因此又被称为七彩麒麟、绿麒麟。

五彩青蛙

从 各 个 角 度 看 都 很 迷 人

五彩青蛙不是青蛙，而是一种娇小可爱的鱼，它们的绿色体表满布红色、蓝色和黄色条纹，并镶着黄色和红色边缘的黑斑，像只五彩斑斓的青蛙，从各个角度看都很迷人，被称为世界上颜值最高的十大动物之一。

五彩青蛙最早于 1927 年被美国鱼类学家 Albert William Herre 发现并命名。

五彩青蛙有鼓鼓的大眼睛、微尖的头，和青蛙在外形上有几分相似。

❖ 青蛙与五彩青蛙对比

五彩青蛙 青蛙

绿青蛙鱼

五彩青蛙体型比较小，行动缓慢，胆子小，因此容易受到其他鱼类袭击，它们的活跃度并不高，稍有风吹草动便会躲起来，有时为了防御，它们会释放出大量带毒的黏液，用来驱赶猎食者。

五彩青蛙对其他观赏鱼非常友好，但是它们却会为了争夺配偶或保卫领地而和同类战斗，特别是雄性之间的战斗非常凶残，甚至是致命的。因此，在水族箱中绝不能出现两条雄性五彩青蛙，否则它们将会没完没了地打斗，如果是一雌一雄，那么，它们就会在水族箱中翩翩起舞，非常漂亮。

红青蛙鱼

花青蛙鱼

五彩青蛙的表皮没有鳞片覆盖，却拥有华丽的外表，并有高耸的背鳍。由于身体会分泌带毒黏液，因此，很少遭到细菌和寄生虫的感染。

❖ 五彩青蛙不同的色彩

五彩青蛙是细小且色彩鲜艳的鱼类，根据身体色彩不同，可以分为3种，即红青蛙鱼、绿青蛙鱼、花青蛙鱼。

五彩青蛙没有固定的繁殖期，差不多什么时候想到了就开始繁殖，每次可以产卵约200枚，需半个月时间孵化。

五彩青蛙不能接受任何品种的人工饲料，甚至不能接受丰年虾。它们的口太小了，只能自己捕食岩石上的沙蚕等小型甲壳动物，它们主要以细小甲壳类、无脊椎动物为食。

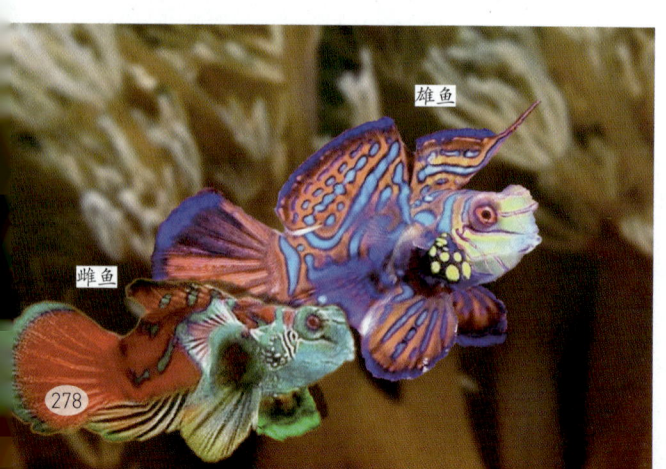

雄鱼

雌鱼

❖ 五彩青蛙雄鱼与雌鱼

五彩青蛙雄鱼与雌鱼可以很容易辨别，因为雄鱼背鳍的第一根鳍条要比雌鱼的长很多。

狮子鱼

水 族 箱 中 的 舞 者

狮子鱼身披"彩衣"，背鳍、臀鳍和尾鳍是透明的，上面点缀着黑色斑纹，全身装饰着众多的鳍条和刺棘，如同京剧中的武生装扮一般，一幅威风凛凛的样子。

狮子鱼，广义上即鲉科鱼类的统称，实际上是鲉科、蓑鲉属的鱼类，主要分布在大西洋、印度洋、太平洋等的珊瑚礁海域，是世界上最美丽、最奇特的鱼类之一。

带有剧毒的毒刺

狮子鱼的体长为 25~40 厘米，体表黄色，鱼头侧扁，背部长了许多漂亮的鱼鳍，其最典型的特征就是有大大的、像扇子一样的胸鳍，上面分布红色到棕色的条纹，外观华丽。但是它们非常危险，其背鳍上的刺毒性很强。

当危险来临时，狮子鱼会张开长长的鳍条，使自己看起来显得很大，同时用鲜艳的颜色警告对方。如果对方无视这种警告，它们就会顶着毒刺向对方冲刺，轻则使对方麻痹，重则丧命。狮子鱼的毒性仅次于刺鳐，因此在海洋中几乎没有什么天敌。

狮子鱼的毒刺平常藏于背鳍，由一层薄膜包围着，当遇到敌害时，膜便破裂，从而用毒刺攻击对方。人若被刺后就会剧痛，严重者呼吸困难，甚至晕厥。

❖ 狮子鱼

狮子鱼的长相有极强的视觉冲击力。在美国佛罗里达州和加勒比海附近的海域，这种鱼被认为是最具破坏性的外来物种。它们的胃口极大，一顿饭可以吃掉很多生物。

❖ 老照片：京剧武生

狮子鱼的背鳍和胸鳍像极了京剧武生头上插的雕翎和身上背的护旗。

279

拟蓑鲉　触须蓑鲉

❖ 狮子鱼

让人惊叹的进食能力

狮子鱼的鳍虽然很大，但它们却不善于游泳，往往躲在礁缝或珊瑚丛中伏击猎物。狮子鱼在捕猎时会舞动长鳍条迷惑小鱼，一旦有小鱼进入伏击圈，它们就会猛地把四面飞扬的长鳍条收紧，然后一下子窜过去，直接咬住猎物。

狮子鱼的食性很杂，它们不仅吃小鱼、甲壳动物，还几乎有啥吃啥，而且胃口很好，它们的猎食原则就是只要嘴能塞得下，那就能吃得下。有研究显示，一条狮子鱼在半小时内可以吃掉20条小鱼，堪称大胃王。

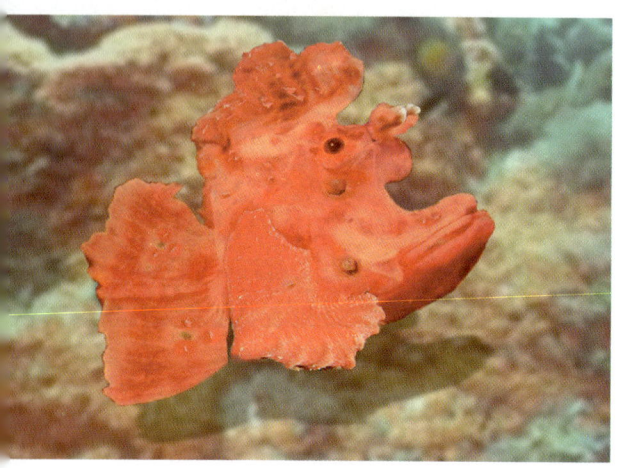

❖ 鲉科吻鲉属鱼类

鲉科吻鲉属鱼类属于广义上的狮子鱼，其背鳍和胸鳍外观不如蓑鲉属鱼类的那么张牙舞爪，没有了蓑鲉属鱼类的威武和霸气，但其粉嫩的体色透露着几分迷人的可爱，展开时如同盛开的花朵，非常具有观赏价值。

鲉科鲉属鱼类属于广义上的狮子鱼，其背鳍和胸鳍外观比蓑鲉属的鱼短小很多，遇到危险时，会根根支起，不畏强敌。

❖ 鲉科鲉属鱼类

狮子鱼鳍条的根部及口周围的皮瓣含有能够分泌毒液的毒腺。

人类一旦被狮子鱼蜇到，伤口会肿胀，并伴有剧烈的疼痛，有时候还会发生抽搐。狮子鱼的毒素是一些对热很敏感的蛋白质，而蛋白质在遇高温、碱、酸和重金属时会变性，根据这一特性，若被蜇伤，应马上将伤口浸入45℃以上的热水中30~60分钟，既可缓解疼痛，也可以分解一部分毒素，然后尽快就医。

据海洋专家估计，每条雌性狮子鱼每年可以产至少 200 万枚卵，这可是不小的数字。

让人惊叹的繁衍速度

到了繁殖期，雄性狮子鱼的体色会变暗发黑，颜色更均匀，而且颜色越黑的雄鱼，越容易得到雌鱼的青睐。这个时期，雌鱼的体色会变得苍白，它们会寻找体色发黑的雄鱼，然后紧紧跟随，有的雄鱼会有很多条雌鱼跟在身后示爱。而雄鱼则会选择其中一条"心爱"的雌鱼，并围着这条雌鱼转圈，这时其他的雌鱼就会很失落地离开，雄鱼会带着这条"心爱"的雌鱼，从海底向海面游几圈，然后便开始交配。最后，雌性狮子鱼受精、排卵。据研究，狮子鱼特别能生，一条雌性狮子鱼每次可产卵 1.5 万枚，而且每隔 4 天就能产一次卵。

❖ 繁殖期身体变暗的雄性狮子鱼

❖ 繁殖期身体变得苍白的雌性狮子鱼

美丽的生态杀手

狮子鱼以珊瑚礁为家，以惊人的速度繁殖，每天敞开肚了胡吃海塞，身上还有毒刺，吓跑了捕猎者，即使是鲨鱼也不愿靠近狮子鱼。仅凭这几种能力，就决定了它们将霸占海洋。

❖ 狮子鱼：水族箱中的舞者

狮子鱼不仅吃掉了可以替珊瑚清除身上的藻类、让珊瑚健康成长的鹦鹉鱼的幼仔和卵，还吃掉了能帮助鱼类清除寄生虫的"鱼大夫"以及石斑鱼、鲷鱼的幼鱼和卵。狮子鱼不断开疆辟土，只要环境合适，它们就会疯狂繁殖，有些狮子鱼泛滥的地方，本地物种甚至下降了90%！已严重破坏了当地的海洋生态系统。

无奈之下，一些国家的海洋保护组织派人潜入水下，将狮子鱼刺死后再喂食鲨鱼，以培养鲨鱼捕食狮子鱼的兴趣，但这只能稍微扼制狮子鱼数量疯狂增长的势头。此外，在有些狮子鱼泛滥的海域，当地出台了烹饪狮子鱼的方法，希望能发挥"吃货"的能力，用人类的胃来拯救被狮子鱼破坏的生态环境！

水族箱中的舞者

狮子鱼对海洋来说如同恶魔，但它们也因威武多彩的样子、顽强的生命力而被称为观赏鱼领域中的王者。

狮子鱼过于凶猛，不太适合与小型鱼类混养，因为即便是幼小的狮子鱼，也能毫不费劲地将水族箱中的蓝魔、草莓鱼、小丑鱼等吃掉。狮子鱼还偏爱活食，如小鱼、小虾以及水蚯蚓等。在水族箱中，能与狮子鱼搭配饲养的有大型神仙鱼、蝴蝶鱼和鹦鹉鱼等，只要饲养得当，狮子鱼的体色会变得非常艳丽夺目，成为水族箱中的舞者。

19世纪末，水族爱好者无意间将狮子鱼带入加勒比海和美国东南海域，仅仅20年的时间，狮子鱼就迅速占领了加勒比海和墨西哥湾，南至哥伦比亚和委内瑞拉，北至北卡罗来纳州的海域。

在水族箱有限的环境中，狮子鱼的克星是鳞鲀类的鱼类，因为它们灵活且性格暴躁，经常抢劫狮子鱼的食物。

❖ 趴在海底的狮子鱼

在狮子鱼大家庭中，除了有威武霸气、美丽可爱的品种之外，也有一些品种外貌很丑，它们如同蟾鱼一般，丑成一坨地趴在海底。

成鱼

幼鱼体色黄

❖ 波氏燕鱼

波氏燕鱼主要分布于印度洋、太平洋沿海的珊瑚礁区域，它是唯一不分布于非洲沿岸的燕鱼。幼鱼体色为黄褐色或银黄色，体侧有3道褐色至黑色纵纹，外观与尖翅燕鱼的幼鱼相似，其背鳍、腹鳍、臀鳍的长度和宽度略逊于尖翅燕鱼。它们常躲藏在珊瑚生长丰富的岩礁斜坡，隐藏在珊瑚丛的阴影中。

　　燕鱼又称为蝙蝠鱼、蝙蝠燕，是白鲳科、燕鱼属5种鱼类的统称，主要分布于大西洋、印度洋和太平洋的热带及亚热带海域，栖息于沙泥底质的中下层水域或礁区上方水深1~50米处，以底栖无脊椎动物及浮游动物为食。

幼鱼体色和形态各不相同

　　燕鱼属包括印尼燕鱼、波氏燕鱼、圆眼燕鱼、圆翅燕鱼和尖翅燕鱼5个品种，我国有尖翅燕鱼、圆眼燕鱼和印尼燕鱼3个品种。

　　燕鱼属各个品种之间的幼鱼体色和形态各不相同，幼鱼体长为10~20厘米，背鳍和臀鳍的鳍条延长，看上去很像蝙

燕鱼

很 像 蝙 蝠 或 燕 子 翅 膀 的 鱼

　　燕鱼的幼鱼十分美丽，整个鱼体如同蝙蝠或燕子翅膀在水中翩翩起舞，具有非常高的欣赏价值，但是成鱼后会失去具有魅力的外表。

蝠或燕子的翅膀，可作为观赏鱼。随着成长，它们背鳍和臀鳍的鳍条会逐渐缩短，成鱼后各个品种之间的体色和形态会变得相似，都是灰白色或带有暗色纵纹，一般体长为40~60厘米，体侧扁，呈菱形或圆形，体高而身短，逐渐失去了观赏价值。

❖ 燕鱼明暗变色

燕鱼变色不仅是因为休息、繁殖期或为了吸引清洁鱼，它们在遇到危险或者对水族箱环境不满意时也会变色。

圆翅燕鱼又名弯鳍燕鱼，广泛分布于西太平洋、印度洋海域，幼鱼会拟态成有毒的海兔或扁虫，生活在潟湖和红树林水域，成鱼后单独或集成大群生活在开阔海域。圆翅燕鱼的幼鱼是燕鱼幼鱼中最独特的品种，它们全身漆黑，腹鳍、背鳍、臀鳍既宽又长，带有明亮的橙色边缘，仿佛是photoshop中抠掉的一张图，在观赏鱼市场上常被称为红边蝙蝠、金边蝙蝠、吸血鬼蝙蝠、红缘蝙蝠等。随着成长，体色逐渐由幼鱼的黑色向成鱼的灰白色转变。

❖ 圆翅燕鱼幼鱼

幼鱼十分美丽

在自然环境中，燕鱼是纯粹的肉食性动物，成长到20厘米后便开始捕食小鱼，在人工环境中，燕鱼对水质的要求不高，能接受各种饲料，且进食量非常大，如果水质、水温、食物都合适，幼鱼两年内可以长成50厘米的成体，但会失去观赏价值，因此，燕鱼并不适合在家庭中饲养，也不是主流的观赏鱼类，它们一般出现在水族馆和海洋馆中供游客欣赏。

生性好奇，还有拟态和变色能力

燕鱼的性格温和，易于驯服，且生性好奇，能与其他鱼类和平相处，甚至会主动与它们社交。在自然环境中，它们就像东北的傻狍子，总是对未知充满好奇，每当有潜水者出现在水下时，它们总会第一时间围上来一探究竟，而且毫不畏惧，甚至能接受潜水员用手喂食。

燕鱼不适合家庭饲养，虽然它们不会吃珊瑚，但是它们高大的身体会毁坏水族箱中的造景，而且大多数燕鱼习惯于群游，这很适合公共水族馆的大型展缸，不管是作为鱼群补充，还是单独观赏，其优雅的姿态都很有观赏价值。

在饲养环境，燕鱼不能和鳞鲀科等具有攻击性的鱼类一起混养。

此外，燕鱼还有拟态和变色能力，在幼鱼时期，为了不被捕猎者发现，它们常会斜着身体游泳，拟态成一片枯叶、水草在水中荡漾，或者干脆拟态成有毒的扁虫、海兔等，让捕猎者不敢靠近；成鱼全身灰白，在夜晚或者繁殖期，它们身体后部的条纹或体色会变暗，其他时间变色则是为了吸引清洁鱼为自己除虫。

亚成体

成体

幼鱼

❖ 印尼燕鱼

印尼燕鱼又名印度尼西亚燕鱼，主要产地为马达加斯加沿岸，幼鱼体色为黑白相间的斑马纹，腹鳍、背鳍、臀鳍既长又宽，末端鳍条延长，形成长短不一的拉丝，其拟态既像海百合又像斑鳍蓑鲉，常活跃于海草床区，在海百合、海绵、珊瑚附近，多单独、成对或者成小群活动。随着成长，体色逐渐变成浅褐色，成为体侧有3道棕色条纹的亚成体。再长大即变成体色为灰白色的成体，额头上的隆起比其他燕鱼更高，身体也比其他燕鱼的更高、更长。

印尼燕鱼的幼鱼在水族市场上被称为大理石燕鱼。

幼鱼　成鱼

❖圆眼燕鱼

圆眼燕鱼又名圆燕鱼，广泛分布于印度洋和太平洋海域，幼鱼栖息于潟湖和红树林水域，其体色为红棕色至棕黄色，体表有颜色深浅、大小不一的杂乱斑点，背鳍、臀鳍、腹鳍宽大，白天以此外表拟态成一片腐烂的树叶或者被海风吹落的红树豆荚，安全底栖，晚上则像枯叶一样，保持平躺或倾斜的角度缓慢地随水漂流，接近并捕食浮游动物。

圆眼燕鱼的亚成鱼和成鱼的体色区别不大，均为灰白色。它们喜欢单独形成大型鱼群在较深的岩礁周边或开阔的海域活动。

白鲳科一共有8属15种鱼类，一些品种为食用性经济鱼类，还有一些品种既无食用价值，也无观赏价值，其中仅燕鱼属鱼类的幼鱼期体态多姿，可以作为观赏鱼。

圆眼燕鱼的幼鱼在水族市场上被称为短翅蝙蝠、树叶蝙蝠、叶蝠和枯叶圆翅鲳，它是燕鱼属中饲养难度最低的一种。

尖翅燕鱼广泛分布于印度洋、太平洋的热带海域。其幼鱼体色为灰白色，体侧有3道黑色纵纹，腹鳍、背鳍、臀鳍既长又宽，外观与波氏燕鱼的幼鱼很相似。它们通常喜欢躺在浅礁或躲藏在漂浮的马尾藻丛中，遇到危险时会改变体色，快速拟态成有毒的扁虫和海兔；或者利用长长的背鳍和臀鳍，将自己拟态成一株随波逐流的海藻，藏匿于漂浮的马尾藻丛中。

尖翅燕鱼是燕鱼属中生性最好奇的品种，它们十分友善，常会和附近的各种幼鱼组成鱼群，它们对一切事物都非常好奇，如会成群探索沉船、珊瑚礁等，甚至还会主动接近潜水员，并与之互动。

尖翅燕鱼的幼鱼在水族市场上的被称为长鳍蝙蝠，它是燕鱼属中最容易开口的品种，如果训练好了，甚至可以直接从训练者手上啄食。

❖尖翅燕鱼

幼鱼体色灰白

成鱼

胡椒鲷

鱼类中的"玛丽莲·梦露"

胡椒鲷不仅肉质多汁、鲜嫩，非常美味，还因其有着厚厚的大嘴唇，被誉为鱼类中的"玛丽莲·梦露"，在世界上的很多地方被称为"甜唇鱼"。

胡椒鲷又名甜唇鱼、胶钱、柏铁、斑加吉等，是鲈形目、石鲈科、胡椒鲷属鱼类的统称，主要分布于印度洋和太平洋的温热带，生活于近岸珊瑚礁区。

名字中带有"花旦"两字

胡椒鲷这个名字来自它们身体上或多或少分布着的黑色斑点，看上去如同胡椒颗粒。幼年时期的胡椒鲷的大部分种类黑白分明，身体上都有土黄色或黑色墨点，因此，在我国，它们的名字中常带有"花旦"两字。花旦是中国传统戏曲中的角色，常为漂亮的青年或中年女性的形象，性格活泼或泼辣，常常带点喜剧色彩。胡椒鲷也很漂亮，而且它们有一张丰满的大嘴唇，它们的背鳍、尾鳍、胸鳍和腹鳍的色彩鲜艳，不同的品种身上分布着不同的黑色斑点或各种纹路，配色夸张夺目。

❖ 胡椒鲷厚厚的嘴唇

胡椒鲷的成鱼会与同属其他品种或其他石鲈科物种的鱼类成群结队，甚至与不同种类的珊瑚鱼簇拥在一起生活。

❖ 胡椒鲷群

❖ 条斑胡椒鲷

条斑胡椒鲷又名东方石鲈、东方胡椒鲷、东方裸颊鲷鱼等，它是胡椒鲷中的明星。条斑胡椒鲷的幼体身上有6道金黑色的横向条纹，其余部分为金黄色。其游泳时，如同扭扭捏捏的小姑娘，所以又被称为"妞妞"。它又因有一条大尾巴，在欧美国家被称为"金松鼠"。

❖ 胡椒鲷幼鱼拟态成扁虫跳舞

燕子花旦又名斑胡椒鲷、厚唇石鲈、花旦新娘、朱古力等，其主要分布于印度洋、西太平洋，生活于近岸珊瑚礁区。燕子花旦幼鱼的体色为咖啡色，身体上有多个如同牛奶巧克力一样的乳白色大斑点，因此被称为"朱古力"。它们在观赏鱼市场上很受欢迎，是普及率最高的石鲈品种。

❖ 燕子花旦幼鱼

胡椒鲷与笛鲷一样属于夜行性鱼类，夜幕降临后，它们便开始外出觅食，它们的食物包括一些底栖无脊椎动物，如鬃蠕虫，虾和小螃蟹等。

幼鱼时色彩独特美丽

幼鱼时期的胡椒鲷的色彩独特美丽，常被作为观赏鱼，在自然环境中，它们常独自在较浅的礁石区生活。为了逃避捕食者，它们常会模仿拟态有毒的扁虫，不仅拟态扁虫的体色，还模仿扁虫的行为，在水底不知疲倦地跳"扭扭舞"。

从幼鱼到亚成鱼，再到成鱼，胡椒鲷身体上的花纹和图案也会随之改变，而且体色改变很大。成年后的胡椒鲷体态丰满，体长圆形、侧扁，肉味鲜美，是一种名贵的食用鱼，它们往往以小群成双成对地生活在珊瑚礁中。

观赏鱼市场上出售的胡椒鲷的体长一般为3~15厘米，刚买回来时，它们会因对人工食物感到陌生而拒绝进食，这时只需耐心诱导，胡椒鲷一旦开口后，能够接受大部分人工鱼食。

胡椒鲷和其他石鲈鱼科的鱼类一样，它们彼此之间不会互相攻击，因此可以在同一个水族箱中同时饲养多条。

除非是特别小的鱼类才会被胡椒鲷捕食，此外，它们可以和绝大多数海水观赏鱼混养。

雌性　雄性

❖ 拟花鮨属：彩虹仙子

彩虹仙子又名大腹拟花鮨，体长一般为 7~8 厘米，体色为粉红色至红色，雄性体色中略有蓝色斑点，如同彩虹一般绚丽。

海金鱼

活 跃 在 海 洋 中 的 金 鱼

　　金鱼起源于中国，它们身姿奇异，色彩绚丽，是形态优美的淡水鱼，也是世界观赏鱼史上最早的品种。在海洋中也有一类被称为"金鱼"的观赏鱼品种——海金鱼。

　　海金鱼并非指单一科或单一属的鱼类，而是鲈形目、鲈亚目、鮨科的部分分类属鱼类的统称，如花鮨属、拟花鮨属、丝鳍花鮨属、樱鮨属、牙花鮨属、宽身花鲈、吕宋花鮨属、暗澳鮨属、姬鮨属、拟姬鮨属、长尾鮨属等，甚至同为鲈亚目、美花鲈科、丽花鮨属的鱼类也被视为海金鱼。它们广泛分布于热带至温带海域。

既像淡水金鱼，也像雀鲷

　　海金鱼横跨了众多分类属，它们全身覆盖鳞片，且表面稍粗糙，如毡毛一样，胸鳍的鳍条大多如淡水金鱼一般多分

片山牙花鮨的体长一般为 15 厘米，主要分布于西太平洋地区 180~300 米深的礁石区，它是世界上分布最深的海金鱼之一。它的性情盖涩，一般独自生活在岩缝中。

❖ 低纹鮨属：大眼低纹鮨

❖ 牙花鮨属：片山牙花鮨

鮨科长鲈属的瑞士狐 | 隆头鱼科普提鱼属的红糖果狐

❖ **瑞士狐与红糖果狐体色相近**

瑞士狐主要产自西大西洋，很少出现在国内观赏鱼市场，它们一般体长为10厘米，外形和体色与隆头鱼科普提鱼属的很多品种相近，如普提鱼属中的红糖果狐、红薄荷龙等与瑞士狐的体色几乎一样。

瑞士狐性格暴躁，领地意识强，在水族箱中常会攻击草莓鱼和雀鲷等小型鱼类。

> 在海金鱼家庭中，一般雄鱼生活在族群的最上面，下面依次是雌鱼和幼鱼。一旦雄鱼死了，这个族群大一些的雌鱼就会变成雄鱼，取代以前雄鱼的位置。

灿樱鮨的体长一般为7~8厘米，在观赏鱼市场上比较罕见。

❖ **珠斑鮨属：灿樱鮨**

叉，外观也像淡水金鱼一样优美亮丽，体色缤纷多彩。此外，它们也很像雀鲷，除了性格没有雀鲷那么好动之外，其他都很像。

海金鱼大多为日行性底栖鱼类，属于凶猛的捕食者，它们白天在珊瑚礁周围巡视捕食，主要以鱼类、虾、蟹、端足类以及浮游生物为食，夜间则藏于珊瑚礁和礁岩洞穴中。

具有领地意识

海金鱼和神仙鱼、隆头鱼等一样，随着成长，会先雌性，然后成长为雄性，体色也会随着变性而改变。此外，海金鱼是"一雄多雌"制，并且有较强的领地意识，同一片环境好的珊瑚区往往会被一条最强壮的雄海金鱼掌控，它的身边会跟随着一些雌鱼和幼鱼。而在这片珊瑚区的周围时刻有一些雄鱼在徘徊，它们在伺机夺取这片珊瑚区和雌鱼。

不同种类的雄海金鱼一般很少争斗，除非有一方故意挑事，它们之间即便是出现了打斗和争吵，也不会很激烈。但是，如果是同种之间的雄鱼，为了争夺地盘，往往会豁出命来干架，直到一方退避或者受伤，战斗才会结束。

雄鱼平时的颜色

雄鱼繁殖期的体色

常被用来点缀水族箱

海金鱼的色彩艳丽，而且容易饲养，因此，常被用来点缀水族箱。在观赏鱼市场上最常见的品种大多为拟花鮨属的成员。

饲养海金鱼时需要注意它们的行为习惯：它们有领地意识，而且是"一雄多雌"制，即便是在水族箱中也都会遵循。因此，同一水族箱中饲养多条雄鱼时，它们之间一定会争斗，而且这种争斗在投喂食物和繁殖期更凶猛。

不过，雄鱼之间的争斗很快就会平息，因为一旦确定了地位，战胜的那条雄鱼会带领"妻儿"在水族箱中悠哉地生活，而弱势的雄鱼只能臣服或者伺机再战。因此，建议同一个水族箱只放入一条雄鱼和三五条雌鱼，如果水族箱足够大，可以适当投放一些同种群的海金鱼。

❖ 长拟花鮨雄鱼

在海金鱼家庭中，很多品种的雄鱼的体色在繁殖期会变得独特，它们会在雌鱼群中上下游动，以展示自己，如拟花鮨属的长拟花鮨。

海金鱼的雄鱼会有比较激烈的攻击行为，但是吃饱后就会变得懒惰，不愿意运动，也不会轻易争斗。

高鳍暗澳鮨的体长一般为5厘米，它们看似普通，但是背鳍很高、很大，其游泳速度很快，尤其是雄鱼在打斗时，高高挺立着背鳍，显得非常威武飘逸。

❖ 暗澳鮨属：高鳍暗澳鮨

羊鱼

长 着 山 羊 胡 子 的 鱼

羊鱼的名字源自其尖尖的颌下长有一对长长的胡须，很像陆地上的山羊，它们因怪异的长相而成为观赏鱼中的一员。

❖ 羊鱼

羊鱼各品种的颜色不同，白色羊鱼看上去更像一头长胡须的羊。

双色山羊的幼鱼常会和羊鱼科其他同属不同种的鱼类混在一起，而成鱼则喜欢单独出现在珊瑚礁区。

❖ 双色山羊

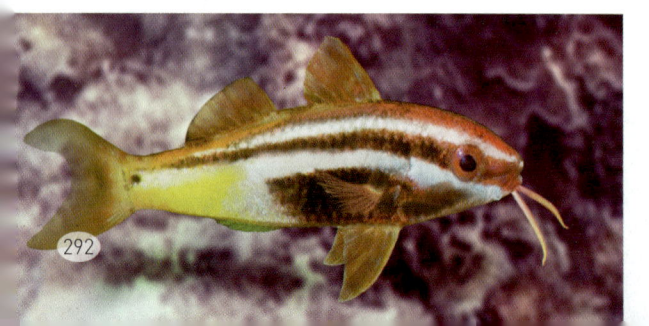

羊鱼俗称迪仔、沙猛、羊仔、剥皮牛、孜孜鱼等，是鲈形目、羊鱼科（须鲷科）鱼类的统称，它们广泛分布于热带及亚热带的大陆棚，大部分品种生活在水深 30 米以内的浅水海湾和潟湖中，但有些品种生活在 100 米深的水域。

羊鱼一般栖息于珊瑚礁区或岩礁旁，大多具有群游习性，也有些品种的成鱼喜欢单独活动，如双色山羊。它们大多是日行性鱼类，但是也有些品种属于夜行性。

羊鱼的最大体长可达 30 厘米，体呈纺锤形，长得很像一枚鱼雷，延长而侧扁，横截面是三角形的，通常体色呈红色和黄色等各种鲜艳的颜色，有些品种甚至能改变颜色适应环境。

羊鱼最大的特点是在下颌有一对山羊胡须（触须），这对胡须并非摆设，羊鱼靠它在海底搜索底栖无脊椎动物，不使用时则将胡须平伏于喉沟中。

羊鱼的肉质细嫩、味道鲜美，极具食用价值。又因长有长长的山羊胡须，外观古怪另类，部分颜色鲜艳的品种被作为观赏鱼饲养。

羊鱼的性情温和、易驯化，可喂食各类食物，对珊瑚没有破坏力，而且它们并不依赖投喂，一般喜欢在水族箱底翻找沙子里的活食。但是，饲养它们有一定的难度，因为它们大多喜欢跳缸，而且还会对鱼缸内的无脊椎动物造成威胁，偶尔还会攻击虾和蟹等。